"十四五"高等职业教育机电类专业新形态一体化系列教材

电子技术及实践

张明金　侯　春◎主　编
张　鹏　张江伟◎副主编
　　　吉　智◎主　审

中国铁道出版社有限公司
CHINA RAILWAY PUBLISHING HOUSE CO., LTD.

内 容 简 介

本书共分 8 章，包括半导体二极管及其应用、信号放大与运算电路、波形发生电路、稳压和调压电路、数字电路基础、组合逻辑电路、时序逻辑电路、数/模转换和模/数转换电路。

本书从应用者角度进行讲解，内容体系新颖，概念讲述清楚，注重实际应用。

全书结合电子技术及实践课程的特点，把半导体器件分散在各种电路中，同时将实验与技能训练的内容放在相应知识点后面，以便实践环节使用；突出理论与实践相结合的特点，使学生掌握必要的基本理论知识，并使学生的实践能力、职业技能、分析问题和解决问题的能力不断提高。

本书适合作为高等职业院校、成人高校装备制造类、电子信息类专业的教材，也可供工程技术人员参考。

图书在版编目(CIP)数据

电子技术及实践/张明金，侯春主编. —北京：中国铁道出版社有限公司，2022.11

"十四五"高等职业教育机电类专业新形态一体化系列教材

ISBN 978-7-113-29675-9

Ⅰ.①电… Ⅱ.①张… ②侯… Ⅲ.①电子技术-高等职业教育-教材 Ⅳ.①TN

中国版本图书馆 CIP 数据核字(2022)第 175378 号

书　　名：	电子技术及实践
作　　者：	张明金　侯　春

策　　划：	王春霞	编辑部电话：	(010)63551006
责任编辑：	王春霞　绳　超		
封面设计：	付　巍		
封面制作：	刘　颖		
责任校对：	安海燕		
责任印制：	樊启鹏		

出版发行：	中国铁道出版社有限公司(100054，北京市西城区右安门西街 8 号)
网　　址：	http://www.tdpress.com/51eds
印　　刷：	三河市国英印务有限公司
版　　次：	2022 年 11 月第 1 版　2022 年 11 月第 1 次印刷
开　　本：	850 mm×1 168 mm　1/16　印张：16　字数：357 千
书　　号：	ISBN 978-7-113-29675-9
定　　价：	49.00 元

版权所有　侵权必究

凡购买铁道版图书，如有印制质量问题，请与本社教材图书营销部联系调换。电话：(010)63550836

打击盗版举报电话：(010)63549461

前 言

本书根据高等职业院校人才培养的目标和特点，兼顾目前高等职业院校学生的基础，本着"淡化理论，拓展知识，培养技能，重在应用"的原则编写而成。

本书包括半导体二极管及其应用、信号放大与运算电路、波形发生电路、稳压和调压电路、数字电路基础、组合逻辑电路、时序逻辑电路、数/模转换和模/数转换电路共八章。

书中内容充分体现实用性和技术的先进性，基本概念讲述清楚，分析准确，减少数理论证，坚持理论够用为度，注重实际应用。本书在内容叙述上力求做到深入浅出，通俗易懂。

本书编写上的特点：一是"管路结合"，如第1章半导体二极管及其应用，讲解二极管之后紧接着讲述整流滤波电路；二是从应用者角度讲解半导体器件的外部特性，略讲或不讲半导体器件的内部结构，特别是半导体集成器件更是如此；三是对于数字电路部分，不讲分立件电路而侧重于集成电路；四是突出理论与实践相结合的特点，将实验与技能训练的内容放在相应知识点的后面，以方便实验教学；五是每节内容后面都设置了针对本节知识点的思考题，每章后面的习题包括填空题、选择题、判断题和分析与计算题等类型，部分习题参考答案可登录中国铁道出版社有限公司网站 www.tdpress.com/51eds/查看。

本书总学时约70学时。本书适合作为高等职业院校、成人高校装备制造类、电子信息类专业的教材，也可供工程技术人员参考使用。

本书由徐州工业职业技术学院张明金、江苏安全技术职业学院侯春任主编，江苏安全技术职业学院张鹏、徐州工业职业技术学院张江伟任副主编。其中，第1、2章由张明金编写，第3、4、5章由侯春编写，第6、7章由张鹏编写，第8章和附录由张江伟编写，全书由张明金统稿。

本书由徐州工业职业技术学院吉智主审，他对全部的书稿进行了仔细的审阅，提出了诸多宝贵的修改意见，在此表示衷心的感谢。

本书在编写过程中，得到了作者所在学校各级领导和同事的大力支持与帮助，在此表示衷心的感谢。同时对书后所列参考文献的各位作者表示深深的感谢！

由于编者水平所限，书中疏漏与不妥之处在所难免，在取材新颖和实用性等方面定有不足，敬请各位读者提出宝贵意见。

编　者
2022年6月

目 录

第 1 章 半导体二极管及其应用 ... 1
1.1 半导体的基本知识 ... 1
1.1.1 半导体的导电特性 ... 1
1.1.2 PN 结 ... 3
1.2 半导体二极管 ... 5
1.2.1 普通半导体二极管 ... 5
1.2.2 特殊半导体二极管 ... 8
实验与技能训练——半导体二极管的识别与检测 ... 10
1.3 二极管整流电路 ... 11
1.3.1 单相半波整流电路 ... 12
1.3.2 单相桥式全波整流电路 ... 14
实验与技能训练——单相整流电路的组装与测试 ... 16
1.4 滤波电路 ... 17
1.4.1 电容滤波电路 ... 17
1.4.2 电感滤波电路 ... 19
实验与技能训练——单相整流滤波电路的组装与测试 ... 20
习题 ... 22

第 2 章 信号放大与运算电路 ... 25
2.1 半导体三极管 ... 26
2.1.1 普通双极型半导体三极管 ... 26
2.1.2 特殊双极型三极管简介 ... 34
实验与技能训练——三极管的识别与检测 ... 35
2.2 三极管单级放大电路 ... 36
2.2.1 单级共射放大电路 ... 36
2.2.2 单级共集放大电路 ... 44
实验与技能训练——单级放大电路的组装与测试 ... 47
2.3 场效应管及其放大电路 ... 50
2.3.1 绝缘栅型场效应管 ... 50
2.3.2 场效应管放大电路 ... 54
2.4 多级放大电路和放大电路中的负反馈 ... 57
2.4.1 多级放大电路 ... 58

2.4.2　放大电路中的负反馈 ·· 61
　　　实验与技能训练——多级放大电路和负反馈放大电路的组装与测试 ················ 67
　2.5　集成运算放大器及应用电路 ·· 69
　　　2.5.1　集成运算放大器 ·· 69
　　　2.5.2　集成运算放大器应用电路 ·· 73
　　　实验与技能训练——集成运放应用电路的组装与测试 ······································· 77
　2.6　功率放大电路 ·· 80
　　　2.6.1　互补对称式功率放大电路 ·· 80
　　　2.6.2　集成功率放大器 ·· 84
　　　实验与技能训练——集成功率放大器应用电路的组装与测试 ·························· 85
　习题 ·· 86

第3章　波形发生电路 ·· 94
　3.1　正弦波振荡电路 ·· 94
　　　3.1.1　正弦波振荡电路的基础知识 ·· 95
　　　3.1.2　RC 正弦波振荡电路 ·· 97
　　　3.1.3　LC 正弦波振荡电路 ·· 98
　　　3.1.4　石英晶体正弦波振荡电路 ·· 102
　　　实验与技能训练——RC 桥式正弦波振荡电路的组装与测试 ························ 104
　3.2　非正弦信号发生器 ·· 105
　　　3.2.1　矩形波发生器 ·· 105
　　　3.2.2　三角波发生器 ·· 106
　　　3.2.3　锯齿波发生器 ·· 107
　　　实验与技能训练——非正弦波振荡电路的组装与测试 ····································· 108
　3.3　集成函数发生器 ICL8038 简介 ·· 110
　习题 ·· 111

第4章　稳压和调压电路 ·· 113
　4.1　分立式直流稳压电路 ·· 114
　　　4.1.1　硅稳压管并联型直流稳压电路 ·· 114
　　　4.1.2　晶体管串联型直流稳压电路 ·· 116
　　　实验与技能训练——晶体管串联型直流稳压电源的组装与测试 ···················· 118
　4.2　集成稳压器 ·· 120
　　　4.2.1　三端固定式集成稳压器 ·· 120
　　　4.2.2　三端可调式集成稳压器 ·· 121
　　　实验与技能训练——集成稳压器构成的直流稳压电源的组装与测试 ············ 123
　4.3　开关型直流稳压电路简介 ·· 125
　4.4　单向晶闸管及可控整流电路 ·· 128
　　　4.4.1　单向晶闸管 ·· 128

  4.4.2 单相可控整流电路 ………………………………………………… 130
  4.4.3 单结晶体管触发电路 ………………………………………………… 134
4.5 **双向晶闸管及单相交流调压电路** …………………………………………… **137**
  4.5.1 双向晶闸管和双向触发二极管 ………………………………………… 137
  4.5.2 单相交流调压电路及其应用 …………………………………………… 137
习题 …………………………………………………………………………………… **139**

第 5 章 数字电路基础 …………………………………………………………… 142

5.1 数字电路概述、数制与码制 …………………………………………… 142
  5.1.1 数字电路概述 ………………………………………………………… 142
  5.1.2 数制 …………………………………………………………………… 143
  5.1.3 码制 …………………………………………………………………… 147

5.2 逻辑代数的基本知识 …………………………………………………… 149
  5.2.1 逻辑代数的基本运算 ………………………………………………… 149
  5.2.2 逻辑代数的基本定律、常用公式和基本运算规则 ……………………… 153
  5.2.3 逻辑函数的代数化简法 ……………………………………………… 154
  5.2.4 逻辑函数的卡诺图化简法 …………………………………………… 156

习题 …………………………………………………………………………………… **163**

第 6 章 组合逻辑电路 …………………………………………………………… 166

6.1 集成逻辑门 ……………………………………………………………… 166
  6.1.1 TTL 集成逻辑门 ……………………………………………………… 166
  6.1.2 CMOS 集成逻辑门 …………………………………………………… 171
  实验与技能训练——集成逻辑门功能及应用的测试 ………………………… 173

6.2 组合逻辑电路的分析与设计方法 ……………………………………… 174
  6.2.1 组合逻辑电路的分析方法 …………………………………………… 174
  6.2.2 组合逻辑电路的设计方法 …………………………………………… 175
  实验与技能训练——3 位判奇电路的设计与测试 …………………………… 176

6.3 编码器和译码器 ………………………………………………………… 177
  6.3.1 编码器及应用 ………………………………………………………… 177
  6.3.2 译码器及应用 ………………………………………………………… 179
  实验与技能训练——集成编码器和译码器的应用与测试 …………………… 184

6.4 数据选择器和数据分配器 ……………………………………………… 184
  6.4.1 数据选择器及应用 …………………………………………………… 184
  6.4.2 数据分配器 …………………………………………………………… 187
  实验与技能训练——数据选择器的应用与测试 ……………………………… 188

6.5 加法器和数值比较器 …………………………………………………… 189
  6.5.1 加法器及应用 ………………………………………………………… 189
  6.5.2 数值比较器及应用 …………………………………………………… 192

　　　　实验与技能训练——集成加法器和数值比较器的应用与测试 ……………… 195
　习题 …………………………………………………………………………………… 195

第 7 章　时序逻辑电路 ……………………………………………………………… 198

7.1　触发器 ……………………………………………………………………………… 199
7.1.1　RS 触发器 ………………………………………………………………… 199
7.1.2　边沿 JK 触发器 …………………………………………………………… 202
7.1.3　D 触发器 ………………………………………………………………… 204
7.1.4　其他类型的触发器及触发器的相互转换 ………………………………… 204
　　　　实验与技能训练——触发器功能的测试 ……………………………………… 206

7.2　集成计数器 ………………………………………………………………………… 207
7.2.1　集成同步计数器 …………………………………………………………… 207
7.2.2　集成异步计数器 …………………………………………………………… 210
　　　　实验与技能训练——计数器的功能及应用电路的测试 ……………………… 213

7.3　寄存器 ……………………………………………………………………………… 214
7.3.1　数码寄存器 ………………………………………………………………… 214
7.3.2　移位寄存器 ………………………………………………………………… 214
　　　　实验与技能训练——寄存器的功能及应用电路测试 ………………………… 217

7.4　集成 555 定时器 …………………………………………………………………… 218
7.4.1　集成 555 定时器简介 ……………………………………………………… 218
7.4.2　集成 555 定时器的应用 …………………………………………………… 219
　　　　实验与技能训练——集成 555 定时器功能及应用电路的测试 ……………… 223
　习题 …………………………………………………………………………………… 224

第 8 章　数/模转换和模/数转换电路 ………………………………………………… 228

8.1　数/模转换电路 ……………………………………………………………………… 228
8.1.1　数/模转换的基本知识 ……………………………………………………… 228
8.1.2　集成 DAC 举例 …………………………………………………………… 231
　　　　实验与技能训练——集成 DAC0832 的功能测试 …………………………… 233

8.2　模/数转换电路 ……………………………………………………………………… 234
8.2.1　模/数转换的基本知识 ……………………………………………………… 234
8.2.2　集成 ADC 举例 …………………………………………………………… 237
　　　　实验与技能训练——集成 DAC0809 的功能测试 …………………………… 237
　习题 …………………………………………………………………………………… 238

附录 …………………………………………………………………………………… 241
　附录 A　半导体分立器件型号命名方法 …………………………………………… 241
　附录 B　常用数字集成电路一览表 ………………………………………………… 244

参考文献 ……………………………………………………………………………… 247

第1章

半导体二极管及其应用

📖 学习内容

- 半导体的特性、导电方式、PN 结的形成及其单向导电特性。
- 半导体二极管的结构、伏安特性、主要参数及使用常识。
- 特殊二极管的结构、工作原理及作用。
- 半导体二极管在整流电路中的应用。整流电路和滤波电路的组成和工作原理、主要参数的计算、整流元件和滤波元件的选择和电路测试。

📋 学习目标

- 了解半导体及其导电特性、PN 结的形成过程;掌握 PN 结的单向导电特性。
- 了解普通二极管的结构及分类;理解二极管的伏安特性;掌握二极管的符号、单向导电特性、主要参数。
- 了解特殊二极管的特点及应用;掌握特殊二极管的符号、工作原理。
- 熟悉整流电路和滤波电路的结构;理解整流电路和滤波电路的工作原理;掌握整流电路和滤波电路的计算方法,会选用整流二极管和滤波元件。
- 能利用万用表识别与检测二极管。
- 能正确地使用示波器等常用电子仪器仪表,测试整流电路和滤波电路的特性。

1.1 半导体的基本知识

1.1.1 半导体的导电特性

1. 半导体的结构与基本特性

根据导电能力的强弱,可将自然界中的各种物质分为导体、绝缘体和半导体。在半导体器件中,常用的半导体材料有硅(Si)、锗(Ge)和砷化镓(GaAs)等。

半导体一般都呈晶体状态,晶体有单晶体与多晶体之分。所有原子都按一定规律整齐排列的称为单晶体;大量的单晶体颗粒杂乱排列就组成多晶体。制造半导体器件需用纯度很高的单晶体材料,所以半导体管也称为晶体管。半导体的共价键结构如图1-1所示。

半导体具有热敏特性、光敏特性和掺杂特性。利用半导体的光敏特性可制成光电二极管、光敏三极管及光敏电阻;利用半导体的热敏特性可制成各种热敏电阻;利用半导体的掺杂特性可制成各种不同性能、不同用途的半导体器件,如二极管、三极管、场效应管等。

2. 本征半导体

不含有杂质的半导体称为本征半导体。本征半导体中的共价键具有很强的结合力,在热力学零度(相当于 −273.15 ℃)时,价电子没有能力挣脱共价键的束缚成为自由电子,因此,这时晶体中没有自由电子,半导体是不导电的。但随着温度的升高,如室温条件下,少数价电子因热激发而获得足够大的能量,挣脱共价键的束缚成为自由电子,在共价键中将留下一个空位,称为空穴,如图1-2所示。而自由电子在电场的作用下定向移动形成了电流,称为漂移电流。

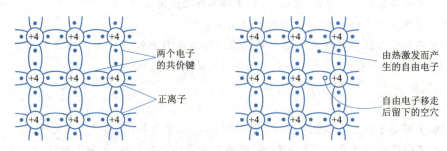

图1-1 半导体的共价键结构　　图1-2 本征半导体中的自由电子和空穴

一旦出现空穴,附近共价键中的电子就比较容易地填补进来,而使该共价键中留下一个新空位,这个空位会由它附近的价电子来填补,再次出现空穴。就这样不断地填补,相当于空穴在运动一样。为了和自由电子的运动区别开,把这种运动称为空穴运动。而空穴也可看成一种带正电的载流子,它所带的电荷和电子相等,符号相反。由此可见,本征半导体中存在两种载流子:电子和空穴,而金属导体中只有一种载流子——电子。本征半导体在外电场作用下,两种载流子的运动方向相反,而形成的电流方向相同。

在本征半导体中,电子和空穴是成对出现的,称为电子-空穴对,它在半导体受热或光照等作用下都会产生。但不会一直不断增多,因为在电子-空穴对产生的同时,还有另外一种现象的出现,那就是运动中的电子如果和空穴相遇,电子与空穴重新结合,两种载流子就会同时消失,这个过程称为复合。在一定温度下,电子-空穴对在不断产生的同时,复合也在不停地进行,最终会处于一种平衡状态,使载流子的浓度一定。本征半导体载流子的浓度除和半导体材料性质有关外还与温度有很大关系。载流子的浓度随着温度的升高近似按指数规律增加。

3. N 型半导体和 P 型半导体

在本征半导体中,因其载流子的浓度很低,所以导电能力很差。但是如果在本征半导体中掺入微量的其他元素(杂质)就会使半导体的导电能力得到显著的变化。把掺入杂质的半导体称为杂质半导体。根据掺入杂质的不同,分为 N 型半导体和 P 型半导体两类。

(1) N 型(电子型)半导体。如果在硅或锗的晶体中掺入 5 价元素,如磷、砷、锑等,会多出电子。多出的电子,在室温下就可以被激发为自由电子,同时杂质原子变成带正电荷的离子。此时,杂质半导体中的电子的浓度会比本征半导体中的电子浓度高出很多倍,很大程度上加强了半导体的导电能力。这种半导体主要靠电子导电,故称为电子型半导体或 N 型半导体。N 型半导体中电子浓度远远大于空穴浓度,所以电子是多数载流子,简称多子;空穴是少数载流子,简称少子。

(2) P 型(空穴型)半导体。如果在硅或锗晶体中掺入 3 价元素,如硼、铝、铟等。掺入杂质后,形成空穴。空穴在室温下可以吸引附近的电子来填补,杂质原子变成带负电荷的离子。这就使得半导体中的空穴数量增多,导电能力增强,这种半导体主要依靠空穴来导电,故称为空穴型半导体或 P 型半导体。P 型半导体中空穴是多数载流子,电子是少数载流子。

杂质半导体中,多数载流子的浓度取决于掺杂浓度,少数载流子的浓度取决于温度。实际对本征半导体进行掺杂时,通常 N 型、P 型杂质都有,谁的浓度大就体现出谁的类型。

1.1.2 PN 结

使用一定的工艺让半导体的一端形成 P 型半导体,另外一端形成 N 型半导体,在这两种半导体的交界处就形成了一个 PN 结。PN 结是构成各种半导体器件的核心。

1. PN 结的形成

如图 1-3(a)所示,左边为 P 区,右边为 N 区。由于 P 区中的空穴浓度很大,而 N 区中的电子浓度很大,形成两边的两种载流子的浓度差,这时 P 区的空穴会向 N 区运动,而 N 区的电子会向 P 区运动,这种因浓度差引起的运动称为扩散运动。扩散到 P 区的电子会与空穴复合而消失,同样扩散到 N 区的空穴也会与电子复合而消失。复合的结果是在交界处两侧出现了不能移动的正负两种杂质离子组成的空间电荷区,这个空间电荷区称为 PN 结,如图 1-3(b)所示。在交界处左侧出现了负离子区,在右侧出现了正离子区,形成了一个由 N 区指向 P 区的内电场。随着扩散的进行,空间电荷区越来越宽,内电场也越来越强,但不会无限制地加宽加强。内电场的产生对 P 区和 N 区中的多数载流子的相互扩散运动起阻碍作用。同时,在内电场的作用下 P 区中的少数载流子——电子,N 区中的少数载流子——空穴会越过交界面向对方区域运动,这种在内电场的作用下少数载流子的运动称为漂移运动。漂移运动使空间电荷区重新变窄,削弱了内电场强度。多数载流子的扩散运动和少数载流子的漂移运动最终达到动态平衡,PN 结的宽度一定。由于空间电荷区内没有载流子,所以又把空间电荷区称为耗尽层。

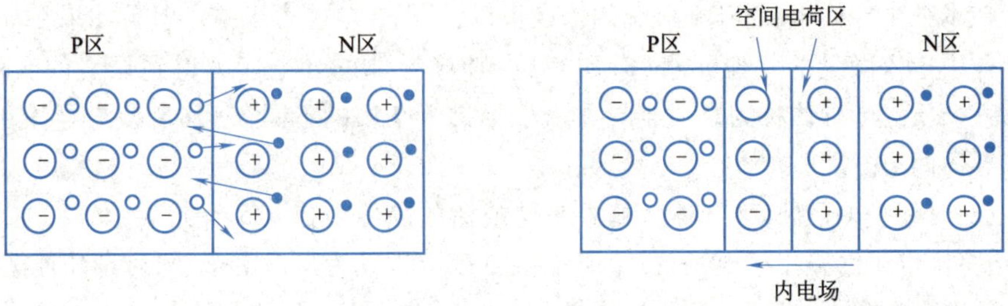

(a) 多数载流子的扩散运动

(b) 扩散和漂移运动平衡后形成的空间电荷区

图 1-3　PN 结的形成过程

2. PN 结的单向导电特性

PN 结是构成各种半导体器件的基本单元，使用时总是加有一定的电压。在 PN 结两端外加电压，称为给 PN 结加偏置电压。

在 PN 结上外加正向电压，即 P 区接高电位，N 区接低电位，此时称 PN 结为正向偏置（简称"正偏"），如图 1-4 所示。

由于外加电压产生的外电场与 PN 结产生的内电场方向相反，所以削弱了内电场，使 PN 结变窄，有利于两区的多数载流子向对方扩散，形成正向电流 I_F，此时 PN 结处于正向导通状态。

在 PN 结上外加反向电压，即 P 区接低电位，N 区接高电位，此时称 PN 结为反向偏置（简称"反偏"），如图 1-5 所示。

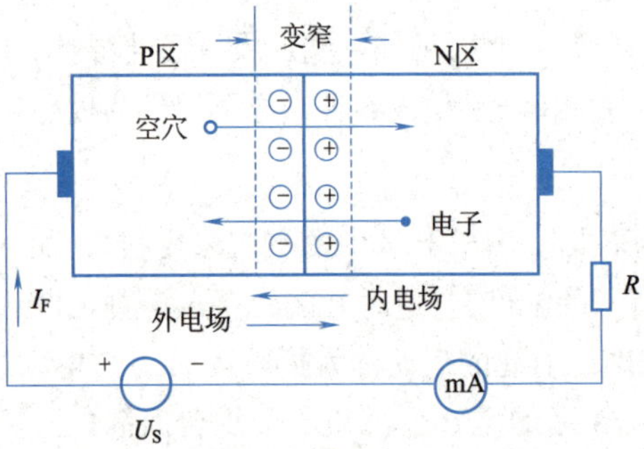

图 1-4　PN 结正向偏置 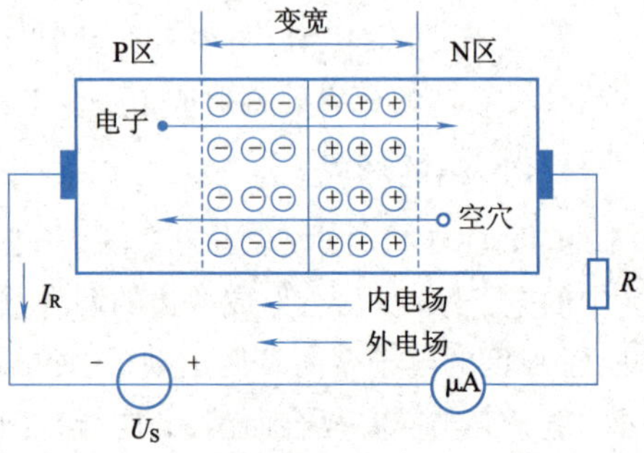　　图 1-5　PN 结反向偏置

此时外加电场与内电场方向一致，因而加强了内电场，使 PN 结变宽，阻碍了多子扩散运动。两区的少数载流子在回路中形成极小的反向电流 I_R，则称 PN 结反向截止，这时 PN 结呈高阻状态。

应当指出，少数载流子是由于热激发产生的，因而 PN 结的反向电流受温度影响很大。

综上所述，PN 结具有单向导电特性，即正向偏置时呈导通状态，反向偏置时则呈截止状态。

思考题

(1) 什么是本征半导体、N型半导体和P型半导体？它们在导电性能上各有何特点？

(2) PN结是怎样形成的？空间电荷区为什么又称耗尽区、阻挡层？

(3) 什么是PN结的正向偏置和反向偏置？什么是PN结的单向导电特性？

1.2 半导体二极管

1.2.1 普通半导体二极管

1. 普通半导体二极管的结构

半导体二极管由一块PN结加上相应的引出端和管壳构成。它有两个电极，由P区引出的是正极（又称阳极），由N区引出的是负极（又称阴极）。常见的普通半导体二极管的外形如图1-6所示，结构示意图和符号如图1-7所示。符号中的三角形实际上是一个箭头，箭头方向表示二极管导通时电流的方向。在二极管的外形图中，生产厂家都在二极管的外壳上用特定的标记来表示正负极。最明确的表示方法是在外壳上画有二极管的符号，箭头指向一端为二极管的负极；螺栓式二极管带螺纹的一端是二极管的负极，它是一种工作电流很大的二极管；许多二极管上画有色环，带色环的一端为二极管的负极。

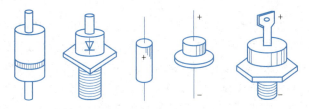

图1-6 常见的普通半导体二极管的外形

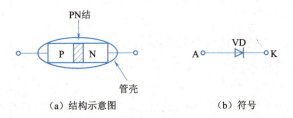

(a) 结构示意图   (b) 符号

图1-7 常见的普通半导体二极管的结构示意图和符号

2. 二极管的类型

二极管的种类很多，按结构分，主要有点接触型和面接触型，其中点接触型主要用在高频检波和开关电路,面接触型主要用在整流电路;按制造材料分,有硅二极管、锗二极管和砷化镓二极管等,其中硅二极管的热稳定性比锗二极管好得多;按用途分,有整流二极管、稳压二极管、开关二极管、发光二极管、光电二极管等;按功率分,有大功率二极管、中功率二极管及小功率二极管等。

3. 普通半导体二极管的伏安特性

普通半导体二极管的伏安特性是指通过二极管的电流与其两端电压之间的关系,普通半导体二极管的伏安特性曲线如图1-8所示。伏安特性表明二极管具有单向导电特性。

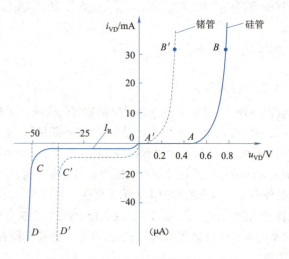

图 1-8 普通半导体二极管的伏安特性

(1)正向特性。二极管两端加正向电压很小时,正向电压的外电场还不足以克服内电场对扩散运动的阻力,正向电流很小,几乎为零,这部分区域称为"死区",相应的 $A(A')$ 点的电压称为死区电压或称阈值电压。硅管的死区电压约为 0.5 V,锗管的死区电压约为 0.1 V,如图 1-8 中的 OA、OA' 段。

当外加的正向电压超过死区电压时,正向电流就会急剧增大,二极管呈现很小电阻而处于导通状态。导通后二极管两端的电压变化很小,基本上是个常数。通常硅管的正向压降为 0.6~0.7 V,锗管的正向压降为 0.2~0.3 V,如图 1-8 中的 AB($A'B'$)段。

(2)反向特性。二极管两端加上反向电压时,在开始的一定范围内,二极管相当于非常大的电阻,反向电流很小,且基本上不随反向电压的变化而变化,此时的电流称为反向电流 I_R,如图 1-8 所示。

二极管的反向电压增加到一定数值时,反向电流急剧增大,这种现象称为反向击穿,此时对应的电压称为反向击穿电压,用 U_{BR} 表示,如图 1-8 中的 CD、$C'D'$ 段。

由以上分析可知,二极管的本质就是一块 PN 结,它具有单向导电特性,是一种非线性器件。

(3)温度对二极管特性的影响。二极管的管芯是一块 PN 结,它的导电性能与温

仿真

二极管的单向导电特性

度有关,温度升高时二极管正向特性曲线向左移动,正向压降减小;反向特性曲线向下移动,反向电流增大。另外,温度升高时,二极管的反向击穿电压 U_{BR} 会有所下降,使用时要加以注意。

4. 二极管的主要参数

半导体器件的参数是国家标准或制造厂家对生产的半导体器件应达到的技术指标所提供的数据要求,是合理选用半导体器件的重要依据。二极管的主要参数如下:

(1)最大整流电流 I_{FM}。最大整流电流 I_{FM} 是指在规定的环境温度(如 25 ℃)下,二极管长期工作时,允许通过的最大正向平均电流值。使用时应注意电流不能超过此值,否则会导致二极管过热而烧毁。对于大功率二极管必须按规定安装散热装置。

(2)最高反向工作电压 U_{RM}。最高反向工作电压 U_{RM} 是指允许加在二极管上的反向电压的峰值,也就是通常所说的耐压值。器件手册中给出的最高反向工作电压 U_{RM} 通常为反向击穿电压的 1/2 左右。

(3)最大反向电流 I_{RM}。最大反向电流 I_{RM} 是指给二极管加最大反向电压时的反向电流值。其值越小,表明二极管的单向导电性越好。最大反向电流受温度影响大。硅管的反向电流一般在几微安以下,锗管的反向电流较大,为硅管的几十到几百倍。

(4)最高工作频率 f_M。最高工作频率 f_M 是指二极管正常工作时的上限频率值,它的大小与 PN 结的电容有关,超过此值,二极管的单向导电特性变差。

5. 二极管的使用常识

(1)二极管的选用原则。保证选用的二极管的参数能满足实际电路的要求,然后考虑经济实用。一般情况下整流电路首选热稳定性好的硅管,高频检波电路才选锗管。

(2)用万用表检测二极管的质量和极性。在实际电路中,由于二极管的损坏而造成的故障是很常见的。因此,会用万用表判别二极管的好坏和极性是二极管应用中的一项基本技能。

①用万用表检查二极管的好坏。对于小功率二极管,测量时,将万用表的电阻挡置于 $R \times 100$ 或 $R \times 1k$ 挡(一般不用 $R \times 1$ 或 $R \times 10k$ 挡,因为 $R \times 1$ 挡电流太大,用 $R \times 10k$ 挡电压太高,都易损坏二极管)。黑表笔(表内电池的正极)接二极管的正极,红表笔(表内电池的负极)接二极管的负极,测量二极管的正向电阻。若是硅管,指针指在表盘中间或偏右一点;若是锗管,指针指在表盘右端靠近满刻度处,这样表明被测二极管的正向特性是好的。对换两只表笔,测量二极管的反向电阻。若是硅管,则指针基本不动,指在 ∞ 处;若是锗管,则指针的偏转角小于满刻度的 1/4,这表明被测管的反向特性也是好的,即被测二极管具有良好的单向导电特性。如果测得二极管的正、反向电阻均为 ∞ 或均为零,则说明被测二极管已失去了单向导电

特性,不能使用。

②用万用表判断二极管的极性。用万用表的电阻挡判断二极管的极性时,若测得的电阻较小(指针的偏转角大于1/2)时,说明红表笔接的是二极管的负极,黑表笔接的是二极管的正极;若测得的电阻较大(指针的偏转角小于1/4)时,说明红表笔接的是二极管的正极,黑表笔接的是二极管的负极,如图1-9所示。

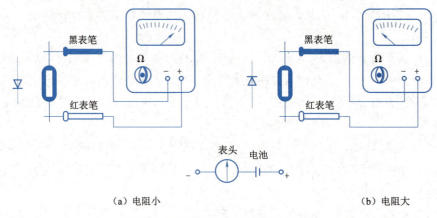

(a) 电阻小　　　　　　　　　　(b) 电阻大

图 1-9　万用表简易测试二极管示意图

(3)二极管使用注意事项。二极管使用时,应注意以下事项:二极管应按照用途、参数及使用环境选择;使用二极管时,正、负极不可接反;通过二极管的电流、承受的反向电压及环境温度等都不应超过手册中所规定的极值;更换二极管时,应使用同类型或高一级的代替;二极管的引线弯曲处距离外壳端面应不小于2 mm,以免造成引线折断或外壳破裂;焊接时应使用35 W以下的电烙铁,焊接要迅速,并用镊子夹住引线根部,以助散热,防止烧坏二极管;安装时,应避免靠近发热元件,对功率较大的二极管,应注意良好散热;二极管在容性负载电路中工作时,二极管整流电流 I_{FM} 应大于负载电流的1.2倍。

1.2.2　特殊半导体二极管

常用的特殊半导体二极管有稳压二极管、发光二极管和光电二极管等。

1. 稳压二极管

稳压二极管是一种特殊的硅材料二极管。由于在一定的条件下能起到稳定电压的作用,故称为稳压二极管,简称稳压管,其符号如图1-10所示。稳压二极管常用于基准电压、保护、限幅和电平转换电路中。

(1)稳压二极管的工作特性。稳压二极管的制造工艺采取了一些特殊措施,使它能够得到很陡直的反向击穿特性,并能在击穿区内安全工作。硅稳压二极管的伏安特性曲线如图1-11所示,它是利用稳压管反向击穿时电流在很大范围内变化,而稳压管两端的电压几乎不变的特点实现稳压的。因此,稳压管正常工作时,工作于反向击穿状态,此时的击穿电压称为稳定工作电压,用 U_Z 表示。

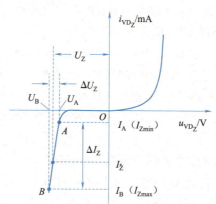

图 1-10 稳压二极管的符号　　图 1-11 硅稳压二极管的伏安特性曲线

（2）稳压二极管的主要参数：

①稳定工作电压 U_Z。稳定工作电压即反向击穿电压。由于击穿电压与制造工艺、环境温度及工作电流有关，因此在手册中只能给出某一型号稳压管的稳压范围，例如，2CW21A 这种稳压管的稳定工作电压 U_Z 为 4～5.5 V，2CW55A 的稳定工作电压 U_Z 为 6.2～7.5 V。但是，对于某一只具体的稳压管的 U_Z 是确定的值。

②稳定工作电流 I_Z。稳定工作电流是指稳压管工作在稳压状态时流过的电流。当稳压管反向电流小于最小稳定电流 I_{Zmin} 时，没有稳压作用；当稳压管反向电流大于最大稳定电流 I_{Zmax} 时，稳压管因过大电流而损坏。

③最大耗散功率 P_{ZM} 和最大工作电流 I_{ZM}。P_{ZM} 和 I_{ZM} 是为了保证稳压管不被热击穿而规定的极限参数，由稳压管允许的最高结温决定，$P_{ZM} = I_{ZM} U_Z$。

④动态电阻 r_Z。动态电阻 r_Z 是指稳压范围内电压变化量与相应的电流变化量之比，即 $r_Z = \Delta U_Z / \Delta I_Z$。$r_Z$ 值很小，约几欧到几十欧。r_Z 越小越好，即反向击穿特性曲线越陡越好，也就是说，r_Z 越小，稳压性能越好。

（3）稳压二极管的使用。稳压二极管使用时应注意以下几点：

①稳压管的正极接低电位，负极接高电位，保证工作在反向击穿区（除非用正向特性稳压）。

②为了防止稳压管的工作电流超过最大稳定电流 I_{Zmax} 而发热损坏，一般要串联一个限流电阻 R。

③稳压管不能并联使用，以免因稳压值的差异造成各稳压管电流不均，导致稳压管过载而损坏。

2. 发光二极管

发光二极管简称 LED，是由磷砷化镓（GaAsP）、磷化镓（GaP）等半导体材料制成的。同样具有单向导电特性，但在正向电流达到一定值时就会发光，所以它是一种把电能转换成光能的半导体器件。它具有体积小、工作电压低、工作电流小、发光均匀稳定、响应速度快和寿命长等优点，其缺点是功耗较大。发光二极管常用作显示器件,如指示灯、七段显示器和矩阵显示器等。由于构成发光二极管的材料、封装形式、外形不同,因而它的类型很多,如单色发光二极管、变色发光二极管、闪烁发光二极管、电压型发光二极管、红外发光二极管、激光发光二极管等。

单色发光二极管的发光颜色有红、绿、黄、橙、蓝等,几乎所有设备的电源指示灯、手机背景灯、七段数码显示器件都是使用的单色发光二极管。单色发光二极管的符号如图 1-12 所示。单色发光二极管的两根引脚中,长引脚是正极,短引脚是负极。

发光二极管的正向工作电压为 2~3 V,工作电流为 5~20 mA,一般 $I_{VD}=1$ mA 时启辉。随着 I_{VD} 的增加,亮度不断增加。当 $I_{VD} \geq 5$ mA 以后,亮度并不显著增加。当流过发光二极管的电流超过极限值时,会导致发光二极管损坏。因此,发光二极管在使用时,必须在电路中串联限流电阻。

目前有一种 BTV 系列的电压控制型发光二极管,它将限流电阻集成在管壳内,与发光二极管串联后引出两个电极,外观与普通发光二极管相同,使用更为方便。

3. 光电二极管

光电二极管是一种很常用的光敏元件,与普通二极管相似,它也是具有一个 PN 结的半导体器件,但两者在结构上有着显著不同。普通二极管的 PN 结是被严密封装在管壳内的。光线的照射对其特性不产生任何影响,而光电二极管的管壳上则开有一个透明的窗口,光线能透过此照射到 PN 结上,以改变其工作状态。光电二极管的符号如图 1-13 所示。

图 1-12　单色发光二极管的符号

图 1-13　光电二极管的符号

光电二极管工作在反偏状态,它的反向电流随光照强度的增加而上升,用于实现光电转换功能。光电二极管广泛用于遥控接收器、激光头中。当制成大面积的光电二极管时,能将光能直接转换成电能,也可当作一种能源器件,即光电池。

实验与技能训练——半导体二极管的识别与检测

1. 普通半导体二极管的识别与检测

(1) 直观识别二极管的极性。二极管的正、负极一般都在外壳上标注出来,标有色点的一端是正极,标志环一端是负极。试识别所给定的二极管的正、负极。

(2) 用万用表检测二极管的正向电阻和反向电阻。用万用表的欧姆挡 $R \times 100$ 或 $R \times 1k$ 挡,分别测量普通硅二极管和锗二极管的正向电阻和反向电阻,判断二极管的质量,将二极管的型号及测试结果填入表 1-1 中。

(3) 查阅有关资料,将查出给定的二极管的有关参数填入表 1-1 中。

表 1-1 普通二极管的测试

二极管的正向电阻、反向电阻			二极管的质量	二极管的主要参数		
				I_{FM}	U_{RM}	I_{RM}
硅管	正向电阻					
	反向电阻					
锗管	正向电阻					
	反向电阻					

2. 特殊半导体二极管的识别与检测

(1)稳压二极管的识别与检测。直观识别所给定的稳压二极管的正、负极,然后用万用表的欧姆挡 $R×10k$ 挡,测量二极管的反向电阻,若此时的阻值变得较小,说明该二极管是稳压二极管,将结果填入表 1-2 中。

(2)发光二极管的识别与检测。直观识别所给定的发光二极管的正、负极,然后用万用表的欧姆挡 $R×10k$ 挡,测量发光二极管的正、反向电阻,判断其正、负极。用万用表外接 1 节 1.5 V 的电池,万用表的量程置 $R×10$ 或 $R×100$ 挡,黑表笔接电池的负极,红表笔接发光二极管的负极,电池正极接发光二极管的正极,发光二极管若能正常发光则表示其质量合格,将结果填入表 1-2 中。

表 1-2 稳压二极管、发光二极管的检测

序号	标志符号	万用表量程	正向电阻	反向电阻	类型判别	质量判别
1						
2						
3						

3. 注意事项

用万用表测量二极管时,要注意万用表欧姆挡的量程及表笔的极性。

●●●● 思 考 题 ●●●●

(1)二极管的导通、截止状态与电路中的开关器件有何相似之处?有何区别?

(2)稳压二极管、发光二极管、光电二极管正常工作时,其偏置是正偏还是反偏,或者两种情况都有可能?为什么?

1.3 二极管整流电路

生产与科研中常需用直流电,例如电解、电镀、蓄电池充电、直流电动机供电等。电子电路、电子设备和自动控制装置中,一般都需要稳定的直流电源。为获得直流

电,除了用直流发电机和各种电池外,目前广泛采用半导体直流稳压电源。

半导体直流稳压电源由电源变压器、整流电路、滤波电路和稳压电路四部分组成,其组成框图如图1-14所示。

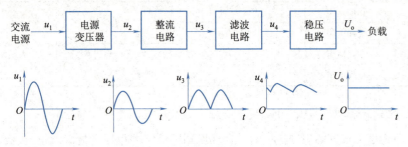

图1-14 直流稳压电源的组成框图

电源变压器的作用是为用电设备提供所需的交流电压;整流和滤波电路的作用是把交流电变换成平滑的直流电;稳压电路的作用是克服电网电压、负载及温度变化所引起的输出电压的变化,提高输出电压的稳定性。本节主要介绍整流、滤波电路,稳压电路在后续内容中介绍。

1.3.1 单相半波整流电路

将交流电变换成单向脉动的直流电的过程称为整流。

1. 电路的结构

单相半波整流电路通常由稳压电源变压器 Tr、整流二极管 VD 和负载 R_L 组成,如图1-15所示。为简化分析,将二极管视为理想二极管,即二极管正向导通时,作短路处理(即忽略二极管的正向压降);反向截止时,作开路处理(即忽略二极管的反向电流)。

2. 工作原理

设 $u_2 = \sqrt{2}U_2\sin\omega t$,其波形如图1-16(a)所示。在 u_2 的正半周期间,变压器二次侧电压的瞬时极性是上端为正,下端为负。二极管 VD 因正向偏置而导通,电流自上而下流过负载电阻 R_L,则 $u_{VD}=0$,$u_L=u_2$。

在 u_2 的负半周期间,变压器二次侧电压的瞬时极性是上端为负,下端为正。二极管 VD 因反向偏置而截止,没有电流通过负载电阻 R_L,则 $u_L=0$,而 u_2 全部加在二极管 VD 两端,则 $u_{VD}=u_2$。负载电压和电流的波形和二极管两端电压波形如图1-16(b)、(c)、(d)所示。可见,利用二极管的单向导电特性,将变压器二次侧的正弦交流电变换成了负载两端的单向脉动的直流电,达到了整流的目的。这种电路在交流电的半个周期里有电流通过负载,故称为半波整流电路。

3. 负载上的直流电压和直流电流

直流电压是指一个周期内脉动直流电压的平均值。对半波整流电路,直流电压为

$$U_L = \frac{1}{2\pi}\int_0^{2\pi} u_L d\omega t = \frac{1}{2\pi}\int_0^{\pi}\sqrt{2}U_2\sin\omega t d\omega t = \frac{\sqrt{2}U_2}{\pi} \approx 0.45 U_2 \quad (1\text{-}1)$$

流过负载 R_L 的电流平均值为

$$I_L = \frac{U_L}{R_L} = 0.45\frac{U_2}{R_L} \quad (1\text{-}2)$$

4. 整流二极管的电压、电流与二极管的选择

流过整流二极管的直流电流与流过负载的直流电流相同,即

$$I_{VD} = I_L \quad (1\text{-}3)$$

二极管承受的最大反向电压为二极管截止时两端电压的最大值,即

$$U_{VDrm} = \sqrt{2}U_2 \quad (1\text{-}4)$$

可见为保证二极管安全工作,选用二极管时要求

$$I_{FM} \geq I_{VD}, U_{RM} \geq U_{VDrm}$$

单相半波整流电路的特点为:结构简单,但输出电压低,脉动成分大,变压器利用率低。所以,单相半波整流电路只适用于小电流、小功率以及对脉动要求不高的场合。

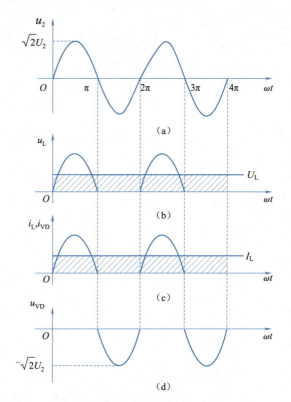

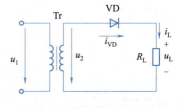

图 1-15 单相半波整流电路　　图 1-16 半波整流电路的波形图

例 1-1 单相半波整流电路如图 1-15 所示。已知:负载电阻 $R_L = 600\ \Omega$,变压器二次电压的有效值 $U_2 = 40$ V。试求:负载上电流和电压的平均值及二极管承受的最

大反向电压。

解 负载上电压的平均值为

$$U_L = 0.45U_2 = 0.45 \times 40 \text{ V} = 18 \text{ V}$$

负载上电流的平均值为

$$I_L = \frac{U_L}{R_L} = \frac{18}{600} \text{ A} = 0.03 \text{ A} = 30 \text{ mA}$$

二极管承受的最大反向电压为

$$U_{VDrm} = \sqrt{2}\,U_2 = \sqrt{2} \times 40 \text{ V} = 56.6 \text{ V}$$

1.3.2 单相桥式全波整流电路

1. 电路的结构

单相桥式全波整流电路是由 4 个相同的二极管 $VD_1 \sim VD_4$ 和负载 R_L 组成的,电路如图 1-17 所示。4 个二极管接成一个电桥形式,其中二极管极性相同的一个对角接负载电阻 R_L,二极管极性不同的一个对角接交流电压,所以称为桥式电路。

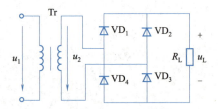

图 1-17 单相桥式全波整流电路

电路图的另一种画法如图 1-18(a)所示,其简化画法如图 1-18(b)所示。

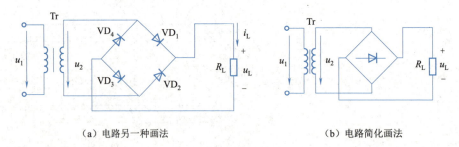

(a) 电路另一种画法　　　　　　　　(b) 电路简化画法

图 1-18 单相桥式全波整流电路

2. 工作原理

设 $u_2 = \sqrt{2}\,U_2 \sin \omega t$,其波形如图 1-19(a)所示。

在 u_2 的正半周期间,变压器二次侧电压的瞬时极性是上端为正,下端为负。二极管 VD_1、VD_3 因正向偏置而导通,VD_2、VD_4 因反向偏置而截止,电流由变压器二次侧的上端流出,经 VD_1、R_L、VD_3 回到变压器二次侧的下端,自上而下流过 R_L,在 R_L 上得到上正下负的电压,如图 1-19(b)中的 $0 \sim \pi$ 段所示。

在 u_2 的负半周期间,变压器二次侧电压的瞬时极性是上端为负,下端为正。二极管 VD_1、VD_3 因反向偏置而截止,VD_2、VD_4 因正向偏置而导通,电流由变压器二次侧的下端流出,经 VD_2、R_L、VD_4 回到变压器二次侧的上端,自上而下流过 R_L,在 R_L 上仍然得到上正下负的电压,如图 1-19(b)中的 $\pi \sim 2\pi$ 段所示。

由以上分析可见,在 u_2 的一个周期里,由于 VD_1、VD_3 和 VD_2、VD_4 轮流导通,所以负载 R_L 得到的是单方向的全波脉动的直流电。

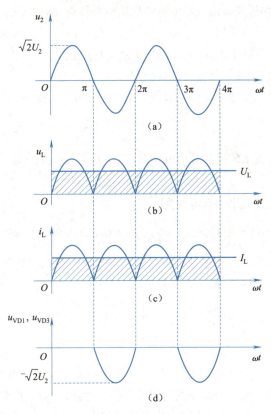

图 1-19 桥式全波整流电路的波形图

3. 负载上的直流电压和直流电流

负载上直流电压为

$$U_L = \frac{1}{2\pi}\int_0^{2\pi} u_L d\omega t = \frac{1}{\pi}\int_0^{\pi} \sqrt{2}U_2 \sin\omega t d\omega t = \frac{2\sqrt{2}U_2}{\pi} \approx 0.9U_2 \quad (1-5)$$

流过负载 R_L 的电流平均值为

$$I_L = \frac{U_L}{R_L} = 0.9\frac{U_2}{R_L} \quad (1-6)$$

4. 整流二极管的电压、电流与二极管的选择

在桥式整流电路中,因为二极管 VD_1、VD_3 和 VD_2、VD_4 在电源电压变化一周内是轮流导通的,所以流过每只二极管的电流都等于负载的电流的一半,即

微课

单相桥式
整流电路

$$I_{VD} = \frac{1}{2} I_L \tag{1-7}$$

每只二极管承受的最大反向电压为二极管截止时两端电压的最大值,即

$$U_{VDrm} = \sqrt{2} U_2 \tag{1-8}$$

选用二极管时要求

$$I_{FM} \geq I_{VD}, U_{RM} \geq U_{VDrm}$$

综上所述,单相桥式整流电路的直流输出电压较高,脉动较小,效率较高。因此,这种电路得到了广泛的应用。

例1-2 已知负载电阻 $R_L = 100\ \Omega$,负载工作电压 $U_L = 45\ V$。若采用桥式全波整流电路对其供电,试选择整流二极管的型号。

解 变压器的二次侧电压的有效值可由 $U_L = 0.9 U_2$ 求得,即

$$U_2 = \frac{U_L}{0.9} = \frac{45}{0.9}\ V = 50\ V$$

加在每只二极管上的反向峰值电压为

$$U_{VDrm} = \sqrt{2} U_2 = \sqrt{2} \times 50\ V \approx 71\ V$$

流过每只二极管的平均电流值为

$$I_{VD} = \frac{1}{2} I_L = \frac{1}{2} \times \frac{45}{100}\ A = 0.225\ A = 225\ mA$$

查手册,可选 2CZ54C 型整流二极管 4 只,2CZ54C 的 $I_{FM} = 0.5\ A > I_{VD} = 225\ mA$,$U_{RM} = 100\ V > U_{VDrm} = 71\ V$,满足计算要求。

实验与技能训练——单相整流电路的组装与测试

1. 单相半波整流电路的组装与测试

按图 1-15 所示连接电路,图中二极管选用 1N4001,电阻选用 1 kΩ、(1/4) W,变压器为 220 V/12 V。检测电路中的元器件。接好电路,经教师检查后接通电源,用万用表的交流电压挡测量输入电压 U_2,用万用表的直流电压挡测量 R_L 两端电压 U_L,用示波器观察 u_2、u_L 的波形,将结果填入表 1-3 中。

表 1-3 单相半波整流电路的测试

项目	u_2	u_L	
电压	$U_2 =$	U_L 的测量值 $=$	U_L 的计算值 $=$
波形			

2. 单相桥式全波整流电路的测试

连接图 1-17 所示电路,图中的 4 只二极管均选用 1N4001,电阻选用 1 kΩ、(1/4) W,变压器为 220 V/12 V。检测电路的元器件。

接好电路,经教师检查后接通电源,用万用表的交流电压挡测量输入电压 U_2,用万用

表的直流电压挡测量 R_L 两端电压 U_L,用示波器观察 u_2、u_L 的波形,将结果填入表1-4中。

表 1-4　单相桥式全波整流电路的测试

项目	u_2	u_L	
电压	U_2 =	U_L的测量值 =	U_L的计算值 =
波形			

注:用万用表测量负载两端电压时,要注意正、负极。

思考题

(1)整流的主要目的是什么?整流电路是根据什么原理工作的?
(2)单相半波整流电路有什么特点?
(3)单相桥式全波整流电路有什么特点?
(4)在桥式全波整流电路中,如果其中一只二极管的极性接反了或一只二极管内部断路、短路了,电路会出现什么情况?

1.4　滤波电路

整流电路输出的脉动直流电压是由直流分量和许多不同频率的交流谐波分量叠加而成的,这些谐波分量总称为纹波。单向脉动直流电压的脉动大,仅适用于对直流电压要求不高的场合,如电镀、电解等设备。而在有些设备中,如电子仪器、自动控制装置等,则要求直流电压非常稳定。为了获得平滑的直流电压,可采用滤波电路,滤除脉动直流电压中的交流成分,滤波电路常由电容和电感组成。

1.4.1　电容滤波电路

1. 电路结构

在小功率的整流滤波电路中最常用的是电容滤波电路,它是利用电容两端的电压不能突变的特性,与负载并联,使负载得到较平滑的电压。图 1-20 所示的是单相桥式全波整流电容滤波电路。

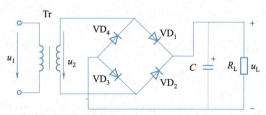

图 1-20　单相桥式全波整流电容滤波电路

2. 工作原理

设电容器的初始电压为零，接通电源时，u_2 由零开始上升，二极管 VD_1、VD_3 正偏导通，VD_2、VD_4 反偏截止，电源在向负载 R_L 供电的同时，也向电容 C 充电，$u_C \approx u_2$。因变压器二次侧的直流电阻和二极管的正向电阻均很小，故充电时间常数很小，充电速度很快，$u_C = u_2$，达到峰值 $\sqrt{2}U_2$ 后，u_2 下降。当 $u_2 < u_C$ 时，VD_1、VD_3 截止，电容开始向 R_L 放电，因其放电时间常数 $R_L C$ 较大，u_C 缓慢下降。直至 u_2 的负半周出现 $|u_2| > |u_C|$ 时，二极管 VD_2、VD_4 正偏导通，电源又向电容充电，如此周而复始地充电、放电，得到图 1-21 所示的输出电压 u_L（即 u_C）的波形。显然此波形比没有滤波时平滑得多，即输出电压中的纹波大幅减少，达到了滤波的目的。

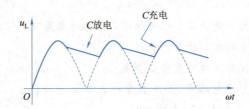

图 1-21 单相桥式全波整流电容滤波的波形图

3. 滤波电容和整流二极管的选择

(1) 滤波电容的选择与输出电压的估算。滤波电容的大小取决于放电回路的时间常数。放电时间常数 $R_L C$ 越大，输出电压的脉动就越小，输出电压就越高。工程上一般取

$$C \geq (3 \sim 5) \frac{T}{2R_L} \tag{1-9}$$

式中，T 为电源电压 u_2 的周期。

滤波电容一般采用电解电容器或油浸密封纸质电容器，使用电解电容器时，应注意极性不能接反。此外，当负载断开时，电容器两端的电压最大值为 $\sqrt{2}U_2$，故电容器的耐压应大于此值，通常取 $(1.5 \sim 2)U_2$。

当电容器的容量满足式(1-9)时，输出的直流电压，可按式(1-10)估算，即

$$U_L = (1.1 \sim 1.2)U_2 \tag{1-10}$$

(2) 整流二极管的选择。二极管的平均电流仍按负载电流的一半选取，即

$$I_{VD} = \frac{1}{2} I_L = \frac{1}{2} \times \frac{U_L}{R_L} \tag{1-11}$$

考虑到每个二极管的导通时间较短，会有较大的冲击电流，因此，二极管的最大整流电流一般按下式选取，即

$$I_{FM} = (2 \sim 3) I_{VD} \tag{1-12}$$

二极管承受的最高反向工作电压仍为二极管截止时两端电压的最大值，则选取

$$U_{RM} \geq \sqrt{2}U_2 \tag{1-13}$$

电容滤波电路的优点是电路简单,输出电压较高,脉动小。它的缺点是负载电流增大时,输出电压迅速下降。因此它适用于负载电流较小且变动不大的场合。

例 1-3 单相桥式整流电容滤波电路中,输入交流电压的频率为 50 Hz,若要求输出直流电压为 18 V、电流为 100 mA,试选择整流二极管和滤波电容器。

解 (1)选择整流二极管:

流过二极管的电流平均值为

$$I_{VD} = \frac{1}{2}I_L = \frac{1}{2} \times 100 \text{ mA} = 50 \text{ mA}$$

变压器二次电压的有效值为

$$U_2 = \frac{U_L}{1.2} = \frac{18}{1.2} \text{ V} = 15 \text{ V}$$

二极管承受的最高反向峰值电压为

$$U_{VDrm} = \sqrt{2}\,U_2 = \sqrt{2} \times 15 \text{ V} \approx 21 \text{ V}$$

因此可选 4 只整流二极管 2CZ52B。它的最大整流电流 $I_{FM} = 0.3$ A,最高反向工作电压 $U_{RM} = 50$ V。

(2)选择滤波电容器:

根据式(1-9)可得

$$C = \frac{5T}{2R_L} = \frac{5 \times 0.02}{2 \times (18/0.1)} \text{ F} \approx 2.78 \times 10^{-4} \text{ F} = 278 \text{ μF}$$

电容器耐压为

$$(1.5 \sim 2)U_2 = (1.5 \sim 2) \times 15 \text{ V} = 22.5 \sim 30 \text{ V}$$

因而选用 330 μF/35 V 的电解电容器即可。

1.4.2 电感滤波电路

1. 电路结构

电感滤波电路如图 1-22 所示,由于工频交流电的频率较低(50 Hz),所以电路中电感 L 一般取值较大,约几亨[利]以上。

2. 工作原理

电感滤波是利用电感的储能(电感中电流不能突变)来减小输出电压纹波的。当电感中电流增大时,自感电动势的方向与原电流方向相反,阻碍电流的增加,同时将能量存储起来;反之当电感中电流减小时,自感电动势的方向与原电流方向相同,其作用是阻碍电流的减小,同时释放能量。因此电感中电流变化时,产生自感电动势,阻碍电流的变化,使电流变化减小,电压纹波得到抑制。

整流输出的脉动直流电压可以分解为直流分量和交流分量。由于电感线圈的直流电阻很小,交流电抗很大,故直流分量顺利通过,交流分量将全部降到电感线圈上,这样会在负载 R_L 上得到比较平滑的直流电压,其波形如图 1-23 所示。

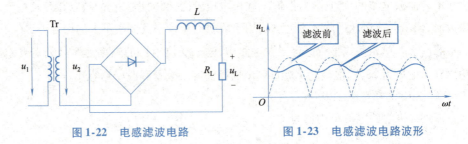

图 1-22　电感滤波电路　　　　　图 1-23　电感滤波电路波形

电感滤波电路输出的直流电压与变压器二次电压的有效值 U_2 之间的关系为

$$U_L = 0.9 U_2 \qquad (1-14)$$

电感线圈的电感量越大，负载电阻越小，滤波效果越好，因此，电感滤波器适用于负载电流较大且变动较大的场合。其缺点是电感量大、体积大、成本高。

3. 复式滤波电路

为了进一步改善滤波效果，实际使用中是电感滤波和电容滤波复合使用，即复式滤波电路。表 1-5 列出了几种复式滤波电路。

表 1-5　复式滤波电路

型式	电路	优点	缺点	使用场合
Γ型 LC 滤波	(电路图)	(1)输出电流较大；(2)负载能力较好；(3)滤波效果好	电感线圈体积大，成本高	适宜于负载变动大，负载电流较大的场合
Π型 LC 滤波	(电路图)	(1)输出电压高；(2)滤波效果好	(1)输出电流较小；(2)负载能力差	适宜于负载电流较小，要求稳定的场合
Π型 RC 滤波	(电路图)	(1)滤波效果较好；(2)结构简单经济；(3)能兼起降压、限流作用	(1)输出电流较小；(2)负载能力差	适宜于负载电流小的场合

实验与技能训练——单相整流滤波电路的组装与测试

1. 电容滤波电路的安装与测试

（1）连接图 1-24 所示电路，图中变压器选用 220 V/12 V，4 只二极管均选用 1N4001，电阻 R 选用 100 Ω/2 W，R_L 选用 1 kΩ、(1/4) W，电容器选用 330 μF/25 V 电解电容器，检测电路中的元件。

（2）电容滤波电路的测试。闭合图 1-24 中的 S_1、S_3，断开 S_2，用万用表的交流电压挡测量输入电压 U_2，用万用表的直流电压挡测量 R_L 两端电压 U_L，用示波器观察

u_2、u_L 的波形,填入表 1-6 中。

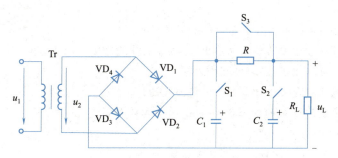

图 1-24　单相桥式全波整流电容滤波电路

表 1-6　桥式整流电容滤波电路的测试

项目	u_2	u_L	
电压	U_2 =	U_L 的测量值 =	U_L 的计算值 =
波形			

(3) Π 型 RC 滤波电路的测试。闭合图 1-24 中的 S_1、S_2,断开 S_3,用万用表的交流电压挡测量输入电压 U_2,用万用表的直流电压挡测量 R_L 两端电压 U_L,用示波器观察 u_2、u_L 的波形,填入表 1-7 中。

表 1-7　桥式整流 Π 型 RC 滤波电路的测试

项目	u_2	u_L	
电压	U_2 =	U_L 的测量值 =	U_L 的计算值 =
波形			

2. 电感滤波电路的安装与测试

按图 1-22 连接电路,图中变压器(220 V/12 V),二极管型号为 1N4001,电阻为 1 kΩ,电感为 4 H/25 V。用示波器观察 u_2、u_L 的波形。请思考:此电路的输出电压 u_L 的波形与桥式全波整流电路输出电压 u_L 的波形有什么不同?与电容滤波电路输出电压 u_L 波形有什么不同?

思考题

(1) 电容滤波是利用什么原理进行滤波的?
(2) 在带电容滤波的整流电路中,二极管的导通时间为什么变少了?
(3) 如何选取滤波电容的容量?
(4) 电感滤波是利用什么原理进行滤波的?
(5) 电感滤波电路的输出直流电压的平均值的计算公式为什么与整流电路的一样?

习 题

一、填空题

1. 半导体中有两种载流子,一种是_____,另一种是_____。
2. 在 N 型半导体中,多数载流子是_____;在 P 型半导体中,主要靠多数载流子_____导电。
3. PN 结的单向导电特性表现为:外加正向电压时_____;外加反向电压时_____。
4. 二极管的反向电流随外界温度的升高而_____;反向电流越小,说明二极管的单向导电特性_____。一般硅二极管的反向电流比锗管的_____(小、大)很多,所以应用中一般多选用硅管。
5. 稳压二极管在稳压时,应工作在其伏安特性的_____区。
6. 直流稳压电源一般由_____、_____、_____和_____组成。
7. 整流电路是利用具有单向导电特性的整流元件,将正负交替变化的交流电压变换成_____。
8. 滤波电路的作用是尽可能地将单向脉动直流电路中的交流分量_____,使负载获得_____。
9. 电容滤波电路一般适用于_____场合。
10. 在单相桥式整流电容滤波的电路中。已知变压器二次电压的有效值 $U_2=18\text{ V}$,$R_L=50\text{ }\Omega$,$C=1\,000\text{ μF}$,现用直流电压表测量输出电压 U_L。①电路正常工作时,$U_L=$ _____V。②C 断开时,$U_L=$ _____V。③VD_1 断开时,$U_L=$ _____V。④VD_1 及 C 断开时,$U_L=$ _____V。⑤负载电阻 R_L 断开时,$U_L=$ _____V。

二、选择题

1. 半导体导电的载流子是( ),金属导电的载流子是( )。
   A. 自由电子   B. 空穴   C. 自由电子和空穴
2. 本征半导体中,自由电子和空穴的数量是( )。
   A. 相等
   B. 自由电子比空穴数量多
   C. 自由电子比空穴数量少

3. 半导体材料硅的热稳定性比锗的热稳定性(　　)。
   A. 好　　　　B. 差　　　　C. 一样
4. 用来制作半导体器件的是(　　),它的导电能力比(　　)强得多。
   A. 本征半导体　B. 杂质半导体
5. PN 结的正向偏置是指 P 区接(　　)电位,N 区接(　　)电位,这时形成(　　)的正向电流。
   A. 高　　　　B. 低　　　　C. 较大　　　　D. 较小
6. 二极管的正向电阻越(　　),反向电阻越(　　),说明二极管的单向导电特性越好。
   A. 大　　　　B. 小
7. 用万用表测量二极管的正向电阻,若用不同的电阻挡,测出的电阻值(　　)。
   A. 相同　　　B. 不相同
8. 硅二极管和锗二极管的死区电压分别是(　　)和(　　),正向导通时的工作压降分别是(　　)和(　　)。
   A. 0.1 V　　B. 0.3 V　　C. 0.5 V　　D. 0.7 V
9. 当温度升高时,二极管的正向压降(　　),反向电流(　　),反向击穿电压(　　)。
   A. 增大　　　B. 减小　　　C. 基本不变
10. 整流滤波得到的电压在负载变化时,是(　　)的。
    A. 稳定　　　B. 不稳定　　C. 不一定

三、判断题

1. 二极管只要工作在反向击穿区,一定会被击穿损坏。　　　　　　　　　　(　　)
2. 整流电路可将正弦波电压变为脉动的直流电压。　　　　　　　　　　　　(　　)
3. 电容滤波电路适用于小负载电流,而电感滤波电路适用于大负载电流。　　(　　)
4. 在单相桥式整流电容滤波电路中,若有一只整流管断开,则输出电压平均值变为原来的一半。　　　　　　　　　　　　　　　　　　　　　　　　　　　　(　　)

四、分析与计算题

1. 分析图 1-25 所示电路中,各二极管是导通还是截止的? 并求输出电压 U_o(设所有二极管正偏时的工作压降为 0.7 V,反偏时的电阻为∞)。

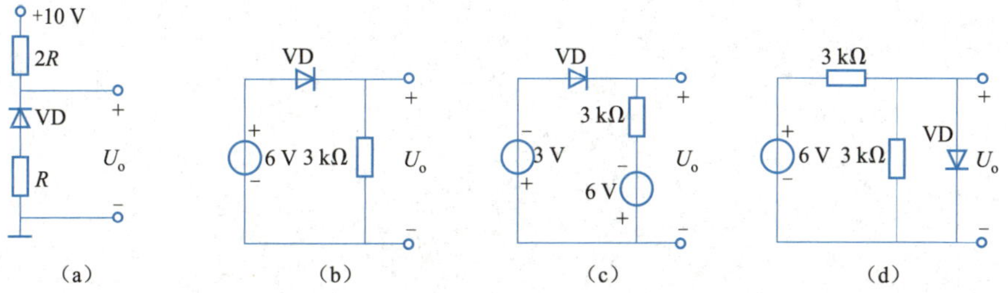

图 1-25

2. 图 1-26 所示电路中,$u_i = 10\sin\omega t$ V,$E = 5$ V,试画出输出电压 u_o 的波形(二极管按理想情况考虑)。

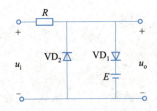 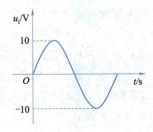

图 1-26

3. 在线路板上,用 4 只排列如图 1-27 所示的二极管组成桥式整流电路,试问图 1-27(a)、(b)两图的端点如何接入交流电源和负载电阻 R_L？要求画出的接线图最简单。

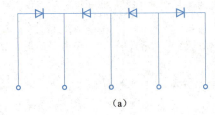 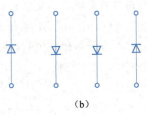

图 1-27

4. 在单相半波整流电路中,已知变压器二次侧的电压有效值 $U_2 = 20$ V,负载电阻 $R_L = 10$ Ω,试问:(1)负载电阻 R_L 上的电压平均值和电流平均值各为多少？(2)电网电压允许波动 ±10%,二极管承受的最大反向电压和流过的最大电流平均值各为多少？

5. 220 V/50 Hz 的交流电压经降压变压器给桥式整流电容滤波电路供电,要求输出直流电压为 24 V,电流为 400 mA。试选择整流二极管的型号、变压器二次侧电压的有效值及滤波电容器的规格。

6. 单相桥式整流、电容滤波电路,电源频率 $f = 50$ Hz,负载电阻 $R_L = 120$ Ω,要求直流输出电压 $U_L = 30$ V。试选择整流二极管及滤波电容。

第2章

信号放大与运算电路

📖 学习内容

- 半导体三极管的结构、特性曲线、主要参数、使用常识与检测。
- 单级共射、共集放大电路的组成和静态、动态分析,单管放大电路的测试。
- 场效应管的结构、特性曲线、主要参数及使用常识。
- 单级共源、共漏放大电路的组成及工作原理分析。
- 多级放大电路的组成、工作分析与测试。
- 反馈的概念、类型及判断方法,负反馈对放大电路性能的影响及测试。
- 集成运算放大器组成、主要性能指标、工作区的特征,集成运算放大器应用电路的分析与测试。
- 功率放大电路简介。

📝 学习目标

- 了解三极管和场效应管的结构;理解三极管和场效应管的放大作用及特性曲线;掌握三极管和场效应管的符号、3个工作区的特点及主要参数。
- 熟悉基本放大电路的组成,各元件的名称和作用;理解基本放大电路的工作原理,静态工作点的设置及稳定的过程;掌握各种放大电路的特点。
- 掌握放大电路的微变等效电路分析方法,并能够估算其性能指标。
- 理解反馈的概念,掌握反馈类型的判别方法、负反馈对放大电路性能的影响。
- 熟悉多级放大电路的耦合方式及性能指标。
- 了解集成运算放大器的组成、各部分的作用及主要性能指标;理解集成运算放大器的理想化条件;掌握"虚短"和"虚断"的概念、集成运算放大器的线性应用电路;了解集成运算放大器的非线性应用电路。
- 了解功率放大电路的构成、集成功率放大器的应用;理解OTL、OCL电路的特点和工作原理。
- 了解放大电路的频率特性及通频带的概念。

- 能识别、检测三极管。
- 会正确使用示波器、稳压电源、信号发生器和交流毫伏表调试和测量放大电路的波形和性能指标。
- 会识别集成运算放大器,并能描述集成运算放大器各引脚的功能。
- 能测试由集成运算放大器组成的线性应用电路。

2.1 半导体三极管

半导体三极管是放大电路中的关键器件。三极管的种类很多,应用十分广泛,识别三极管的种类,掌握检测质量及选用方法是学习电子技术必须掌握的一项基本技能。

半导体三极管有两大类型:双极型半导体三极管和单极型半导体三极管。双极型半导体三极管(简记为BJT)是由两种载流子参与导电的半导体器件,它由两个PN结组合而成,是一种电流控制电流型器件。单极型半导体三极管(又称场效应管,简记为FET)仅由一种载流子参与导电,是一种电压控制电流型器件。本节仅介绍双极型半导体三极管(简称"三极管")的有关知识。

2.1.1 普通双极型半导体三极管

1. 普通双极型半导体三极管的结构和电流放大作用

(1)普通双极型半导体三极管的结构。普通双极型半导体三极管的结构示意图如图2-1(a)所示,它是由3层不同性质的半导体组合而成的。按半导体的组合方式不同,可将其分为NPN型管和PNP型管。

无论是NPN型管还是PNP型管,它们内部都含有3个区:发射区、基区和集电区。这3个区的作用分别是:发射区是用来发射载流子的,基区是用来控制载流子的传输的,集电区是用来收集载流子的。从3个区各引出一个金属电极,分别称为发射极(E)、基极(B)和集电极(C);同时在3个区的两个交界处分别形成2个PN结,发射区与基区之间形成的PN结称为发射结,集电区与基区之间形成的PN结称为集电结。三极管的图形符号如图2-1(b)所示,符号中箭头方向表示发射结正向偏置时发射极的电流方向。

由于三极管3个区的作用不同,三极管在制作时,每个区的掺杂浓度及面积均不同。其内部结构的特点是:发射区的掺杂浓度较高;三极管的基区不但做得很薄,而且掺杂浓度很低,便于高掺杂浓度的发射区的多数载流子扩散过来;集电区面积较大,以便收集由发射区发射、途经基区,最终到达集电区的载流子,此外也利于集电结散热。以上特点是三极管实现放大作用的内部条件。在使用时,发射极和集电极不能互换。

(2)普通双极型半导体三极管的分类。三极管的种类很多,有以下几种常见的分类形式。按其结构类型可分为NPN型管和PNP型管;按其制作材料可分为硅管和锗管;按其工作频率可分为高频管和低频管;按其功率大小可分为大功率管、中功率管和小功率管;按其工作状态分可为放大管和开关管。

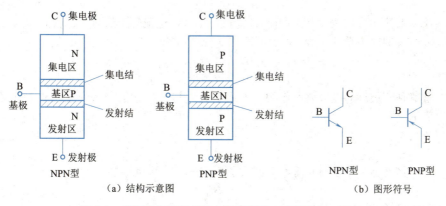

(a) 结构示意图　　　　　　　　　(b) 图形符号

图 2-1　普通双极型半导体三极管结构示意图与图形符号

(3)普通双极型半导体三极管的电流分配与放大作用。由于三极管中两个 PN 结之间相互影响,使其表现出不同于二极管(单个 PN 结)的特性,三极管具有电流放大作用。

要实现三极管的电流放大作用,除了须具备上述内部条件外,还必须具有一定的外部条件(即给三极管合适的偏置电压):给三极管的发射结加上正向偏置电压,集电结加上反向偏置电压。

对于 NPN 型管,把三极管接成图 2-2 所示电路。此种接法输入基极回路和输出集电极回路的公共端为发射极(E),故称为共发射极接法。直流电源 U_{BB} 经电阻 R_B 接至三极管的基极与发射极之间,U_{BB} 的极性使发射结处于正向偏置状态($V_B > V_E$);电源 U_{CC} 通过电阻 R_C 接至三极管的集电极与发射极之间,U_{CC} 的极性和电路参数使 $V_C > V_B$,以保证集电结处于反向偏置状态。这样,3 个电极之间的电位关系为 $V_C > V_B > V_E$,实现了发射结的正向偏置,集电结的反向偏置。

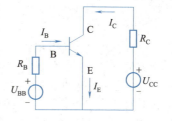

图 2-2　三极管的共射极接法

对 PNP 型管,电源极性应与图 2-2 相反,具有放大作用的 3 个电极的电位关系为 $V_C < V_B < V_E$。

三极管中各电极电流分配关系可用图 2-2 所示的电路进行测试。

①测试数据。调节图 2-2 中的电源电压 U_{BB},由电流表可测得相应的 I_B、I_C、I_E 的数据,见表 2-1。

表 2-1　三极管各电流的测试数据

$I_B/\mu A$	−0.001	0	10	20	30	40	50
I_C/mA	0.001	0.10	1.01	2.02	3.04	4.06	5.06
I_E/mA	0	0.10	1.02	2.04	3.07	4.10	5.11

②数据分析：

a. I_B、I_C、I_E 间的关系。由表 2-1 中的每列都可得

$$I_B + I_C = I_E \tag{2-1}$$

此结果符合基尔霍夫电流定律，即流进三极管的电流等于流出三极管的电流。

b. I_C、I_B 间的关系。从表 2-1 中第三列、第四列数据可知

$$\frac{I_C}{I_B} = \frac{1.01}{0.01} = \frac{2.02}{0.02} = 101$$

这就是三极管的电流放大作用。上式中的 I_C 与 I_B 的比值表示其直流放大性能，用 $\bar{\beta}$ 表示，即

$$\bar{\beta} = \frac{I_C}{I_B} \tag{2-2}$$

通常将 $\bar{\beta}$ 称为共射极直流电流放大系数，由式(2-2)可得

$$I_C = \bar{\beta} I_B \tag{2-3}$$

将式(2-3)代入式(2-1)中，可得

$$I_E = (1 + \bar{\beta}) I_B \tag{2-4}$$

I_C、I_B 间的电流变化关系，用表 2-1 中第四列的电流减去第三列对应的电流，即

$$\Delta I_B = (0.02 - 0.01) \text{mA} = 0.01 \text{ mA}$$

$$\Delta I_C = (2.02 - 1.01) \text{mA} = 1.01 \text{ mA}$$

$$\frac{\Delta I_C}{\Delta I_B} = \frac{1.01}{0.01} = 101$$

可以看出，集电极电流的变化要比基极电流变化大得多，这表明三极管具有交流放大性能。用 β 表示，即

$$\beta = \frac{\Delta I_C}{\Delta I_B} \tag{2-5}$$

通常将 β 称为共射极交流电流放大系数。由上述数据分析可知：$\beta \approx \bar{\beta}$，为了表示方便，以后不加区分，统一用 β 表示。

β 是三极管的主要参数之一。β 的大小，除了由半导体材料的性质、三极管的结构和工艺决定外，还与三极管工作电流 I_C 的大小有关，也就是说，同样一只三极管在不同工作电流下，β 值是不一样的。

由表 2-1 可得出如下结论：

a. 当 I_B 有一微小变化时，就能引起 I_C 较大的变化，这就是三极管实现放大作用的实质——通过改变基极电流 I_B 的大小，达到控制 I_C 的目的。因此三极管是一种电流控制型器件。

b. 当 $I_B = 0$，即发射极开路时，$I_C = -I_B$。这是因为集电结加反偏电压，引起少子的定向运动，形成一个由集电区流向基区的电流，称为反向饱和电流，用 I_{CBO} 表示（注意：表中 I_B 的第一列为负值是因为规定 I_B 的正方向是流入基极的）。

c. 当 $I_B = 0$，即基极开路时，$I_C = I_E \neq 0$，此电流称为集电极-发射极的穿透电流，用 I_{CEO} 表示。

2. 半导体三极管的输入特性和输出特性

三极管的特性曲线是指各电极间电压和电流之间的关系曲线，它能直观、全面地反映三极管各极电流与电压之间的关系。

(1)输入特性。三极管的输入特性是指当集电极与发射极之间电压 u_{CE} 一定时，输

入回路中的基极电流 i_B 与基极-发射极间电压 u_{BE} 之间的关系,即 $i_B = f(u_{BE})|_{u_{CE}=常数}$。

三极管共发射极输入特性曲线,如图 2-3 所示(图中以硅管为例)。由图 2-3 可见,输入特性曲线与二极管正向特性曲线形状一样,也有一段死区,只有当 u_{BE} 大于死区电压时,输入回路才有 i_B 电流产生。常温下,硅管的死区电压约为 0.5 V,锗管约为 0.1 V。另外,当发射结完全导通时,三极管也具有恒压特性。常温下,对于小功率硅管的导通电压为 0.6~0.7 V,对于小功率锗管的导通电压为 0.2~0.3 V。

(2)输出特性。三极管的输出特性是指在每一个固定的 i_B 值下,输出电流 i_C 与输出电压 u_{CE} 之间的关系,即 $i_C = f(u_{CE})|_{i_B=常数}$。取不同的 i_B 值,可以测出如图 2-4 所示的一组特性曲线。

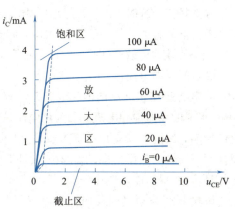

图 2-3　三极管共发射极输入特性曲线　　图 2-4　三极管的输出特性曲线

根据三极管的不同工作状态,输出特性曲线可分为截止区、放大区和饱和区 3 个工作区。

① 截止区。当 $i_B = 0$ 时,$i_C = I_{CEO}$,由于 I_{CEO} 数值很小,所以三极管工作于截止状态。故将 $i_B = 0$ 所对应的那条输出特性曲线以下的区域称为截止区。三极管处于截止区的外部电路的条件为发射结反向偏置(或无偏置又称零偏置),集电结反向偏置。这时 $u_{CE} \approx U_{CC}$,三极管的集电极-发射极之间相当于开路状态,类似于开关断开。

② 放大区。当 $i_B > 0$,且 $u_{CE} > 1$ V 时,曲线比较平坦的区域称为放大区。此时,三极管的发射结正向偏置,集电结反向偏置。根据曲线特征,可总结放大区有如下重要特性。

受控特性:指 i_C 随着 i_B 的变化而变化,即 $i_C = \beta i_B$。

恒流特性:指当输入回路中有一个恒定的 i_B 时,输出回路便对应一个基本不受 u_{CE} 影响的恒定的 i_C。

各曲线间的间隔大小可体现 β 值的大小。

③ 饱和区。将 $u_{CE} \leq u_{BE}$ 时的区域称为饱和区。此时,发射结和集电结均处于正向偏置。三极管失去了基极电流对集电极电流的控制作用。这时,i_C 由外电路决定,而与 i_B 无关。将此时所对应的 u_{CE} 值称为饱和压降,用 U_{CES} 表示。一般情况下,小功率管的 U_{CES} 小于 0.4 V(硅管约为 0.3 V,锗管约为 0.1 V),大功率管的 U_{CES} 约为 1~3 V。在理想条件下,$U_{CES} \approx 0$,三极管集电极-发射极之间相当于短路状态,类似于开关闭合。

通常把以上三种不同的工作区域又称为三种工作状态,即截止状态、放大状态及饱和状态。由以上分析可知,三极管在电路中既可以作为放大元件,又可以作为开关元件使用。

3. 半导体三极管的主要参数及温度的影响

(1)三极管的主要参数。三极管的参数是用来表征其性能和适用范围的,也是评价三极管质量以及选择三极管的依据。

①电流放大系数。三极管接成共射电路时,其电流放大系数用 β 表示。β 的表达式在上述内容中已介绍,这里不再重复。

在选择三极管时,如果 β 值太小,则电流放大能力差;若 β 值太大,则会使工作稳定性差。低频管的 β 值一般选 20~100,而高频管的 β 值只要大于 10 即可。实际上,由于管子特性的离散性,同型号、同一批管子的 β 值也有所差异。

②极间反向电流:

a. 集电极-基极间反向饱和电流 I_{CBO}。I_{CBO} 是指发射极开路,集电结在反向电压作用下,形成的反向饱和电流。因为该电流是由少子定向运动形成的,所以它受温度变化的影响。常温下,小功率硅管的 $I_{CBO} < 1\ \mu A$,锗管的 I_{CBO} 在 10 μA 左右。I_{CBO} 的大小反映了三极管的热稳定性,I_{CBO} 越小,说明其稳定性越好。因此,在温度变化范围大的工作环境中,尽可能地选择硅管。

b. 集电极-发射极间反向饱和电流(穿透电流)I_{CEO}。I_{CEO} 是指基极开路,集电极-发射极间加上一定数值的反偏电压时,流过集电极和发射极之间的电流。I_{CEO} 受温度影响很大,温度升高,I_{CBO} 增大,I_{CEO} 增大。穿透电流 I_{CEO} 的大小是衡量三极管质量的重要参数,硅管的 I_{CEO} 比锗管的小。

③极限参数:

a. 集电极最大允许电流 I_{CM}。当集电极电流太大时,三极管的电流放大系数 β 值下降。把 i_C 增大到使 β 值下降到正常值的 2/3 时所对应的集电极电流,称为集电极最大允许电流 I_{CM}。为了保证三极管的正常工作,集电极电流 I_C 必须小于集电极最大允许电流 I_{CM}。

b. 集电极-发射极间的击穿电压 $U_{(BR)CEO}$。$U_{(BR)CEO}$ 是指当基极开路时,集电极与发射极之间的反向击穿电压。当温度上升时,击穿电压 $U_{(BR)CEO}$ 要下降。电路中的 U_{CE} 必须小于 $U_{(BR)CEO}$。

c. 集电极最大耗散功率 P_{CM}。当三极管受热而引起的参数变化不超过允许值时,集电极所消耗的最大功率,称为集电极最大允许耗散功率 P_{CM}。在使用中加在三极管上的电压 U_{CE} 与通过集电极电流 I_C 的乘积不能超过 P_{CM} 的值。

当三极管的 P_{CM} 确定后,可在其输出特性曲线上作一条曲线,如图 2-5 所示。在输出特性曲线上,由 P_{CM}、$U_{(BR)CEO}$ 和 I_{CM} 所限定的区域为安全工作区。三极管工作时,应在图中虚线包围的安

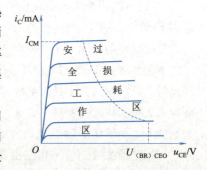

图 2-5 三极管的安全工作区

全工作区范围以内,此时工作较为安全可靠。

注意:三极管的特性和参数都是受温度影响的,三极管的 u_{BE}、I_{CBO} 和 β 等随温度的变化而变化。

(2)温度对三极管的特性与参数的影响。温度对三极管特性的影响,主要体现在以下3个参数的变化上。

①温度对 u_{BE} 的影响。三极管的输入特性曲线与二极管的正向特性曲线相似,温度升高,曲线左移,如图2-6(a)所示。在 i_B 相同的条件下,输入特性曲线随温度升高而左移,使 u_{BE} 减小。温度每升高 1 ℃,u_{BE} 就减小 2~2.5 mV。

②温度对 I_{CBO} 的影响。三极管的输出特性曲线随温度升高将向上移动,这是因为温度升高,本征激发产生的载流子浓度增大,少子增多,所以 I_{CBO} 增加,导致 I_{CEO} 增加,从而使输出特性曲线上移,如图2-6(b)虚线所示。温度每升高 10 ℃,I_{CBO}、I_{CEO} 就约增大 1 倍。

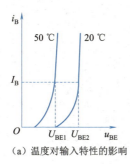 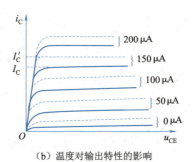

(a)温度对输入特性的影响　　(b)温度对输出特性的影响

图 2-6　温度对三极管特性的影响

③温度对 β 的影响。温度升高,输出特性各条曲线之间的间隔增大。这是因为温度升高,载流子运动加剧,载流子在基区渡越的时间缩短,从而在基区复合的数目减少,而被集电区收集的数目增多,使得 β 值增加。温度每升高 1 ℃,β 值就增加 0.5%~1%。

u_{BE} 的减小,I_{CBO} 和 β 的增加,集中体现为三极管的集电极电流 i_C 增大,从而影响三极管的工作状态。所以,一般电路中应采取限制因温度变化而影响三极管性能变化的措施。

4. 半导体三极管的识别与使用

(1)直观识别三极管的3个电极。三极管的3个电极分布有一定的规律性,常见三极管封装形式的引脚分布如图2-7所示。

(2)用万用表检测三极管的引脚和类型:

①判断基极和管型。根据三极管3区2结的特点,可以利用PN结的单向导电特性,首先确定出三极管的基极和管型。测试方法如图2-8(a)、(b)所示。

测试步骤如下:

a.将万用表的"功能开关"拨至"$R \times 1k$"挡或"$R \times 100$"挡。

b.假设三极管中的任一电极为基极,并将黑(红)表笔始终接在假设的基极上。

c.再将红(黑)表笔分别接触另外两个电极;轮流测试,直到测出的两个电阻值都很小为止,则假设的基极是正确的。这时,若黑表笔接基极,则该管为 NPN 型;若红表笔接基极,则该管为 PNP 型。图 2-8(a)、(b) 两种测试中的阻值都很小,且黑表笔接在中间引脚不动,所以中间引脚为基极,且为 NPN 型,如图 2-8(c) 所示。

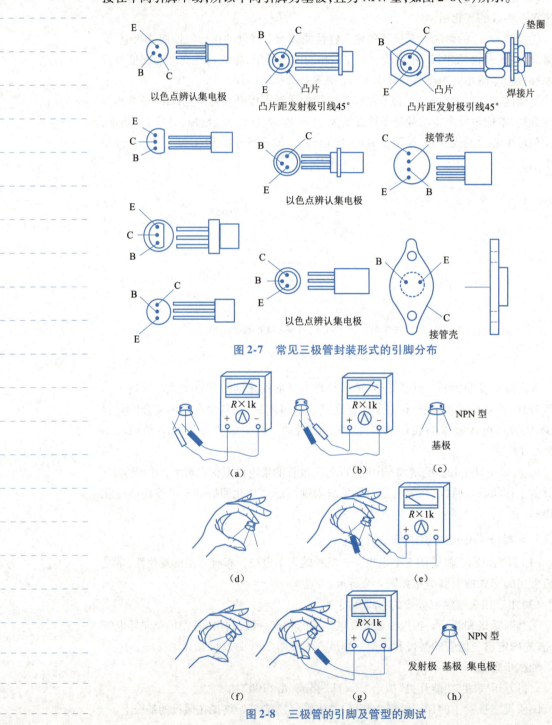

图 2-7　常见三极管封装形式的引脚分布

图 2-8　三极管的引脚及管型的测试

②判断集电极和发射极。其测试步骤如下：假定基极之外的两个引脚中的其中一个为集电极，在假定的集电极与基极之间接一电阻。图 2-8(d)中是用左手的大拇指做电阻，此时，集电极与基极不能碰在一起。

对于 NPN 型管，用黑表笔接假定的集电极，红表笔接发射极，红、黑表笔均不要碰基极，读出电阻值并记录，如图 2-8(e)所示。

将另外一只引脚假定为集电极，将假定的集电极与基极顶在大拇指上，如图 2-8(f)所示。

用黑表笔接假定的集电极，红表笔接发射极，红、黑表笔均不要碰基极，读出电阻值并记录；比较两次测试的电阻值，阻值较小的那次假定是正确的，如图 2-8(g)所示。

比较图 2-8(e)与图 2-8(g)，图 2-8(g)中的万用表指针偏转较大，阻值较小，此图的黑表笔接的是集电极。测试得出的各电极名称如图 2-8(h)所示。

(3) 由三极管发射结压降的区别判断三极管材料。根据硅管的发射结正向压降大于锗管的正向压降的特点，来判断其材料。一般常温下，锗管的正向压降为 0.2～0.3 V，硅管的正向压降为 0.6～0.7 V。根据图 2-9 所示电路进行测量，由电压表的读数大小确定是硅管还是锗管。

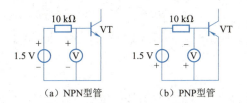

图 2-9　判断硅管和锗管的电路

(4) 三极管的质量粗判及代换方法：

①判别三极管的质量好坏。根据三极管的基极与集电极、基极与发射极之间的内部结构为两个同向 PN 结的特点，用万用表分别测量其两个 PN 结(发射结、集电结)的正、反向电阻。若测得两 PN 结的正向电阻均很小，反向电阻均很大，则三极管一般为正常，否则已损坏。

②三极管的代换方法。通过上述方法的判断，如果发现电路中的三极管已损坏，更换时一般应遵循下列原则：

a. 更换时，尽量更换相同型号的三极管。

b. 无相同型号更换时，新换三极管的极限参数应等于或大于原三极管的极限参数，如参数 I_{CM}、P_{CM}、$U_{(BR)CEO}$ 等。

c. 性能好的三极管可代替性能差的三极管。如穿透电流 I_{CEO} 小的三极管可代换 I_{CEO} 大的，电流放大系数 β 高的可代替 β 低的。

d. 在集电极耗散功率允许的情况下，可用高频管代替低频管，如 3DG 型管可代替 3DX 型管。开关三极管可代替普通三极管，如 3DK 型管代替 3DG 型管，3AK 型管代替 3AG 型管。

2.1.2 特殊双极型三极管简介

1. 光电晶体管

光电晶体管又称光敏三极管,它是在光电二极管的基础上发展起来的光电器件。它和光电二极管一样,能把输入的光信号变成电信号输出,但与光电二极管不同的是,光电晶体管能将光信号产生的电信号进行放大,因而其灵敏度比光电二极管高得多。为了对光有良好的响应,要求基区面积做得比发射区面积大得多,以扩大光照面积,提高光敏感性。其原理电路相当于在基极和集电极间接入光电二极管的三极管,一般外形只引出集电极和发射极两个电极,这种管子的光窗口即为基极。其等效电路和图形符号如图 2-10 所示。

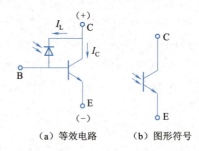

(a) 等效电路　　(b) 图形符号

图 2-10　光电晶体管的等效电路和图形符号

2. 复合管

复合管是由 2 个或 2 个以上三极管按一定的方式连接而成的。复合管又称达林顿管。图 2-11 是 4 种常见的复合管,其中图 2-11(a)、(b) 是由 2 只同类型三极管构成的复合管,图 2-11(c)、(d) 是由不同类型三极管构成的复合管。

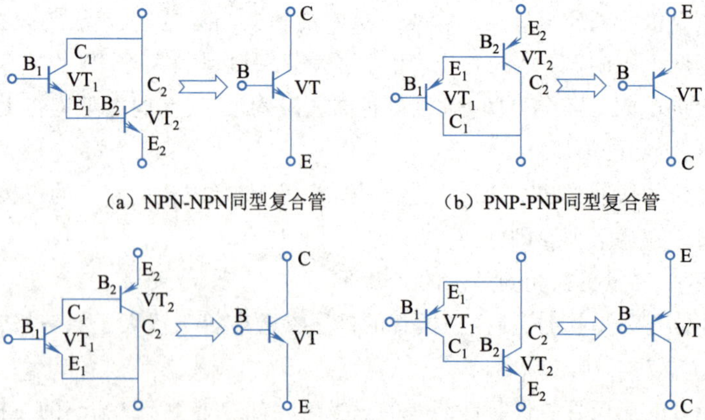

(a) NPN-NPN同型复合管　　(b) PNP-PNP同型复合管

(c) NPN-PNP异型复合管　　(d) PNP-NPN异型复合管

图 2-11　复合管的类型

在图 2-11 所示的复合管中,前一个管 VT_1 称为驱动管,后一个管 VT_2 称为被驱动管。在组成复合管时要注意两点:一要注意接点的电流必须连续;二要注意并接点电流的方向必须保持一致。

由图 2-11 可以看出,两管复合后的等效管的类型总是由驱动管(VT$_1$)来决定的。例如,图 2-11(d)中,VT$_1$ 管为 PNP 型,VT$_2$ 管为 NPN 型,则复合等效为 PNP 型。

复合管具有以下特点:

(1)双极型复合管的电流放大系数近似为组成该复合管各三极管 β 的乘积,其值很大。由图 2-11(a)可得

$$\beta = \frac{i_c}{i_b} = \frac{i_{c1} + i_{c2}}{i_{b1}} = \frac{\beta_1 i_{b1} + \beta_2 i_{b2}}{i_{b1}} = \frac{\beta_1 i_{b1} + \beta_2 (1+\beta_1) i_{b1}}{i_{b1}} = \beta_1 + \beta_2 + \beta_1 \beta_2 \approx \beta_1 \beta_2$$

(2)双极型复合管的输入电阻大大提高,即

$$r_{be} = r_{be1} + (1+\beta_1) r_{be2}$$

(3)可以把异型被驱动管转型,这在功放电路中尤为有用。

当然,由三极管和场效应管也可构成复合管,请读者参阅有关资料。

复合管虽有电流放大倍数高的优点,但它的穿透电流较大,且高频特性变差。为了减小穿透电流的影响,常在两只晶体管之间并联一个泄放电阻 R,如图 2-12 所示。R 的接入可将 VT$_1$ 管的穿透电流分流,R 越小,分流作用越大,总的穿透电流越小。当然,R 的接入同样会使复合管的电流放大倍数下降。

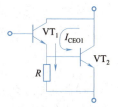

图 2-12 接有泄放电阻的复合管

实验与技能训练——三极管的识别与检测

1. 判断三极管的类型

根据给定的三极管外壳上的型号,初判其类型。

2. 直观识别三极管的 3 个电极

识别给定三极管的 3 个电极。

3. 用万用表检测三极管

根据上述所介绍的方法,对给定的三极管(需给定 PNP 型、NPN 型、锗管、硅管各 1 只)进行以下操作:

(1)判断给定的三极管的基极和管型。

(2)判断集电极和发射极。

(3)由三极管发射结压降的区别判断三极管材料。

(4)判别三极管的质量好坏。

将检测结果和查阅的有关三极管主要参数填入表 2-2 中。

表 2-2 三极管的检测与查阅主要参数

序号	标志符号	万用表量程	导电类型	放大能力	质量判别	P_{CM}	$U_{BR(CEO)}$	f_T
1								
2								
3								
4								
5								
6								

4. 注意事项

(1) 测量三极管时注意万用表欧姆挡的量程。

(2) 测量时注意万用表表笔的极性。

思考题

(1) 将两个二极管背靠背连接起来,能否构成一只三极管?为什么?

(2) 三极管电流放大作用的实质是什么?

(3) 三极管的输出特性曲线,为什么在不同的 i_B 时,输出特性曲线位置不同?

(4) 能否将三极管的集电极、发射极交换使用?为什么?

(5) 试说明三极管处于放大、饱和及截止工作状态的特点。

(6) 为什么说三极管工作在放大区可等效为一电流源?

(7) 温度对三极管的特性有何影响?

(8) 有两个三极管,一个三极管的 $\beta = 150$、$I_{CEO} = 200\ \mu A$,另一个三极管的 $\beta = 50$、$I_{CEO} = 10\ \mu A$,其他参数一样,你选择哪个三极管?

2.2 三极管单级放大电路

将微弱变化的电信号放大之后去带动执行机构,对生产设备进行测量、控制或调节,完成这一任务的电路称为放大电路,简称放大器。

2.2.1 单级共射放大电路

1. 单级共射基本放大电路的组成及各元件作用

图 2-13 为三极管单级共射基本放大电路的基本原理图。输入端接待放大的交流信号源 u_s(内阻为 R_s),输入信号电压为 u_i;输出端外接负载 R_L,输出交流电压为 u_o。电路中各个元件的作用如下:

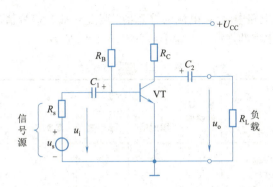

图 2-13　三极管单级共射基本放大电路的基本原理图

(1) 三极管 VT。图中的三极管为 NPN 型,它是放大电路的核心元件,为使其具备放大条件,电路的电源和有关电阻的选择,应使 VT 的发射结处于正向偏置,集电结处于反向偏置。

(2) 集电极电源 U_{CC}。集电极电源 U_{CC} 是放大电路的直流电源(能源)。此外,U_{CC} 经电阻 R_C 向 VT 提供集电结反偏电压,并保证 $U_{CE} > U_{BE}$。

(3) 基极偏置电阻 R_B。基极偏置电阻 R_B 的作用是给三极管基极回路提供合适的偏置电流 I_B。

(4) 集电极电阻 R_C。集电极电阻 R_C 的作用是把经三极管放大了的集电极电流(变化量),转换成三极管集电极与发射极之间管压降的变化量,从而得到放大后的交流信号输出电压 u_o。可以看出,若 $R_C = 0$,则三极管的管压降 U_{CE} 将恒等于直流电源电压 U_{CC},输出交流电压 u_o 永远为零。

(5) 耦合电容 C_1 和 C_2。耦合电容 C_1 和 C_2 的作用是:一方面利用电容器的隔直作用,切断信号源与放大电路之间、放大电路与负载之间的直流通路的相互影响;另一方面,C_1 和 C_2 又起着耦合交流信号的作用。只要 C_1、C_2 的容量足够大,对交流的电抗足够小,交流信号便可以无衰减地传输过去。总之,C_1、C_2 的作用可概括为"隔离直流传送交流"。

由图 2-13 可以看出,放大电路的输入电压 u_i 经 C_1 接至三极管的基极与发射极之间,输出电压 u_o 由三极管的集电极与发射极之间取出,u_i 与 u_o 的公共端为发射极,故称为共发射极接法。公共端的"接地"符号,并不表示真正接到大地电位上,而是表示整个电路的参考零电位,电路各点电压的变化以此为参考点。

在画电路原理图时,习惯上常常不画出直流电源的符号,而是用 $+U_{CC}$ 表示放大电路接到电源的正极,同时认为电源的负极接到符号"⊥"(地)上。对于 PNP 型管的电路,电源用 $-U_{CC}$ 表示,而电源的正极接"地"。

2. 共射放大电路的工作原理

对共射放大电路的工作过程分析,分为静态和动态两种情况讨论:

(1) 放大电路中电压、电流的方向及符号规定。为了便于分析,规定电压的方向都以输入、输出回路的公共端为负,其他各点均为正;电流方向以三极管各电极电流的实际方向为正方向。

为了区分放大电路中电压、电流的静态值（直流分量）、信号值（交流分量）以及两者之和（叠加），本书约定放大电路中变量表示方式，见表2-3。

表2-3 放大电路中变量表示方式

变量类别		直流静态值	交流信号			总量（静态值+交流信号）瞬时值
			瞬时值	幅值	有效值	
变量名称	基极电流	I_B	i_b	I_{bm}	I_b	i_B
	集电极电流	I_C	i_c	I_{cm}	I_c	i_C
	发射极电流	I_E	i_e	I_{em}	I_e	i_E
	集-射电压	U_{CE}	u_{ce}	U_{cem}	U_{ce}	u_{CE}
	基-射电压	U_{BE}	u_{be}	U_{bem}	U_{be}	u_{BE}

表2-3中，静态值的变量符号及其下标都用大写字母；交流信号瞬时值的变量符号及下标都用小写字母；交流信号幅值或有效值的变量符号用大写字母，而其下标用小写字母；总量（静态值+交流信号，即脉动直流）的变量符号用小写字母，而其下标用大写字母。

（2）静态分析。所谓静态是指放大电路在未加入交流输入信号时的工作状态。没加输入信号 u_i 时，电路在直流电源 U_{CC} 作用下处于直流工作状态。三极管的电流以及三极管各极之间的电压均为直流电流和电压，它们在特性曲线坐标图上为一个特定的点，常称为静态工作点（Q 点）。静态时，由于电容 C_1 和 C_2 的隔直作用，使放大电路与信号源及负载隔开，可看作如图2-14所示的直流通路。所谓直流通路就是放大电路处于静态时的直流电流所流过的路径。

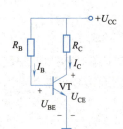

图2-14 放大电路的直流通路

利用直流通路可以计算出电路静态点处的电流和电压。由基极偏置电流 I_B 流过的基极回路得 $U_{CC} = I_B R_B + U_{BE}$，则

$$I_B = \frac{U_{CC} - U_{BE}}{R_B} \tag{2-6}$$

在图2-14中，当 U_{CC} 和 R_B 确定后，I_B 的数值几乎与三极管参数无关，所以又将图2-13所示的电路称为固定偏置放大电路。

由三极管的电流放大作用，可得静态时集电极电流 I_C 为

$$I_C = \beta I_B \tag{2-7}$$

由集电极电流 I_C 流过的集电极回路可得：$U_{CC} = I_C R_C + U_{CE}$，则集电极与发射极之间的电压为

$$U_{CE} = U_{CC} - I_C R_C \tag{2-8}$$

注意：求得 U_{CE} 值应大于发射结正向偏置电压 U_{BE}，否则电路可能处于饱和状态，失去计算数值的合理性。

(3) 动态分析。放大电路的动态是指放大电路在接入交流信号(或变化信号)以后电路中各处电流、电压的变化情况,动态分析是为了了解放大电路的信号的传输过程和波形变化。分析时,通常在放大电路的输入端接入一个正弦交流信号电压 u_i,即 $u_i = U_{im}\sin\omega t$。

① 电路各处电流、电压的变化及其波形。在图 2-13 中,u_i 经 C_1 耦合至三极管的发射结,使发射结的总瞬时电压在静态直流量 U_{BE} 的基础上叠加上一个交流分量 u_i,即

$$u_{BE} = U_{BE} + u_i$$

在 u_i 作用下,基极电流总瞬时值 i_B 随之变化。u_i 的正半周,i_B 增大;u_i 的负半周,i_B 减小(假设 u_i 的幅值小于 U_{BE},三极管工作于输入特性接近直线的段)。因此,在正弦电压 u_i 的作用下,i_B 在 I_B 的基础上也叠加了一个与 u_i 相似的正弦交流分量 i_b,即

$$i_B = I_B + i_b = I_B + I_{bm}\sin\omega t$$

基极电流的变化被三极管放大为集电极电流的变化,因此集电极电流也是在静态电流 I_C 的基础上叠加一个正弦交流分量 i_c,即

$$i_C = \beta i_B = \beta(I_B + I_{bm}\sin\omega t) = \beta I_B + \beta I_{bm}\sin\omega t = I_C + I_{cm}\sin\omega t = I_C + i_c$$

集电极电流的变化在电阻 R_C 上引起电阻压降 $i_C R_C$ 的变化,以及管压降 u_{CE} 的变化,即

$$u_{CE} = U_{CC} - i_C R_C = U_{CC} - (I_C + i_c)R_C = (U_{CC} - I_C R_C) + (-i_c R_C) = U_{CE} + u_{ce}$$

式中,$u_{ce} = u_o = -i_c R_C$,即叠加在静态直流电压 U_{CE} 基础上的交流输出电压。

由以上分析得到重要结论:放大电路在动态工作时,放大电路中各处电压、电流都是在静态(直流)工作点(U_{BE}、I_B、I_C、U_{CE})的基础上叠加一个正弦交流分量(u_i、i_b、i_c、u_{ce})。电路中同时存在直流分量和交流分量,这是放大电路的特点。放大电路中各处电压、电流的波形如图 2-15 所示。

仿真

三极管单级共射放大电路

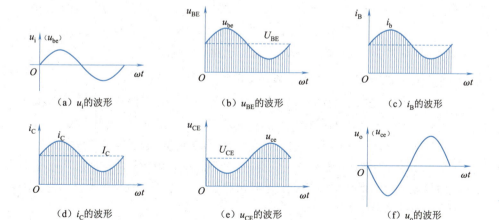

图 2-15 放大电路中的电压和电流波形图

② 交流通路和共射放大电路中 u_o 与 u_i 的倒相关系。直流分量和交流分量在放大电路中有不同的通道。前面分析了利用直流通路来求放大电路的静态工作点(I_B、I_C 及 U_{CE}),现在讨论用交流通路来分析放大电路中各处电压、电流的交流分量之间的

关系,如 u_o 和 u_i 之间的放大倍数和相位关系。

所谓放大电路的交流通路就是放大电路在输入信号作用下交流分量通过的路径。画交流通路的方法是:由于耦合电容 C_1、C_2 的容量选得较大,因此对于所放大的交流信号的频率来说,它的容抗很小(可近似为零),在画交流通路时可看作短路。由于电源 U_{CC} 采用的是内阻很小的直流稳压电源或电池,所以其交流电压降也近似为零。在画交流通路时,U_{CC} 也看作对"地"短路。按此规定,图 2-13 共射基本放大电路对应的交流通路如图 2-16 所示。在交流通路中,电压、电流均以交流符号表示,既可用瞬时值符号 u、i 表示,也可用相量表示。图中电压、电流的正方向均为习惯上采用的假定正方向(电流方向采用 NPN 型管的正常放大时,偏置方向)。

由图 2-16 可以看出,在交流通路中,R_L 与 R_C 并联,其并联阻值用 R'_L 等效,即 $R'_L = R_L /\!/ R_C$,R'_L 称为集电极等效负载电阻。

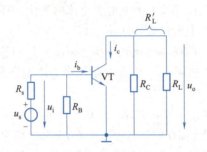

图 2-16 放大电路的交流通路

由图 2-16 可得电路的输出电压为

$$u_o = u_{ce} = -i_c R'_L \tag{2-9}$$

式中的负号表示 u_o 与 u_i 的相位相反。在分析共射基本放大电路的电压、电流动态变化波形的(见图 2-15)过程中,u_{be} 与 i_b、i_c 与 i_b 均为同相,只有 u_o 与 u_i 反相(相位差 180°),这是单级共射放大电路的一个重要特点,称为"倒相"作用。

3. 用简化微变等效电路法估算放大电路的动态性能指标

在定量估算放大电路的性能指标时,通常采用微变等效电路法。微变就是指交流信号变化范围很小时,三极管的电流、电压仅在其特性曲线上一个很小段内变化,这一微小的曲线段,可以用一段直线近似,从而获得变化量(电压、电流)间的线性关系。所谓微变等效电路法(简称等效电路法),就是在小信号条件下,把放大电路中的三极管等效为线性元件,放大电路就等效为线性电路,从而用分析线性电路的方法求解放大电路的各种动态性能指标。

(1)三极管的简化微变等效电路。三极管电路如图 2-17(a)所示,根据三极管的输入特性,当输入信号 u_i 在很小范围内变化时,输入回路的电压 u_{be}、电流 i_b 在 u_{CE} 为常数时,可认为其随 u_i 的变化作线性变化,即三极管输入回路基极与发射极之间可用等效电阻 r_{be} 代替。

三极管基极与发射极之间的等效电阻 r_{be} 为

$$r_{be} = r_{bb'} + (1+\beta)\frac{26(\text{mV})}{I_{EQ}(\text{mA})} \qquad (2\text{-}10)$$

式中，$r_{bb'}$是基区体电阻，对于低频小功率管，$r_{bb'}$为100~500 Ω，一般无特别说明时，可取$r_{bb'} = 300\ \Omega$；I_{EQ}为静态射极电流；r_{be}单位取Ω。

当三极管工作于放大区时，i_c的大小只受i_b的控制，而与u_{ce}无关，即实现了三极管的受控恒流特性，$i_c = \beta i_b$。所以，当输入回路的i_b给定时，三极管的集电极与发射极之间，可用一个大小为βi_b的理想受控电流源来等效。将三极管的基极、发射极间等效电路与集电极、发射极间的等效电路合并在一起，便可得到三极管的微变等效电路，如图2-17(b)所示。

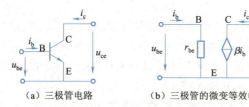

（a）三极管电路　　　　（b）三极管的微变等效电路

图 2-17　三极管电路及微变等效电路

（2）放大电路的简化微变等效电路。画放大电路的简化微变等效电路的方法是：先画出三极管的微变等效电路，然后分别画出三极管基极、发射极、集电极的外接元件的交流通路，最后加上信号源和负载，就可以得到整个放大电路的微变等效电路，放大电路图2-18(a)的简化微变等效电路如图2-18(b)所示。

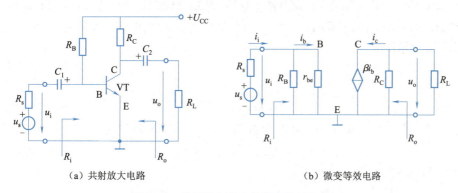

（a）共射放大电路　　　　（b）微变等效电路

图 2-18　共射放大电路的微变等效电路

（3）放大电路的动态性能指标：

①电压放大倍数A_u。放大电路的电压放大倍数是衡量放大电路放大能力的指标，它是输出电压与输入电压之比，即

$$A_u = \frac{u_o}{u_i} \qquad (2\text{-}11)$$

由图2-18(b)可得

$$u_i = i_b r_{be}$$
$$u_o = -i_c R_L' = -\beta i_b R_L'$$

式中,$R'_L = R_C \mathbin{/\mkern-6mu/} R_L$。

因此,放大电路的电压放大倍数为

$$A_u = \frac{u_o}{u_i} = \frac{-\beta i_b R'_L}{i_b r_{be}} = -\beta \frac{R'_L}{r_{be}} \tag{2-12}$$

式中,负号表示输入信号与输出信号相位相反。

②输入电阻 R_i。所谓放大电路的输入电阻,就是从放大电路输入端,向电路内部看进去的等效电阻。如果把一个内阻为 R_s 的信号源 u_s 加到放大器的输入端时,放大电路就相当于信号源的一个负载电阻,这个负载电阻就是放大电路的输入电阻 R_i,如图 2-18(a)所示,从电路的输入端看进去的等效输入电阻为

$$R_i = R_B \mathbin{/\mkern-6mu/} r_{be} \tag{2-13}$$

R_i 是衡量放大电路对信号源影响程度的重要参数。R_i 越大,放大电路从信号源取用的电流越少,R_s 上的压降就越小,放大电路输入端所获得的信号电压就越大。

对于固定偏置放大电路,通常 $R_B \gg r_{be}$,因此,$R_i \approx r_{be}$,小功率管的 r_{be} 为 1 kΩ 左右,所以,共射放大电路的输入电阻 R_i 较小。

③输出电阻 R_o。从放大电路输出端看进去的等效电阻,称为放大电路的输出电阻 R_o。在图 2-18(b)中,从电路的输出端看进去的等效输出电阻近似为

$$R_o = R_C \tag{2-14}$$

一般情况下,希望放大电路的输出电阻尽量小一些,以便负载输出电流后,输出电压没有很大的衰减。而且放大电路的输出电阻 R_o 越小,负载电阻 R_L 的变化对输出电压的影响越小,放大电路带负载能力越强。

例 2-1 单级共射放大电路如图 2-18(a)所示,已知 $U_{CC} = 12$ V,$R_C = 4$ kΩ,$R_B = 300$ kΩ,$R_L = 4$ kΩ,三极管的 $\beta = 40$。(1)估算 Q 点;(2)求电压放大倍数 A_u,输入电阻 R_i,输出电阻 R_o。

解 (1)估算 Q 点

$$I_B \approx \frac{U_{CC}}{R_B} = \frac{12 \text{ V}}{300 \text{ k}\Omega} = 40 \text{ μA}$$

$$I_C = \beta I_B = 40 \times 40 \text{ μA} = 1.6 \text{ mA} \approx I_E$$

$$U_{CE} = U_{CC} - I_C R_C = (12 - 1.6 \times 4) \text{ V} = 5.6 \text{ V}$$

(2)电压放大电倍数 A_u 为

$$r_{be} = r_{bb'} + (1+\beta)\frac{26(\text{mV})}{I_E(\text{mA})} = \left[300 + (1+40) \times \frac{26}{1.6}\right]\Omega \approx 966 \text{ }\Omega = 0.966 \text{ k}\Omega$$

$$A_u = -\beta \frac{R'_L}{r_{be}} = -40 \times \frac{4 \mathbin{/\mkern-6mu/} 4}{0.966} \approx -83$$

输入电阻 R_i 为

$$R_i = R_B \mathbin{/\mkern-6mu/} r_{be} \approx r_{be} = 0.966 \text{ k}\Omega$$

输出电阻 R_o 为

$$R_o = R_C = 4 \text{ k}\Omega$$

4. 放大电路静态工作点的稳定电路

(1)温度对 Q 点的影响。对于共射固定偏置电路,由于三极管参数的温度稳定

性差,对于同样的基极偏流,当温度升高时,输出特性曲线将上移,严重时,将使静态工作点进入饱和区,而失去放大能力;此外,还有其他因素的影响,如当更换 β 值不相同的三极管时,由于 I_B 固定,则 I_C 会随 β 的变化而变化,造成 Q 点偏离合理值。

为了稳定放大电路的性能,必须在电路结构上加以改进,使静态工作点保持稳定。最常见的是采用分压式偏置电路。

(2) 分压式偏置电路的组成及稳定 Q 点的原理。如图 2-19(a) 所示,基极直流偏置由电阻 R_{B1} 和 R_{B2} 构成,利用它们的分压作用将基极电位 V_B 基本上稳定在某一数值。发射极串联一个偏置电阻 R_E,实现直流负反馈来抑制静态电流 I_C 的变化。分压式偏置电路的直流通路如图 2-19(b) 所示。

要稳定 V_B 的值,选取 R_{B1}、R_{B2} 数值时,应保证 $I_1 \approx I_2 \gg I_B$,则

$$V_B = \frac{R_{B2}}{R_{B1} + R_{B2}} U_{CC} \tag{2-15}$$

可得

$$I_C \approx I_E = \frac{V_B - U_{BE}}{R_E} \tag{2-16}$$

当 $V_B \gg U_{BE}$ 时,I_C 为

$$I_C \approx \frac{V_B}{R_E}$$

只要 V_B 稳定,I_C 就相当稳定,与温度关系不大。由于 $I_C \approx I_E$ 所以

$$U_{CE} = U_{CC} - I_C R_C - I_E R_E \approx U_{CC} - I_C (R_C + R_E) \tag{2-17}$$

$$I_B = \frac{I_C}{\beta} \tag{2-18}$$

利用以上公式就可以求出静态工作时的 I_C、I_B 及 U_{CE}。

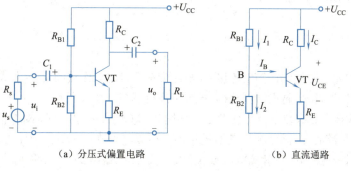

(a) 分压式偏置电路 (b) 直流通路

图 2-19 分压式偏置电路及其直流通路

为了使电路能较好地稳定 Q 点,设计该电路时,一般选取:

$$I_2 = (5 \sim 10) I_B (硅管), I_2 = (10 \sim 20) I_B (锗管)$$
$$V_B = (3 \sim 5) U_{BE} (硅管), V_B = (5 \sim 10) U_{BE} (锗管)$$

当温度升高时,因为三极管参数的变化使 I_C 和 I_E 增大,I_E 的增大导致 V_E 升高。由于 V_B 固定不变,因此 U_{BE} 将随之降低,使 I_B 减小,从而抑制了 I_C 和 I_E 因温度升高而增大的趋势,达到稳定静态工作点(Q 点)的目的。

图 2-19 中 R_E 的作用很重要,由于 R_E 的位置既处于集电极回路中,又处于基极回路中,它能把输出电流(I_E)的变化反送到输入基极回路中来,以调节 I_B 达到稳定 $I_E(I_C)$ 的目的。这种把输出量引回输入回路以达到改善电路某些性能的措施,称为反馈(在后续内容中将进一步讨论)。R_E 越大,反馈作用越强,稳定静态工作点的效果越好。

(3) 分压式偏置电路的动态分析。图 2-19(a)所示的分压式偏置电路的微变等效电路如图 2-20 所示,利用此微变等效电路进行动态分析。

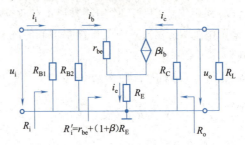

图 2-20　图 2-19(a)的微变等效电路

① 电压放大倍数 A_u。由图 2-20 可分别求得输入、输出电压。

输入电压 u_i 为

$$u_i = i_b r_{be} + i_e R_E = i_b [r_{be} + (1+\beta) R_E]$$

输出电压 u_o 为

$$u_o = -\beta i_b R_L'$$

则电压放大倍数为

$$A_u = \frac{u_o}{u_i} = \frac{-\beta i_b R_L'}{i_b [r_{be} + (1+\beta) R_E]} = -\beta \frac{R_L'}{r_{be} + (1+\beta) R_E} \tag{2-19}$$

② 输入电阻 R_i 和输出电阻 R_o。由图 2-20 所示的微变等效电路,求得输入、输出电阻分别为

$$R_i = R_{B1} /\!/ R_{B2} /\!/ [r_{be} + (1+\beta) R_E] \tag{2-20}$$

$$R_o = R_C \tag{2-21}$$

由式(2-19)可见,由于 R_E 的接入,虽然带来了稳定工作点的益处,但却使电压放大倍数下降了,且 R_E 越大,电压放大倍数下降得越多。如果在 R_E 上并联一个大容量电容 C_E(低频电路取几十至几百微法),如图 2-21(a)所示,由于 C_E 对交流可看作短路,因此对交流而言,仍可看作发射极接地。所以,C_E 被称为射极旁路电容,这样仍可按没带射极电阻 R_E 时计算电压放大倍数。根据电路需要,还可将 R_E 分成两部分(R_{E1}、R_{E2}),在交流的情况下 R_{E2} 被 C_E 短路,以兼顾静态工作点的稳定和电压放大倍数的不同要求,如图 2-21(b)所示。

2.2.2　单级共集放大电路

1. 共集放大电路的组成与静态分析

电路如图 2-22(a)所示,它是由基极输入信号,发射极输出信号。它的交流通路如图 2-22(c)所示。由交流通路可看出,集电极是输入回路与输出回路的公共端,故

称为共集电极放大电路(简称共集放大电路)。又由于是从发射极输出信号,故又称射极输出器。射极输出器中的电阻 R_E 具有稳定静态工作点的作用。

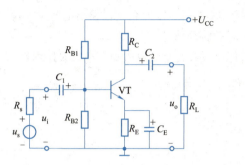
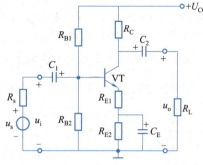

图 2-21 具有射极旁路电容的共射分压式偏置放大电路

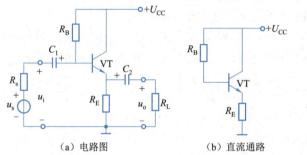
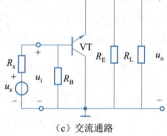

图 2-22 共集放大电路

图 2-22(a)所对应的直流通路如图 2-22(b)所示,由直流通路可求得

$$\begin{cases} I_B = \dfrac{U_{CC} - U_{BE}}{R_B + (1+\beta)R_E} \\ I_C = \beta I_B \\ U_{CE} \approx U_{CC} - I_C R_E \end{cases} \qquad (2\text{-}22)$$

2. 共集放大电路的动态指标和电路特点

(1)输出电压跟随输入电压变化,电压放大倍数接近于1。根据共集放大电路的交流通路,画出其微变等效电路如图 2-23(a)所示的形式或图 2-23(b)所示的形式。

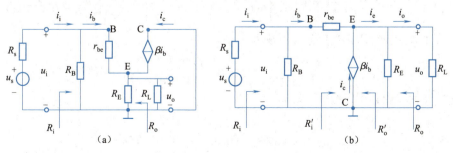

图 2-23 共集放大电路的微变等效电路

由微变等效电路可求得电压放大倍数为

$$A_u = \frac{u_o}{u_i} = \frac{(1+\beta)i_b R'_L}{i_b[r_{be} + (1+\beta)R'_L]} = \frac{(1+\beta)R'_L}{r_{be} + (1+\beta)R'_L} \tag{2-23}$$

式中，$R'_L = R_E // R_L$。一般$(1+\beta)R'_L \gg r_{be}$，故A_u值近似为1，所以输出电压接近输入电压，两者的相位相同，故射极输出器又称射极跟随器。

射极输出器虽然没有电压放大作用，但仍然具有电流放大和功率放大作用。

(2) 输入电阻高。由图2-23(b)可得输入电阻为 $R_i = R_B // R'_i$，而 $R'_i = \dfrac{U_i}{I_b} = \dfrac{I_b r_{be} + (1+\beta)I_b R'_L}{I_b} = r_{be} + (1+\beta)R'_L$，所以

$$R_i = R_B // [r_{be} + (1+\beta)R'_L] \tag{2-24}$$

可见，射极输出器的输入电阻是由偏置电阻R_B与基极回路电阻$[r_{be} + (1+\beta)R'_L]$并联而得，其中$(1+\beta)R'_L$可认为是射极的等效负载电阻R'_L折算到基极回路的电阻。射极输出器输入电阻通常为几十千欧到几百千欧。

(3) 输出电阻低。由于$u_o \approx u_i$，当u_i一定时，输出电压u_o基本上保持不变，表明射极输出器具有恒压输出的特性，故其输出电阻较低。由图2-23(b)可求得输出电阻为

$$R_o \approx R_E // \frac{r_{be} + (R_B // R_s)}{1+\beta} \approx \frac{r_{be}}{\beta} \tag{2-25}$$

式(2-25)表明，射极输出器的输出电阻是很低的，通常为几十欧。

例2-2 射极输出器如图2-22(a)所示，已知：$U_{CC} = 12$ V，$R_B = 120$ kΩ，$R_E = 3$ kΩ，$R_L = 3$ kΩ，$R_s = 0.5$ kΩ，三极管的$\beta = 40$。试求：电路的静态工作点和动态指标A_u、R_i、R_o。

解 (1) 静态工作点：
由式(2-22)求得I_B为

$$I_B \approx \frac{U_{CC}}{R_B + (1+\beta)R_E} = \frac{12 \text{ V}}{[120 + (1+40) \times 3]\text{kΩ}} = 50 \text{ μA}$$

则

$$I_C = \beta I_B = 40 \times 50 \text{ μA} = 2 \text{ mA}$$
$$U_{CE} = U_{CC} - I_C R_E = (12 - 2 \times 3)\text{V} = 6 \text{ V}$$

(2) 动态指标：

$$r_{be} = r_{bb'} + (1+\beta)\frac{26(\text{mV})}{I_E(\text{mA})} = \left[300 + (1+40) \times \frac{26}{2}\right]\Omega = 833 \text{ Ω} = 0.833 \text{ kΩ}$$

由式(2-23)求得电压放大倍数为

$$A_u = \frac{(1+\beta)R'_L}{r_{be} + (1+\beta)R'_L} = \frac{(1+40)3 // 3}{0.833 + 41 \times (3 // 3)} = 0.986$$

由式(2-24)求得输入电阻为

$$R_i = R_B // [r_{be} + (1+\beta)R'_L]$$
$$= 120 // [0.833 + (1+40) \times (3 // 3)]\text{kΩ}$$
$$\approx 41 \text{ kΩ}$$

由式(2-25)求得输出电阻为

$$R_o = R_E // \frac{r_{be} + (R_B // R_s)}{1+\beta} = 3 // \frac{0.833 + 120 // 0.5}{1+40}\Omega \approx 32\ \Omega$$

由于射极输出器的输入电阻很大,向信号源吸取的电流很小,所以常用作多级放大电路的输入级。由于射极输出器的输出电阻小,具有较强的带负载能力,且具有较大的电流放大能力,故常用作多级放大电路的输出级(功放电路)。此外,利用其 R_i 大、R_o 小的特点,还常常接于两个共射放大电路之间,作为缓冲(隔离)级,以减小后级电路对前级的影响。

实验与技能训练——单级放大电路的组装与测试

1. 单级共射放大电路的组装与测试

(1)按图 2-24 组装单级共射放大电路,图中三极管选用 3DG6 或 9011,其他元件参数如图 2-24 中标注。

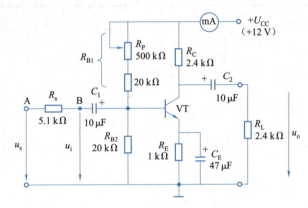

图 2-24 单级共射放大电路

(2)调试静态工作点。在接通直流电源前,先将 R_P 调至最大,将信号发生器的输出旋钮旋至零。接通 +12 V 电源,调节 R_P,使 $I_C = 2.0$ mA(即 $V_E = 2.0$ V),用直流电压表分别测量 V_B、V_E、V_C 及用万用表测量 R_{B1} 值,记入表 2-4 中。

表 2-4 放大电路静态工作点的测试 ($I_C = 2$ mA)

测 量 值				计 算 值		
V_B/V	V_E/V	V_C/V	R_{B1}/kΩ	U_{BE}/V	U_{CE}/V	I_C/mA

(3)测量电压放大倍数。在放大器的输入端加入频率为 1 kHz 的正弦信号 u_s,调节信号发生器的输出旋钮,使放大器输入电压 $U_i \approx 10$ mV,同时用示波器观察放大器输出电压 u_o 波形,在波形不失真的条件下用交流毫伏表测量下述 3 种情况下的 U_o 值,并用双踪示波器观察 u_o 和 u_i 的相位关系,记入表 2-5 中。

表 2-5　放大电路电压放大倍数测量（$I_C = 2.0$ mA, $U_i = 10$ mV）

$R_C/\text{k}\Omega$	$R_L/\text{k}\Omega$	U_o/V	A_u	观察并记录一组 u_o 和 u_i 波形
2.4	∞			
2.4	2.4			

(4) 观察静态工作点对输出波形失真的影响。在 $u_i = 0$ V 时，调节 R_P 使 $I_C = 2.0$ mA，测出 U_{CE} 值，再逐步加大输入信号，使输出电压 u_o 足够大但不失真。然后保持输入信号不变，分别增大和减小 R_P，使波形出现失真，绘出 u_o 的波形，并测出失真情况下的 I_C 和 U_{CE} 值，记入表 2-6 中。每次测量 I_C 和 U_{CE} 值时都要将信号源的输出旋钮旋至零。

表 2-6　静态工作点对输出波形的影响（$R_C = 2.4$ kΩ, $R_L = ∞$, $U_i = $ 　 mV）

I_C/mA	U_{CE}/V	u_o 波形	失真情况	三极管工作状态
2.0				

(5) 测量最大不失真输出电压。接入 $R_L = 2.4$ kΩ，按上述方法，同时调节输入信号的幅度和电位器 R_P，用示波器和交流毫伏表测量 U_{opp} 及 U_{omax} 值，记入表 2-7 中。

表 2-7　最大不失真输出电压（$R_C = 2.4$ kΩ, $R_L = 2.4$ kΩ）

I_C/mA	U_{imax}/mV	U_{opp}/V	U_{omax}/V

2. 单级共集放大电路的测试

(1) 按图 2-25 组装单级共集放大电路，图中三极管选用 3DG6 或 9011，其他元件参数如图 2-25 中标注。

(2) 静态工作点的调整。接通直流电源，在 B 点加入 $f = 1$ kHz 正弦信号 u_i，输出端用示波器监视输出波形，反复调整 R_P 及信号源的输出幅度，使在示波器的屏幕上得到一个最大不失真输出波形，然后使 $u_i = 0$（即断开输入信号），用万用表的直流电压挡测量晶体管各电极对地电位，将测量数据记入表 2-8 中。

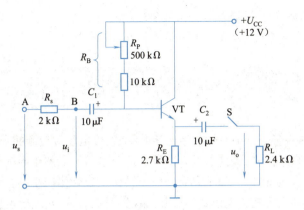

图 2-25　单级共集放大电路

(3)测量电压放大倍数 A_u。断开开关 S,接入负载 $R_L = 2.4\ \text{k}\Omega$,在 B 点输入 $f = 1\ \text{kHz}$ 正弦信号 u_i,调节输入信号幅度,用示波器观察输出 u_o 波形,在输出最大不失真情况下,用交流毫伏表测量 U_i、U_o 值。记入表 2-8 中。

表 2-8　共集放大电路的静态工作点和电压放大倍数测量

测 量 值					计 算 值	
V_E/V	V_B/V	V_C/V	U_i/V	U_o/V	I_E/mA	A_u

3. 注意事项

(1)在测量静态工作点时,为了减小误差,提高测量精度,应选用内阻较高的直流电压表。工作点"偏高"或"偏低"不是绝对的,应该是相对信号的幅度而言的,如输入信号幅度很小,即使工作点较高或较低也不一定会出现失真。所以确切地说,产生波形失真是信号幅度与静态工作点设置配合不当所致。

(2)在静态工作点调整好以后,在测量过程中应保持 R_B 值不变(即保持静态工作点 I_E 不变)。

(3)测量输入电阻时应注意,由于电阻 R 两端没有电路公共接地点,所以测量 R 两端电压 U_R 时必须分别测出 U_s 和 U_i,然后按 $U_R = U_s - U_i$ 求出 U_R 值。电阻 R 的值不宜取得过大或过小,以免产生较大的测量误差,通常取 R 与 R_i 为同一数量级为好,可取 $R = 1 \sim 2\ \text{k}\Omega$。

(4)在测量输出电阻时,必须保持 R_L 接入前后输入信号的大小不变。

思考题

(1)放大电路放大的是交流信号,电路中为什么还要加直流电源?
(2)在单级共射放大电路中,为什么输出电压与输入电压反相?
(3)在放大电路中,输出波形产生失真的原因是什么?如何克服?

(4)如何识别共射、共集基本放大电路?

(5)共射、共集放大电路的动态性能指标有何差异?

2.3 场效应管及其放大电路

场效应管半导体三极管(简称场效应管)是利用电场效应来控制半导体多数载流子导电的单极型半导体器件。只有一种载流子参与导电的半导体器件,它是用输入电压控制输出电流的。它除了具有一般半导体三极管体积小、质量小、耗电省、寿命长等优点外,还具有输入电阻高、噪声低、抗辐射能力强、热稳定性好、制作工艺简单、易于集成等优点。

根据结构不同,场效应管分为两大类:绝缘栅型和结型两大类。由于绝缘栅型场效应管具有工艺简单、占用芯片面积小、器件特性便于控制等特点,已成为目前制造超大规模集成电路的主要有源器件,并已开发出许多有发展前景的新电路技术。本书仅介绍绝缘栅型场效应管及其放大电路。

2.3.1 绝缘栅型场效应管

绝缘栅型场效应管是由金属(Metal)、氧化物(Oxide)和半导体(Semiconductor)材料构成的,因此又称 MOS 管。绝缘栅型场效应管分为增强型和耗尽型两种,每一种又包括 N 沟道和 P 沟道两种类型。

1. 增强型绝缘栅场效应管

(1)结构与符号。N 沟道增强型场效应管的结构如图 2-26(a)所示。它是在一块 P 型硅片(又称衬底)上,利用扩散工艺制成 2 个高掺杂浓度的 N 型区(用 N^+ 表示),并用金属铝引出电极,分别称为源极 S 和漏极 D。在半导体表面覆盖二氧化硅(SiO_2)绝缘层,引出的金属铝电极称为栅极 G。由于栅极与其他电极及硅片之间都是绝缘的,因而称为绝缘栅型场效应管。图 2-26(b)是 N 沟道增强型 MOS 管的图形符号。

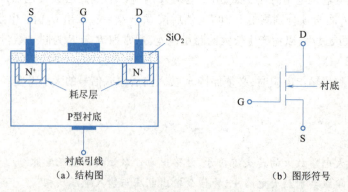

图 2-26 增强型 MOS 管的结构与图形符号

(2)N 沟道增强型 MOS 管的工作原理。如图 2-27 所示,在栅极 G 和源极 S 之间加电压 u_{GS},漏极 D 和源极 S 之间加电压 U_{DS},衬底 B 与源极 S 相连。

如果栅极与源极之间不加电压,即 $u_{GS}=0$,那么不论漏极与源极间加的电压极性如何,总会有一个 PN 结呈反向偏置,漏极与源极之间无电流,如图 2-27(a)所示。

如果在栅极与源极间加上一个正向电压 u_{GS},如图 2-27(b)所示。此时,栅极(金属)和衬底(P 型硅片)相当于以二氧化硅为介质的平板电容器,在正栅-源电压 u_{GS} 作用下,介质中便产生一个垂直于 P 型衬底表面的由栅极指向衬底的电场,从而将衬底里的电子感应到表面上来。当 u_{GS} 较小时,感应到衬底表面上的电子数很少,并被衬底表层的大量空穴复合掉;直至 u_{GS} 增加超过某一临界电压时,介质中的电场才在衬底表面层感应出"过剩"的电子。于是,便在 P 型衬底的表面形成一个 N 型层,称为反型层。这个反型层将两个 N 型区接通,从而建立了 N 型导电沟道,相当于将漏极与源极连在一起。若此时加上漏-源电压 U_{DS},就会产生 i_D。显然,N 型导电沟道的厚薄是由栅-源电压 u_{GS} 的大小决定的。改变 u_{GS},可以改变沟道的厚薄,也就是能够改变沟道的电阻,从而可以改变漏极电流 i_D 的大小。因此,改变栅-源电压 u_{GS} 的大小,可以控制漏极电流 i_D。

上述这种在 $u_{GS}=0$ 时没有导电沟道,而必须依靠栅-源正向电压的作用,才能形成导电沟道的场效应管,称为增强型场效应管。

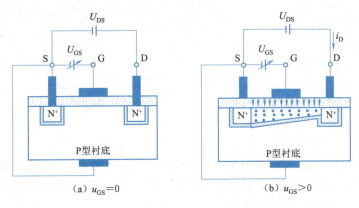

图 2-27 N 沟道增强型 MOS 管工作原理

(3)N 沟道增强型 MOS 管的特性曲线。场效应管的特性曲线分为转移特性曲线和输出特性曲线。

①转移特性曲线。场效应管的转移特性是指在 u_{DS} 一定时,漏极电流 i_D 与栅-源电压 u_{GS} 之间的关系称为转移特性,即 $i_D = f(u_{GS})|_{u_{DS}=常数}$。

N 沟道增强型 MOS 管的转移特性曲线如图 2-28 所示。在一定的漏-源电压下,使增强型 MOS 管形成导电沟道,产生漏极电流时所对应的栅-源电压称为开启电压,用 $U_{GS(th)}$ 表示。显然,只有当 $u_{GS} \geq U_{GS(th)}$ 时,栅-源电压才有对漏极电流的控制作用。

②输出特性曲线(漏极特性曲线)。场效应管的输出特性是指栅-源电压 u_{GS} 一定,漏极电流 i_D 与漏-源电压 u_{DS} 之间的关系,即 $i_D = f(u_{DS})|_{u_{GS}=常数}$。

N 沟道增强型 MOS 管的输出特性曲线如图 2-29 所示。与双极型三极管的输出特性曲线类似,也分为3个区域。

a. 夹断区。夹断区是指 $u_{GS} < U_{GS(th)}$ 的区域。由于这时还未形成导电沟道,因此 $i_D \approx 0$。

b. 可变电阻区。可变电阻区是指 u_{DS} 较小时与纵轴之间的区域。这时导电沟道已形成,i_D 随着 u_{DS} 的增大而增大。由于导电沟道的电阻大小随 u_{GS} 而变,故称为可变电阻区。

c. 恒流区。恒流区是指当 u_{DS} 增大到脱离可变电阻区时,i_D 不随 u_{DS} 的增大而增大,i_D 趋于恒定值。但 i_D 的大小随 u_{GS} 的增加而增加,体现了场效应管 u_{GS} 控制 i_D 的放大作用。此区即为线性放大区。

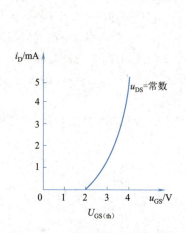

图 2-28　N 沟道增强型 MOS 管的转移特性曲线

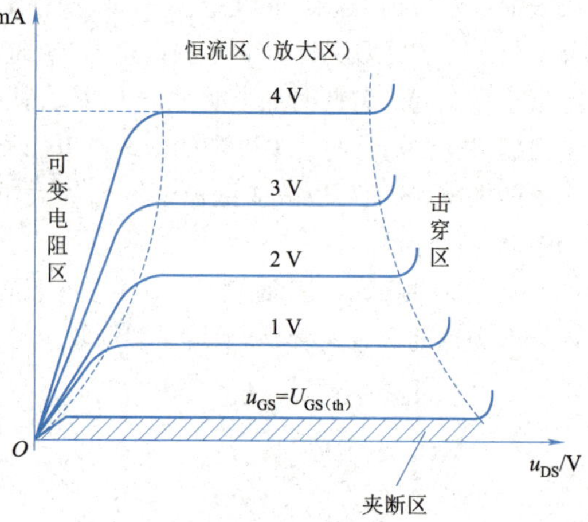

图 2-29　N 沟道增强型 MOS 管的输出特性曲线

2. 耗尽型绝缘栅场效应管

(1) 结构与符号。以 N 沟道耗尽型 MOS 管为例。N 沟道耗尽型绝缘栅场效应管的结构和增强型基本相同,只是在制作这种管子时,预先在二氧化硅绝缘层中掺入大量的正离子,如图 2-30 所示。

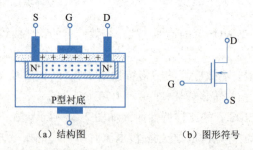

图 2-30　耗尽型 MOS 管的结构与图形符号

(2) N 沟道耗尽型 MOS 管的工作原理。对于 N 沟道耗尽型 MOS 管,即使在 $u_{GS} = 0$ 时,由于正离子的作用,也能在 P 型衬底表面形成感应沟道,将源区和漏区连接起来,如图 2-30(a)所示。所以,当在漏极与源极之间加上正向电压 u_{DS} 时,就会有较大的漏极电流 i_D。如果 u_{GS} 为负,使 N 型沟道中感应的负电荷(电子)减少,沟道变薄(电阻增大),因而使 i_D 减小。当 $u_{GS} > 0$ 时,此时在 N 型沟道中感应出更多的负电荷,使 i_D 更大。因此,不论栅-源电压为正还是为负都能起控制 i_D 大小的作用。

(3) N 沟道耗尽型 MOS 管的特性曲线。N 沟道耗尽型 MOS 管的特性曲线如图 2-31 和图 2-32 所示。图中的 $U_{GS(off)}$ 是漏极电流趋于零时,对应的栅-源电压,称为夹断电压;I_{DSS} 是 $u_{GS}=0$ 时对应的漏极电流,称为饱和漏极电流。

P 沟道绝缘栅型场效应管的结构和工作原理与 N 沟道绝缘栅型场效应管的类似,只不过载流子不同,供电电压极性不同而已。这如同双极型三极管有 NPN 型和 PNP 型一样,这里不做介绍,请读者参考有关资料。

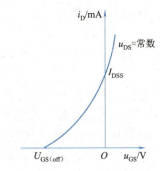

图 2-31 N 沟道耗尽型 MOS 管的转移特性曲线

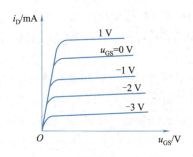

图 2-32 N 沟道耗尽型 MOS 管的输出特性曲线

3. 绝缘栅型场效应管的主要参数

(1) 开启电压 $U_{GS(th)}$ 或夹断电压 $U_{GS(off)}$。对于增强型 MOS 管,当 u_{DS} 为常数时,形成 i_D 所需的最小栅-源电压 u_{GS} 值,称为开启电压 $U_{GS(th)}$。通常指 $i_D \approx 10~\mu A$ 时所对应的栅-源电压。

对于耗尽型 MOS 管,在 u_{DS} 固定时,使 i_D 为某一微小电流(如 $1~\mu A$、$10~\mu A$)所需的栅-源电压 u_{GS} 值,称为夹断电压 $U_{GS(off)}$。

(2) 低频跨导 g_m。它是表示栅-源电压对漏极电流控制作用大小的参数,也是表示场效应管放大能力的参数。它的数值等于 u_{DS} 为定值时,漏极电流 i_D 的变化量 Δi_D 与引起这个变化的栅-源电压 u_{GS} 的变化量 Δu_{GS} 的比值,即

$$g_m = \left.\frac{\Delta i_D}{\Delta u_{GS}}\right|_{u_{DS}=常数} \tag{2-26}$$

跨导的单位为 mA/V 或 μA/V,即 mS 或 μS。

(3) 饱和漏极电流 I_{DSS}。它是指耗尽型 MOS 管在 $u_{GS}=0$ 时,外加的漏-源电压使 MOS 管工作在恒流区时对应的漏极电流。

(4) 直流输入电阻 R_{GS}。它是指 u_{DS} 一定值时,栅-源之间的直流电阻。因为 MOS 管栅极与源极之间存在 SiO_2 绝缘层,故 R_{GS} 数值很大,一般可达 $10^9 \sim 10^{14}~\Omega$。

除了以上参数外,场效应管还有击穿电压 $U_{(BR)DS}$、最大耗散功率 P_{DM}、最大漏极电

流 I_{DM} 等,它们的意义与双极型三极管的类似。

4. 场效应管的使用注意事项

（1）MOS 管的使用场合：

①MOS 管是电压控制器件,栅极没有电流,输入电阻比三极管的大得多,很适合作为放大电路的输入级。

②MOS 管只有多数载流子参与导电,其温度稳定性和抗辐射能力比普通三极管强。所以,在环境条件变化较大的场合,应用选用 MOS 管。

③MOS 管的噪声比三极管要小,很适合低噪声、稳定性要求高的线性放大电路。

④MOS 管的漏极和源极对称,可以互换使用（但当源极与衬底连在一起时,则不能互换）；耗尽型 MOS 管的栅-源电压可为正值、负值和零值,使用时比增强型 MOS 管灵活。

⑤MOS 管的跨导低,组成单级电压放大器时,电压放大倍数不如三极管。

（2）使用 MOS 管时应注意以下几点：

①MOS 管使用时,各极的电源极性应按规定接入,且数值不允许超过对应的极限参数。

②MOS 管使用时应注意防止栅极悬空,以免栅极的感应电荷无法泄放,导致栅-源电压升高而击穿管子。因此,MOS 管储存时,要将 3 个电极引线短接；焊接时,电烙铁的外壳要良好接地,并按漏极、源极、栅极的顺序进行焊接,而拆卸时则按相反顺序进行；测试时,测量仪器和电路本身都要良好接地,要先接好电路再去除电极之间的短接。测试结束后,要先短接电极再撤除仪器。在没有断开电源时,绝对不能把场效应管直接插入电路板中或从电路板中拔出来。现在,已有内附栅极保护电路的 MOS 管,使用很方便。

场效应管放大电路

2.3.2 场效应管放大电路

与双极型三极管放大电路类似,根据输入、输出回路公共端选择的不同,将场效应管放大电路分为共源极、共漏极和共栅极 3 种组态。本书只介绍常用的共源极和共漏极两种放大电路。

1. 共源分压式偏置放大电路

共源分压式偏置放大电路,如图 2-33 所示。

（1）静态分析。其栅-源电压为

$$U_{GS} = U_G - U_S = \frac{R_{G2}}{R_{G1} + R_{G2}} U_{DD} - I_D R_S \tag{2-27}$$

由式（2-27）可知,只要适当选取 R_{G1}、R_{G2}、R_S 值,就可获得各种场效应管所需的正、负或零 3 种栅-源偏压。因此,分压式偏置电路适用于各种场效应管。

场效应管放大电路的静态工作点 U_{GS} 和 I_D 可借助场效应管的转移特性关系式与式（2-27）求出。漏-源电压 U_{DS} 可由下式求得

$$U_{DS} = U_{DD} - I_D(R_D + R_S) \tag{2-28}$$

（2）动态分析：

①场效应管的微变等效电路。在小信号作用下,工作在恒流区的场效应管可用

一个线性有源二端口网络来等效。由输入回路看,由于场效应管输入电阻很高,可看作开路;由输出回路看,$i_d = g_m u_{gs}$,可等效为受控电流源,由此画出场效应管微变等效电路如图 2-34 所示。

② 共源放大电路的微变等效电路。图 2-33 所示的共源分压式偏置放大电路,与双极型三极管的共射放大电路类似,其微变等效电路(外加了负载)如图 2-35 所示。

③ 动态性能指标。共源分压式偏置放大电路的电压放大倍数、输入电阻和输出电阻如下:

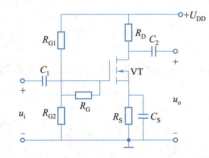
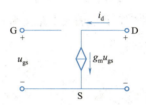

图 2-33 场效应管共源分压式偏置放大电路   图 2-34 场效应管微变等效电路

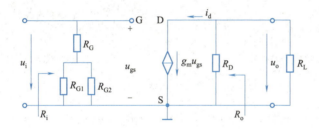

图 2-35 共源分压式偏置放大电路的微变等效电路

a. 电压放大倍数为

$$A_u = \frac{u_o}{u_i} = -\frac{i_d(R_D \parallel R_L)}{u_{gs}} = -\frac{g_m u_{gs} R'_L}{u_{gs}} = -g_m R'_L \quad (2\text{-}29)$$

式(2-29)表明,共源放大电路的电压放大倍数与跨导 g_m 成正比,且输出电压与输入电压反相。由于场效应管的跨导不大,因此单级共源放大电路的放大倍数比共射放大电路的要小。

b. 输入电阻为

$$R_i = R_G + R_{G1} \parallel R_{G2} \quad (2\text{-}30)$$

可见场效应管放大电路的输入电阻主要由偏置电阻 R_G 决定,因此 R_G 通常取值较大。

c. 输出电阻为

$$R_o = R_D \quad (2\text{-}31)$$

例 2-3 在图 2-33 所示的电路中,已知:$R_{G1} = 200 \text{ kΩ}, R_{G2} = 30 \text{ kΩ}, R_G = 10 \text{ MΩ}$,$R_D = 5 \text{ kΩ}, R_L = 5 \text{ kΩ}, R_S = 1 \text{ kΩ}, C_1 = C_2 = 10 \text{ μF}, C_S = 50 \text{ μF}, g_m = 4 \text{ mA/V}$。求:该电

路的电压放大倍数、输入电阻和输出电阻。

解 电压放大倍数为

$$A_u = -g_m R_L' = -g_m(R_D /\!/ R_L) = -4 \times \frac{5 \times 5}{5 + 5} = -10$$

输入电阻为

$$R_i = R_G + (R_{G1} /\!/ R_{G2}) = \left[10^4 + \left(\frac{200 \times 30}{200 + 30}\right)\right] \text{k}\Omega \approx 10^4 \text{ k}\Omega = 10 \text{ M}\Omega$$

输出电阻为

$$R_o = R_D = 5 \text{ k}\Omega$$

2. 共漏放大电路

场效应管共漏放大电路又称源极输出器,电路如图 2-36(a)所示,其微变等效电路如图 2-36(b)所示。

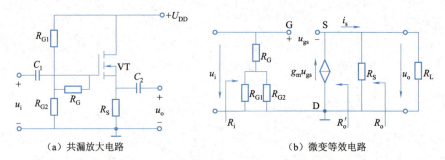

(a) 共漏放大电路　　　　　　(b) 微变等效电路

图 2-36　共漏放大电路及微变等效电路

由图 2-36(b)可得: $u_o = i_s(R_S /\!/ R_L) = i_d R_L' = g_m u_{gs} R_L'$,$u_i = u_{gs} + u_o = (1 + g_m R_L') u_{gs}$,则电压放大倍数为

$$A_u = \frac{u_o}{u_i} = \frac{g_m R_L'}{1 + g_m R_L'} < 1 \tag{2-32}$$

式(2-32)表明: $A_u < 1$ 且 $A_u \approx 1$,即 $u_o \approx u_i$,说明输出电压具有跟随输入电压的作用,所以又称源极跟随器。

输入电阻为

$$R_i = R_G + R_{G1} /\!/ R_{G2} \tag{2-33}$$

输出电阻。求共漏放大电路的输出电阻,可采用在输出端加电压,求电流的方法求解。将输入电压去掉(短路),在输出端加电压 u_p,求 i_p,如图 2-37 所示。

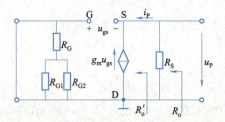

图 2-37　求输出电阻的电路

在图 2-37 所示电路中，$u_p = -u_{gs}$，$i_p = -i_d = -g_m u_{gs}$，则 $R'_o = \dfrac{U_p}{I_p} = \dfrac{-U_{gs}}{-g_m U_{gs}} = \dfrac{1}{g_m}$，所以输出电阻为

$$R_o = R_S \mathbin{/\!/} \dfrac{1}{g_m} \tag{2-34}$$

例 2-4 在图 2-36(a)所示电路中，已知 $R_G = 5\ \text{M}\Omega$，$R_{G1} = 200\ \text{k}\Omega$，$R_{G2} = 64\ \text{k}\Omega$，$R_S = 12\ \text{k}\Omega$，$R_L = 12\ \text{k}\Omega$，场效应管的 $g_m = 1.5\ \text{mA/V}$，求电压放大倍数、输入电阻和输出电阻。

解 （1）电压放大倍数为

$$A_u = \dfrac{g_m R'_L}{1 + g_m R'_L} = \dfrac{1.5 \times (12 \mathbin{/\!/} 12)}{1 + 1.5 \times (12 \mathbin{/\!/} 12)} = 0.9$$

（2）输入电阻为

$$R_i = R_G + R_{G1} \mathbin{/\!/} R_{G2} = [5\,000 + (200 \mathbin{/\!/} 64)]\ \text{k}\Omega = 5\,048\ \text{k}\Omega \approx 5\ \text{M}\Omega$$

（3）输出电阻为

$$R_o = R_S \mathbin{/\!/} \dfrac{1}{g_m} = \left(12 \mathbin{/\!/} \dfrac{1}{1.5}\right)\ \text{k}\Omega = 0.63\ \text{k}\Omega = 630\ \Omega$$

思考题

(1) 场效应管工作原理与三极管有何区别？为什么把场效应管称为单极型半导体三极管？

(2) 三极管的饱和区与场效应管的饱和区是否类似？为什么？

(3) 如何从电路符号及特性曲线上区别耗尽型和增强型场效应管？

(4) 某只场效应管，当 $u_{GS} = -0.3\ \text{V}$ 时，$i_D = 4\ \text{mA}$；当 $u_{GS} = -0.8\ \text{V}$ 时，$i_D = 3\ \text{mA}$，问该管的 g_m 为多少？

(5) 将图 2-33 中的 C_S 去掉时，如何求电压放大倍数、输入电阻、输出电阻？

2.4 多级放大电路和放大电路中的负反馈

单级放大电路的电压放大倍数一般只能达到几十倍左右。在实际工作中，放大电路所得到的输入信号往往都是非常微弱的，要将其放大到能推动负载工作的程度，仅通过单级放大电路放大，达不到实际要求，所以必须通过多个单级放大电路连续多次放大，才可满足实际要求。另外，负反馈是改善放大电路性能的重要手段，也是自动控制系统中的重要环节，在实际应用电路中几乎都要引入适当的负反馈。

2.4.1 多级放大电路

1. 多级放大电路的耦合方式

多级放大电路是由两级或两级以上的单级放大电路连接而成的。在多级放大电路中,把级与级之间的连接方式称为耦合方式。而级与级之间耦合时必须满足:耦合后,各级电路仍具有合适的静态工作点;保证信号在级与级之间能够顺利地传输;耦合后,多级放大电路的性能指标必须满足实际的要求。

为了满足上述要求,常用的耦合方式有:阻容耦合、变压器耦合、直接耦合及光电耦合等。

(1) 阻容耦合方式。图 2-38 为两级阻容耦合放大电路。两级之间用电容 C_2 连接。由于电容的隔直作用,切断了两级放大电路之间的直流通路。因此,各级的静态工作点互相独立、互不影响,使电路的设计、调试都很方便。这是阻容耦合方式的优点。对于交流信号的传输,若选用足够大容量的耦合电容,则交流信号就能顺利传送到下一级。

阻容耦合的主要缺点是低频特性较差。当信号频率降低时,耦合电容的容抗增大,电容两端产生电压降,使信号受到衰减,放大倍数下降。因此,阻容耦合不适用于放大低频或缓慢变化的直流信号。此外,由于集成电路制造工艺的原因,不能在内部制成较大容量的电容,所以阻容耦合不适用于集成电路。阻容耦合电路结构简单,电容元件容易实现,所以仍然是一种应用广泛的级间耦合方式。

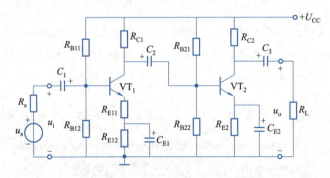

图 2-38 两级阻容耦合放大电路

(2) 变压器耦合方式。图 2-39 是变压器耦合方式的放大电路。同阻容耦合方式一样,两级之间没有直流通路,因此静态工作点互相独立。变压器耦合的一个突出的优点是利用变压器可以实现阻抗变换,把一个低阻值的负载变换为放大电路所需要的较高阻抗,从而得到最大的输出功率,或者提高前级的电压放大倍数。所以变压器耦合方式常用于功率放大电路或接收机中的中频放大电路。

变压器耦合方式的缺点是变压器体积大而重,不便于集成。同时频率特性差,也不能传输直流和比较缓慢变化的信号。

(3) 直接耦合方式。直接耦合就是把前级放大电路的输出端直接(或经过电阻)接到下一级放大电路的输入端,如图 2-40 所示。这种耦合方式的优点是既可以放大交流信号,也可以放大直流和变化非常缓慢的信号;电路简单,便于集成,所以集成电路中多采用这种耦合方式。

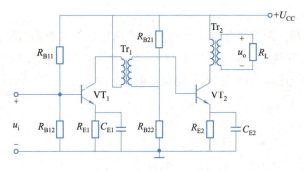

图 2-39 变压器耦合方式的放大电路

直接耦合方式的缺点是存在着各级静态工作点相互牵制和零点漂移这两个问题。

(4)光电耦合方式。光电耦合是一种级与级间采用光耦合器进行连接的耦合方式。采用光电耦合方式的优点是:单向传输信号,输出与输入之间绝缘,输出回路对输入回路无影响,抗干扰性强,因此它的应用日益广泛。光电耦合放大电路如图 2-41 所示。

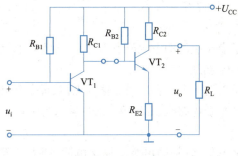

图 2-40 直接耦合放大电路

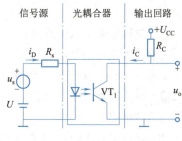

图 2-41 光电耦合放大电路

光耦合器是实现光电耦合的基本器件,它将发光元件(发光二极管)与光敏元件(光电晶体管)相互绝缘地组合在一起。发光元件为输入回路,将电能转换成光能;光敏元件为输出回路,将光能转换成电能,实现了两部分电路的电气隔离,从而有效地抑制电干扰。

当动态信号为零时,输入回路有静态电流 I_{DQ},输出回路有静态电流 I_{CQ},从而确定输出静态管压降 U_{CEQ}。当有动态信号时,随着 i_D 的变化,i_C 将产生线性变化,电阻 R_C 将电流的变化转换成电压的变化,从而实现放大。

2. 多级放大电路的分析与计算

下面以阻容耦合多级放大电路为例,介绍多级放大电路的分析与计算方法。

(1)静态分析。图 2-38 所示为两极阻容耦合放大电路。两级之间用电容 C_2 连接。由于电容的隔直作用,切断了两级放大电路之间的直流通路。因此,各级的静态工作点互相独立、互不影响,使电路的设计、调试都很方便,这是阻容耦合方式的优点。

(2)动态分析。阻容耦合多级放大电路,若选用足够大容量的耦合电容,则交流信号就能顺利传送到下一级。以图 2-38 所示的两级阻容耦合放大电路为例进行阻容耦合多级放大电路的动态分析,其对应的微变等效电路如图 2-42 所示。

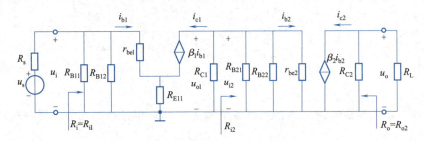

图 2-42　图 2-37 所示电路的微变等效电路

①电压放大倍数。根据电压放大倍数的定义,两级放大电路的电压放大倍数为

$$A_u = \frac{u_o}{u_i} = \frac{u_{o1}}{u_i} \times \frac{u_o}{u_{o1}} = \frac{u_{o1}}{u_i} \times \frac{u_{o2}}{u_{o1}} = A_{u1} \times A_{u2} \quad (2\text{-}35)$$

推广到 n 级多级放大电路的电压放大倍数为

$$A_u = A_{u1} \cdot A_{u2} \cdot \cdots \cdot A_{un} \quad (2\text{-}36)$$

计算电压放大倍数时**应注意**:在计算各级电路的电压放大倍数时,必须考虑后级电路的输入电阻对前级电路电压放大倍数的影响。

②输入电阻。多级放大电路的输入电阻,就是输入级的输入电阻,即 $R_i = R_{i1}$。计算输入电阻时**要注意**:当输入级为共集电极电路时,要把第二级的输入电阻作为第一级的负载电阻。

③输出电阻。多级放大电路的输出电阻,就是输出级的输出电阻,即 $R_o = R_{on}$。计算输出电阻时**要注意**:当输出级为共集电极电路时,要把前级的输出电阻作为后级的信号源内阻。

在工程上为了简化计算过程,根据实际需要也常用分贝(dB)表示增益(放大倍数),它的定义为:电压增益 $A_u(\text{dB}) = 20\lg A_u$,电流增益 $A_i(\text{dB}) = 20\lg A_i$,功率增益 $A_p(\text{dB}) = 20\lg A_p$。

例如,某多级放大电路,$A_u = 1\,000$(倍),则 $A_u(\text{dB}) = 20\lg 10^3 = 60\text{ dB}$。

当用分贝表示电压放大倍数时,根据对数运算法则,多级放大电路的总电压增益的分贝数为各个单级放大电路的增益的分贝数之和,即 $A_u(\text{dB}) = A_{u1}(\text{dB}) + A_{u2}(\text{dB}) + \cdots + A_{un}(\text{dB})$。

例 2-5　在图 2-38 所示的两级阻容耦合放大电路中。已知:$U_{CC} = 9\text{ V}$,$R_{B11} = 60\text{ k}\Omega$,$R_{B12} = 30\text{ k}\Omega$,$R_{C1} = 3.9\text{ k}\Omega$,$R_{E11} = 300\text{ }\Omega$,$R_{E12} = 2\text{ k}\Omega$,$\beta_1 = 40$,$r_{be1} = 1.3\text{ k}\Omega$,$R_{B21} = 60\text{ k}\Omega$,$R_{B22} = 30\text{ k}\Omega$,$R_{C2} = 2\text{ k}\Omega$,$R_L = 5\text{ k}\Omega$,$R_{E2} = 2\text{ k}\Omega$,$\beta_2 = 50$,$r_{be2} = 1.5\text{ k}\Omega$,

$C_1 = C_2 = C_3 = 10\ \mu F$，$C_{E1} = C_{E2} = 47\ \mu F$。试求：电压放大倍数 A_u、输入电阻 R_i、输出电阻 R_o。

解 计算各级的电压放大倍数

$$A_{u1} = -\frac{\beta_1 R'_{L1}}{r_{be1} + (1 + \beta_1)R_{E11}}$$

式中，$R'_{L1} = R_{C1} // R_{i2} = R_{C1} // R_{B21} // R_{B22} // r_{be2} = (3.9 // 60 // 30 // 1.5)\ k\Omega \approx 1\ k\Omega$，代入上式得

$$A_{u1} = -\frac{40 \times 1}{1.3 + 41 \times 0.3} \approx -2.9$$

$$A_{u2} = -\frac{\beta_2 R'_{L2}}{r_{be2}} = -\frac{50 \times (2 // 5)}{1.5} = -47.6$$

总电压放大倍数为

$$A_u = A_{u1} \times A_{u2} = (-2.9) \times (-47.6) \approx 138$$

输入电阻为

$$R_i = R_{i1} = R_{B11} // R_{B12} // [r_{be1} + (1 + \beta_1)R_{E11}]$$
$$= [60 // 30 // (1.3 + 41 \times 0.3)]\ k\Omega = 8\ k\Omega$$

输出电阻为

$$R_o = R_{o2} = R_{C2} = 2\ k\Omega$$

3. 放大电路的通频带

在实际应用的放大电路中遇到的信号往往不是单一频率的，在一段频率范围内，变化范围可能在几千赫到上万赫间。而放大电路中都有电抗元件，如电容等。在放大电路中除了有耦合电容、旁路电容外，还有被忽略的三极管极间电容等，它们对不同频率的信号的容抗值是不同的，就使它们对不同频率的信号放大的效果是不一样的。但在某一个频率范围内电压放大倍数基本保持不变，这个范围内的最低频率称为下限频率，用 f_L 表示；最高频率称为上限频率，用 f_H 表示。不管是低于下限频率 f_L 还是高于上限频率 f_H，电压放大倍数都会大幅下降。通常把电压放大倍数保持不变的那个范围称为放大器的通频带，用 f_{BW} 来表示，$f_{BW} = f_H - f_L$。一般情况下，通频带宽一些更好。

阻容耦合的主要缺点是低频特性较差。当信号频率降低时，耦合电容的容抗增大，电容两端产生电压降，使信号受到衰减，放大倍数下降。因此，阻容耦合不适用于放大低频或缓慢变化的直流信号。

2.4.2 放大电路中的负反馈

1. 反馈的基本概念

所谓反馈，就是把输出量的一部分或全部送回输入端。如果反馈量起到加强输入信号的作用，称为正反馈；如果反馈量起到减弱输入信号的作用，称为负反馈。反馈量正比于输出电压的称为电压反馈，反馈量正比于输出电流的称为电流反馈。

如图 2-43 所示电路的直流通路中，R_E 上的压降反映了输出电流 I_C 的变化（$I_E \approx$

I_C),并且起着削弱输入电流 I_B 的作用,因此是电流负反馈。其目的是稳定电路的静态工作点。进一步分析可以看出,负反馈还能改善放大器多方面的性能。因此,负反馈在电子技术中应用极广,实际上几乎所有放大器中都含有负反馈环节。

实现反馈的那一部分电路称为反馈电路或反馈网络。具有反馈的放大器称为反馈放大器。反馈放大器框图如图 2-44 所示。其中,基本放大电路与反馈网络构成一个闭环。x_i、x_o、x_f 分别表示输入信号、输出信号、反馈信号,x_{id} 表示由 x_i 与 x_f 合成的净输入信号。

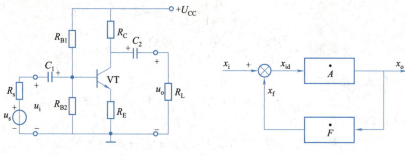

图 2-43 分压式偏置电路　　图 2-44 反馈放大器框图

2. 反馈的基本类型

(1)正反馈和负反馈。判断电路的反馈极性时常采用"瞬时极性法"。其方法是:先假定输入信号在某一瞬间对地的极性,如取正,用 ⊕ 标示。然后根据各级放大电路的输出信号与输入信号的相位关系,逐级推出电路其他各点的瞬时信号的瞬时极性,再经反馈支路得到反馈信号的极性,最后判断反馈信号对放大器净输入信号的影响是加强的还是减弱的,从而判断反馈的极性。

在图 2-45(a)中,假设输入电压信号对地瞬时极性为 ⊕,由于加在同相输入端,可得输出信号 u_o 为 ⊕,反馈到反相输入端的反馈信号 u_f 的极性也为 ⊕,因此该放大器净输入信号 $u_{id}=u_i-u_f$ 减小了,则该放大电路引入的是负反馈。

在图 2-45(b)中,假设输入电压信号对地瞬时极性为 ⊕,因输入电压加在反相输入端,所以输出信号 u_o 为 ⊖,反馈到同相输入端的反馈信号的极性也为 ⊖,因此该放大器的净输入信号 $u_{id}=u_i-(-u_f)$ 增加了,则该放大电路引入的是正反馈。

瞬时极性法

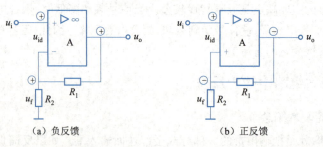

(a) 负反馈　　(b) 正反馈

图 2-45 用瞬时极性法判断反馈极性

(2)电流反馈和电压反馈。根据反馈信号从放大电路输出端采样不同,可分为电压反馈和电流反馈两种。反馈信号取自输出电压,称为电压反馈,如图 2-46(a)所示;反馈信号取自输出电流,称为电流反馈,如图2-46(b)所示。

(3) 直流反馈和交流反馈。放大电路中存在直流分量和交流分量。反馈信号也一样,若反馈回来的是直流信号,则对输入信号中的直流成分有影响,会影响电路的直流性能,如静态工作点,这种反馈称为直流反馈。若反馈回来的是交流信号,则对输入信号中的交流成分有影响,会影响电路的交流性能,如放大倍数、输入输出电阻等,这种反馈称为交流反馈。若反馈信号中既有直流量又有交流量,则反馈对电路的直流性能和交流性能都有影响。

判断是直流反馈还是交流反馈的方法是:画出电路的直流通路和交流通路,在直流通路中如有反馈存在,即为直流反馈;在交流通路中,如有反馈存在,即为交流反馈;如果在直流、交流通路中,反馈都存在,即为交、直流反馈。

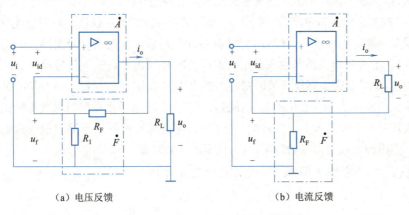

(a) 电压反馈　　(b) 电流反馈

图 2-46　电压反馈和电流反馈

(4) 串联反馈和并联反馈。根据反馈信号与放大电路输入信号连接方式的不同,可分为串联反馈和并联反馈。反馈信号与放大电路输入信号串联的为串联反馈,串联反馈信号以电压形式出现,如图2-47(a)所示。反馈信号与放大电路输入信号并联的为并联反馈,并联反馈信号以电流形式出现,如图2-47(b)所示。

归纳起来,负反馈的基本类型有 4 种形式:串联电流负反馈、串联电压负反馈、并联电流负反馈、并联电压负反馈。

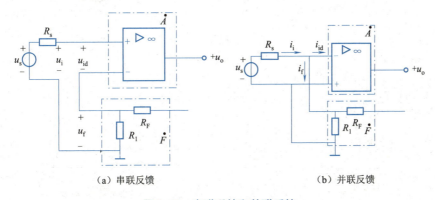

(a) 串联反馈　　(b) 并联反馈

图 2-47　串联反馈和并联反馈

3. 反馈类型判断

判断反馈放大电路中反馈的类型，可以按以下步骤进行。

（1）找出反馈元件（或反馈电路）。即找出在放大电路输出和输入回路间起联系作用的元件，如有这样的元件存在，电路中才有反馈存在，否则就不存在反馈。

（2）判断电路中反馈是电压反馈还是电流反馈。可用输出端短路法判断是电压反馈还是电流反馈，即将负载 R_L 短路，如反馈信号消失了，则为电压反馈；如反馈信号仍然存在，则为电流反馈。

（3）判断是串联反馈还是并联反馈。可用反馈节点对地短路法判断是串联反馈还是并联反馈，即将反馈节点对地短路，如果输入信号能加到基本放大电路上的是串联反馈，如果输入信号不能加到基本放大电路上的是并联反馈。

（4）判断正反馈和负反馈。判断正、负反馈可采用瞬时极性法。瞬时极性是指交流信号某一瞬时的极性，一般利用交流通路进行判断。首先将反馈支路在适当的地方断开（一般在反馈支路与输入回路的连接处断开），再假定输入信号电压对地瞬时极性为正，然后根据中频段各级电路输入输出相位关系（分立电路：共射反相，共集同相。集成运放：u_o 与 u_- 反相，u_o 与 u_+ 同相，后续内容将进一步介绍。）依次推断出由瞬时输入信号所引起的各点电位对地的极性（瞬时极性），最终看反馈到输入端的信号极性。使净输入信号增强的为正反馈；削弱的为负反馈。

例 2-6 判断图 2-48 所示各电路的反馈类型。

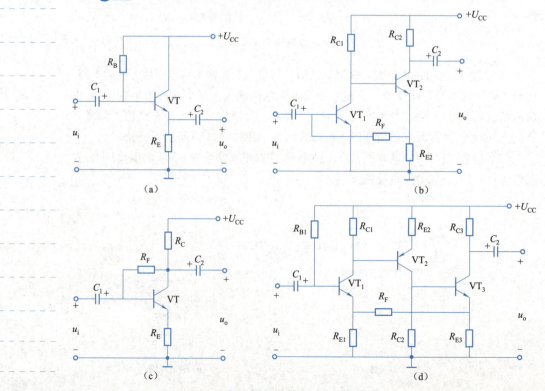

图 2-48　例 2-6 的图

解 图 2-48(a)所示电路是射极输出电路。设输入电压的瞬时极性为正,则输出电压为⊕,三极管的发射结电压即净输入电压是输入和输出电压之差,反馈电压(输出电压)削弱了输入电压的作用,所以是负反馈。而反馈电压是取自放大电路的输出电压,而在输入回路中,输入信号和反馈信号是以电压的形式求和,所以是电压串联负反馈。

图 2-48(b)所示电路是两级直接耦合放大电路。设输入电压的瞬时极性为正,通过两级放大后,u_f 为⊖,反馈电流将由 VT_1 基极流向 VT_2 发射极,使流向 VT_1 基极电流减小,即净输入电流减小,是负反馈。因反馈信号取自输出回路的电流,而输入回路中,输入信号与反馈信号以电流的形式求和,所以是电流并联负反馈。

图 2-48(c)所示电路是单管放大电路,三极管的集电极和基极之间通过 R_F 接入反馈支路。设输入电压的瞬时值极性为正,则输出电压为⊖,反馈电流将由 VT 的基极流向 VT 的集电极,使流向 VT 的净输入电流减小,是负反馈。因反馈信号取自输出电压,而输入回路中输入信号和反馈信号以电流形式求和,所以是电压并联负反馈。

图 2-48(d)所示是三极管的直接耦合放大电路,设输入电压的瞬时值极性为正,经过三级放大电路,u_f 为⊕,反馈电压削弱了输入电压的作用,使加在 VT_1 上净输入电压减小,是负反馈。因反馈信号取自输出回路电流,而输入回路中输入信号和反馈信号以电压的形式求和,是电流串联负反馈。

4. 负反馈对放大电路性能的影响

在上述内容中已介绍了,负反馈能稳定放大电路的静态工作点。下面讨论负反馈对放大电路动态性能的影响。

(1)负反馈降低了放大电路的电压放大倍数,但提高了电压放大倍数的稳定性。负反馈能够提高放大倍数的稳定性,是放大电路中引入负反馈后最显著的效果。在放大电路中,因为环境温度的改变,元件参数、特性发生了变化,都会导致放大器放大倍数的改变。引入负反馈后,在输入信号一定时,电压负反馈能稳定输出电压,电流负反馈能稳定输出电流。这样就可以维持放大倍数的稳定。引入深度负反馈时,放大器的放大倍数只取决于反馈电路的反馈系数,而与放大电路的开环放大倍数无关。

(2)负反馈减小了放大电路的非线性失真。因为放大器件是非线性器件,所以即使输入信号是一个标准的正弦波,输出信号的波形可能也不再是一个真正的正弦波,而会产生或多或少的非线性失真。信号的幅度越大,非线性失真越明显。

假设放大器的输入信号为正弦信号,没有引入负反馈时,开环放大器产生如图 2-49(a)所示的非线性失真,即输出信号的正半周幅度大,负半周幅度小。在引入负反馈后,假设反馈网络为线性网络,则反馈信号同输出信号的波形一样。反馈信号在输入端与输入信号相比较,使净输入信号 $x_{id} = x_i - x_f$ 的波形正半周小,负半周大,如图 2-49(b)所示。经基本放大器放大后,输出信号趋于正、负半周对称的正弦波,从而减小了非线性失真。

注意: 引入负反馈减小的是环路内的失真。如果输入信号本身有失真,引入负反

负反馈对放大
电路性能的影响

馈的作用不大。

(3) 负反馈扩展了放大电路的通频带。利用负反馈能使放大倍数稳定的概念很容易说明负反馈具有展宽频带的作用。在阻容耦合放大电路中,当信号在低频区和高频区时,其放大倍数均要下降,如图 2-50 所示。由于负反馈具有稳定放大倍数的作用,因此在低频区和高频区的放大倍数下降的速度减慢,相当于通频带展宽了。在通常情况下,放大电路的增益带宽积为一常数,即

$$A_f(f_{Hf} - f_{Lf}) = A(f_H - f_L) \tag{2-37}$$

一般情况下,$f_H \gg f_L$,所以 $A f_{Hf} \approx A f_H$。这表明,引入负反馈后,电压放大倍数下降为几分之一,通频带就扩展几倍。可见,引入负反馈能扩展通频带,但这是以降低放大倍数为代价的。

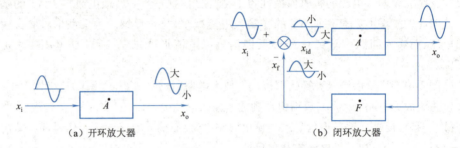

图 2-49 引入负反馈减小非线性失真

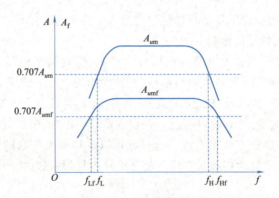

图 2-50 开环与闭环的幅频特性

(4) 负反馈改变了放大电路的输入电阻和输出电阻。一般来说,串联负反馈,因反馈信号与输入信号串联,故使输入电阻增大;并联负反馈,因反馈信号与输入信号并联,故使输入电阻减小。电压负反馈,因具有稳定输出电压的作用,使其接近于恒压源,故输出电阻减小;电流负反馈,因具有稳定输出电流的作用,使其接近于恒流源,故使输出电阻增大。

(5) 抑制环路内的噪声和干扰。在反馈环内,放大电路本身产生的噪声和干扰信号,可以通过负反馈进行抑制,其原理与减小非线性失真的原理相同。但对反馈环外的噪声和干扰信号,引入负反馈是无能为力的。

实验与技能训练——多级放大电路和负反馈放大电路的组装与测试

1. 多级放大电路的组装与测试

(1) 按图 2-51 组装两级阻耦合放大电路(先不连接 R_F、C_F 和 S 支路),图中的三极管 VT_1、VT_2 选 3DG6 或 9011,其他参数如图 2-51 标注所示。

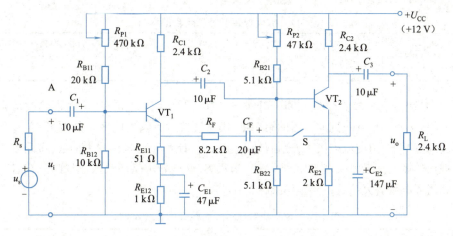

图 2-51 两级阻容耦合放大电路

(2) 调试放大电路的静态工作点。接通直流电源,输入正弦波信号($f = 1$ kHz,$U_{im} = 10$ mV)到放大器的第一级,调节 R_{P1}、R_{P2},使输出波形不失真,要求第二级在输出不失真的前提下幅值尽可能大。然后使 $u_i = 0$(即断开输入信号),测量各三极管的各极对地电位。用估算法计算各三极管的各极对地电位。将测量和计算结果填入表 2-9 中。

表 2-9 放大电路静态工作点的测试

各极对地电位	V_{B1}/V	V_{E1}/V	V_{C1}/V	V_{B2}/V	V_{E2}/V	V_{C2}/V
测量值						
计算值						

(3) 测量电压放大倍数。在空载时,输入 $f = 1$ kHz,$U_{im} = 10$ mV 的正弦交流信号,在输出波形不失真的情况下测量 U_i、U_{o1}、U_o,分别计算 A_{u1}、A_{u2} 及 A_u,将结果填入表 2-10 中。

接入负载 $R_L = 2.4$ kΩ 后(输入信号不变),再测量 U_i、U_{o1}、U_o,分别计算 A_{u1}、A_{u2} 及 A_u,将结果填入表 2-10 中。

表 2-10 输入、输出电压和电压放大倍数的测试

负载取值	U_i/mV	U_{o1}/mV	U_o/mV	A_{u1}	A_{u2}	A_u
$R_L = \infty$						
$R_L = 2.4$ kΩ						

2. 负反馈放大电路的组装与测试

(1) 连接图 2-51 中的 R_F、C_F 和 S 支路。

(2) 调试放大电路的静态工作点。合上开关 S，接通直流电源，输入正弦波信号 ($f = 1\text{ kHz}$, $U_{im} = 10\text{ mV}$) 到放大器的第一级，调节 R_{P1}、R_{P2}，使输出波形不失真，要求第二级在输出不失真的前提下幅值尽可能大。然后使 $u_i = 0$（即断开输入信号），测量各三极管的各极对地电位。将测量值填入表 2-11 中。

表 2-11　放大电路静态工作点的测试

V_{B1}/V	V_{E1}/V	V_{C1}/V	V_{B2}/V	V_{E2}/V	V_{C2}/V

(3) 测量电压放大倍数。断开开关 S，使电路处于开环状态，输入正弦波信号 ($f = 1\text{ kHz}$, $U_s = 5\text{ mV}$) 到放大器的第一级，用示波器观察输出电压 u_o 的波形，在 u_o 不失真的情况下，用交流毫伏表分别测量 U_s、U_i、U_o，计算开环电压放大倍数，将测得的数据和计算的结果填入表 2-12 中。合上开关 S，电路处于闭环状态，测量 U_s、U_i、U_o，计算闭环电压放大倍数，将测得的数据和计算的结果填入表 2-12 中。

表 2-12　负反馈对电压放大倍数影响的测试

	U_s/mV	U_i/mV	U_o/mV	A_u
基本放大器（开环状态）				
负反馈放大器（闭环状态）				

(4) 观察负反馈对非线性失真的改善：

① 断开开关 S，使电路处于开环状态，在输入端加入 $f = 1\text{ kHz}$ 的正弦信号，输出端接示波器，逐渐增大输入信号的幅度，使输出波形开始出现失真，记下此时的波形和输出电压的幅度。

② 闭合开关 S，使电路处于闭环状态，增大输入信号幅度，使输出电压幅度的大小与步骤①相同，比较有负反馈时，输出波形的变化。

思考题

(1) 多级放大电路的级间耦合电路应解决哪些问题？常采用的耦合方式有哪些，各有何特点？

(2) 在分析多级放大电路时，为什么要考虑各级之间的相互影响？

(3) 反馈的类型有哪些？如何判断？为什么放大电路中不采用正反馈？

(4) 负反馈对放大电路性能有什么影响？

2.5 集成运算放大器及应用电路

集成电路简称 IC,是 20 世纪 50 年代后期发展起来的一种半导体器件,它是把整个电路的各个元件,如二极管、三极管、小电阻、电容及其连线都集成在一块半导体芯片上。具有体积小、质量小、引出线和焊接点少、寿命长、可靠性高、性能好等优点。同时成本低、便于大规模生产。集成电路按功能可分为模拟集成电路和数字集成电路。集成运算放大器作为最常用的一类模拟集成电路,广泛用于测量技术、计算技术、自动控制、无线电通信等。

2.5.1 集成运算放大器

1. 集成运算放大器的组成及表示符号

集成运算放大器是把整个电路中的半导体器件、电阻和连线等集中在一个小块固体片上,从而把电路器件做成一个整体,其体积只相当于一个小功率半导体管。它不仅体积小,而且使电路性能和可靠性大大提高,减少了电路的组装和调整工作,也远远超出了原来"运算放大"的范围,从而在工业自动控制和精密检测中得到了广泛应用。

集成运算放大器(简称集成运放)实质上是一个具有高放大倍数的直接耦合多级放大电路,它通常由输入级、中间级、输出级以及偏置电路组成,如图 2-52 所示。输入级提供与输出端成同相或反相关系的输入信号,具有较大的输入电阻,能减小零点漂移和抑制干扰信号,多采用差分放大电路;中间级提供足够的放大倍数,具有较大的输出电阻,多采用共射放大电路;输出级提供足够大的输出功率,具有较小的输出电阻,多采用互补对称电路;偏置电路是一个辅助环节,它为各级电路提供稳定和合适的偏置电流源,多采用各种恒流源电路。

图 2-52 集成运放组成的框图

在使用集成运算放大器时,不需要关心它的内部结构,但要明确它的引脚的用途和主要参数。常见的集成电路外形有圆壳式、直插式和扁平式等,如图 2-53 所示。其引脚号排列顺序的标记,一般有色点、凹槽、管键及封装时压出的圆形标记等。圆壳式以管键为参考标记,引脚向下,以键为起点,逆时针方向数,依次为 1 引脚、2 引脚、3 引脚……;双列直插式集成电路引脚号的识别方法是将集成块水平放置,引脚向下,从缺口或标记开始,按逆时针方向数,依次为 1 引脚、2 引脚、3 引脚……

如 μA741 的引脚排列图,如图 2-54 所示,其中 2 引脚为反相输入端,由此端输入信号,则输出信号与输入信号是反相的;3 引脚为同相输入端,由此端输入信号,则输出信号与输入信号是同相的;6 引脚为输出端;4 引脚为负电源端,接 −3 ~ −18 V 电源;7 引脚为正电源端,接 +3 ~ +18 V 电源;1 引脚和 5 引脚为外接调零电位器的两个端子,一般只需在这两个引脚上接入 10 kΩ 线绕电位器 R_p,即可调零。8 引脚为空脚。

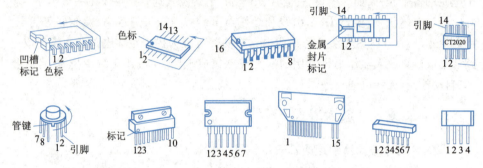

图 2-53 集成运算放大器的外形图

集成运放的图形符号如图 2-55 所示。它的输入级通常由差分放大电路组成,故一般具有两个输入端和一个输出端,两个输入端中一个为同相输入端,用" + "标示;另一个为反相输入端,用" − "标示。"∞"表示开环增益极大。

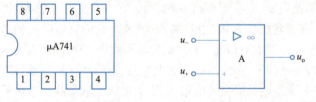

图 2-54 μA741 的引脚排列图　　图 2-55 集成运放的图形符号

2. 集成运放的两种输入信号

(1)差模输入信号 u_{Id}。差模信号是指大小相等,极性相反的信号。

(2)共模输入信号 u_{Ic}。共模信号是指大小相等,极性相同的信号。

3. 集成运放的主要性能指标

为了能够正确地选择使用集成运放,需要了解它的性能参数。几项常用参数介绍如下:

(1)开环电压放大倍数 A_{od}。A_{od} 是指集成运放在开环(无外加反馈)的情况下的差模电压放大倍数。A_{od} 是决定运算精度的重要因素,它越大越好,理想状况下希望它为无穷大。一般集成运放的 A_{od} 为 $10^4 \sim 10^7$。

(2)输入失调电压 U_{IO}。理想运放,当输入电压 $u_- = u_+ = 0$(即把两输入端同时接地),输出电压 $u_O = 0$。但实际上,当输入为零时,存在一定的输出电压,在室温(25 ℃)及标准大气压下,把这个输出电压折算到输入端就是输入失调电压 U_{IO}。U_{IO}

的大小反映了差放输入级的不对称程度,反映了温漂的大小,其值越小越好。一般集成运放的 U_{IO} 在 1~10 mV 之间。

(3) 输入失调电流 I_{IO}。理想集成运放两输入端电流应是完全相等的。但实际上,当集成运放的输出电压为零时,流入两输入端的电流不等,这两个输入端的静态电流之差 $I_{IO} = |I_{B1} - I_{B2}|$ 为输入失调电流。由于信号源内阻的存在,I_{IO} 会在输入端产生一个输入电压,破坏放大器的平衡,使输出电压产生偏差。I_{IO} 的大小反映了输入级电流参数的不对称程度。I_{IO} 越小越好。一般集成运放的 I_{IO} 为几十纳安到几百纳安。

(4) 输入偏置电流 I_{IB}。I_{IB} 是指静态时输入级两差放管基极电流的平均值,即 $I_{IB} = (I_{B1} + I_{B2})/2$。$I_{IB}$ 的大小反映了集成运放输入端的性能。因为它越小,信号源内阻变化所引起的输出电压变化也越小。而它越大的话,那么输入失调电流也越大。所以,希望输入偏置电流越小越好,一般在 100 nA~10 μA 的范围内。

(5) 差模输入电阻 R_{id}。R_{id} 是指差模信号输入时,运算放大器的开环输入电阻。理想运放的 R_{id} 为无穷大。它用来衡量集成运放向信号源索取电流的大小。一般集成运放的 R_{id} 在几千欧,好的集成运放 R_{id} 可达几十兆欧。

(6) 差模输出电阻 R_{od}。R_{od} 是指从集成运放的输出端和地之间的等效交流电阻,它的大小反映了集成运放在小信号输出时的带负载能力,一般约为几十欧到几千欧。在闭环(有负反馈)工作后,容易达到深度负反馈要求,因此实际工作输出电阻是很小的。

(7) 共模抑制比 K_{CMR}。K_{CMR} 是指开环差模电压增益与开环共模电压增益之比,一般集成运放的 K_{CMR} 在 80 dB 以上,好的集成运放可达 160 dB。

(8) 最大差模输入电压 U_{idmax}。U_{idmax} 是指在集成运放的两个输入端之间允许加入的最大差模输入电压。

(9) 最大共模输入电压 U_{icmax}。U_{icmax} 是指允许加在集成运放的两个输入端的短接点与集成运放地线之间的最大电压。如果共模成分超过一定程度,则输入级将进入非线性区工作,就会造成失真,并会使输入端晶体管反向击穿。

(10) 最大输出电压 U_{OPP}。U_{OPP} 是指集成运放在标称电源电压时,其输出端所能提供的最大不失真峰值电压,其值一般不低于电源电压 2 V。

4. 理想集成运算放大器

理想集成运算放大器可以理解为实际集成运放的理想模型,即把集成运放的各项技术指标都理想化,得到一个理想的集成运算放大器,即开环差模电压放大倍数 $A_{od} = \infty$,差模输入电阻 $R_{id} = \infty$,差模输出电阻 $R_{od} = 0$,共模抑制比 $K_{CMR} = \infty$,开环通频带 $f_{BW} = \infty$,输入失调电压和失调电流及输入失调电压温漂和输入失调电流温漂都为 0,输入偏置电流 $I_{IB} = 0$。

实际的集成运放由于受集成电路制造工艺水平的限制,各项技术指标不可能达到理想化条件,所以,将实际集成运放作为理想的集成运放分析计算是有误差的,但误差通常不大,在一般工程计算中是允许的。将集成运放视为理想的,将大大简化集成运放应用电路的分析。本书中如无特别说明,都是将集成运放作为理想运放来考虑的。

5. 集成运算放大器的两个工作区

集成运放的传输特性如图 2-56 所示。在输入信号的很小范围内，集成运放工作于线性放大区；当输入信号增大后，电路很快进入非线性区，由于是双电源对称供电，内部输出级也是对称 PNP 和 NPN 管互补工作，所以非线性区又称正、负饱和区。最大输出电压 $\pm U_{\text{OPP}}$ 受电源电压和输出管饱和压降限制。

(1) 集成运放工作在线性区的特点。当理想集成运放工作在线性区时，集成运放的输出电压和两个输入电压之间存在线性放大关系，$u_o = A_{od}(u_+ - u_-)$。其中，u_o 是集成运放的输出端电压，"u_+" 表示同相输入端电压，"u_-" 表示反相输入端电压，而 A_{od} 是开环差模电压增益。理想集成运放工作在线性区时有两个重要特点。

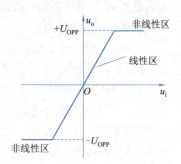

图 2-56 集成运放的传输特性

① 差模输入电压等于零。集成运放工作在线性区时，因理想集成运放的 $A_{od} = \infty$，故 $u_{Id} = u_+ - u_- = u_o/A_{od} \approx 0$，即 $u_+ \approx u_-$。集成运放的同相输入端和反相输入端的对地电压相等，看起来像是短路了一样，但实际上并未被真正短路，而是一种虚假的短路，这种现象称为"虚短"。在实际的集成运放中 $A_{od} \neq \infty$，所以同相输入端电压和反相输入端电压不可能完全相等。但如果 A_{od} 足够大时，差模输入电压，即 $u_+ - u_-$ 的值很小，与电路中其他电压相比，可忽略不计。

② 输入电流等于零。因理想集成运放的差模输入电阻 $R_{id} = \infty$，故在两个输入端均没有电流，即 $i_+ = i_- \approx 0$。此时同相输入端和反相输入端的电流都等于零，看起来像是断开了一样，但实际上并未断开，而是一种虚假的断路，这种现象称为"虚断"。

"虚短"和"虚断"是理想集成运放工作在线性区的重要结论，为分析和计算集成运放的线性应用电路提供了很大的方便。

(2) 理想集成运放工作在非线性区的特点。当集成运放的工作信号超出了线性放大范围时，输出电压不再随着输入电压线性增长，而达到饱和。集成运放工作在非线性区时，也有两个重要特点：

① 理想集成运放的输出电压 u_o 的值只有两种可能：当 $u_+ > u_-$ 时，$u_o = +U_{\text{OPP}}$；当 $u_+ < u_-$ 时，$u_o = -U_{\text{OPP}}$。即输出电压不是正向饱和电压 $+U_{\text{OPP}}$ 就是负向饱和电压 $-U_{\text{OPP}}$。在非线性区内，差模输入电压可能会很大，即 $u_+ \neq u_-$，即"虚短"现象不再存在。

② 理想集成运放的两输入端的输入电流等于零。非线性区内，虽然 $u_+ \neq u_-$，但因理想集成运放的 $R_{id} = \infty$，故仍认为输入电流为零，即 $i_+ = i_- \approx 0$。因集成运放的开环差模电压放大倍数通常很大，即使在输入端加入一个很小的电压，仍有可能使集成运放超出线性工作范围，即线性放大范围很小。为保证集成运放工作在线性区，一般需在电路中引入深度负反馈，以减小直接加在集成运放两输入端的净输入电压。

6. 集成运算放大器的选用

在实际使用集成运放时，需要根据电路的技术要求来选择集成运放。在前面集成运放的参数中,已经说明了输入失调电压 U_{IO} 的大小反映了差放输入级的不对称程度,反映了温漂的大小,其值越小越好。一般集成运放的 U_{IO} 在 1~10 mV 之间。输入失调电流 I_{IO} 的大小反映了输入级电流参数的不对称程度,I_{IO} 越小越好。一般集成运放的 I_{IO} 为几十纳安到几百纳安。输入偏置电流 I_{IB} 越小越好,一般在 100 nA~10 μA 的范围内。理想状态下希望 A_{od} 为无穷大,一般集成运放的 A_{od} 为 10^4~10^7。理想集成运放的 R_{id} 为无穷大,一般集成运放的为几十千欧。故在使用时要有所选择。如信号源内阻较大的,可选用以场效应管为输入级的集成运放;输入信号中含有较大的共模成分时,要选用共模输入电压范围和共模抑制比都比较大的集成运放;若电路的频带比较宽,则不宜选用高增益运放,要选用中增益宽带型的;对电源电压低的电路,可选用电压适应性强的运放或单电源供电等。

总之,在选用集成运算放大器时,应遵循先考虑通用型集成运放,再考虑专用型集成运放的原则。因为通用型集成运放的各项参数指标都比较均衡,而专用型集成运放虽然某一技术参数很突出,但有时其他参数难以兼顾到,如高精度型和高速型就有矛盾等。

2.5.2 集成运算放大器应用电路

信号的运算是集成运算放大器的一个重要而基本的应用。在各种运算电路中,要求输出和输入的模拟信号之间实现一定的数学运算关系,所以运算电路中的集成运放必须工作在线性区,即以"虚短"和"虚断"为基本出发点。

1. 集成运算放大器的线性应用

(1)比例运算电路。比例运算是指输出电压和输入电压之间存在比例关系。比例运算电路是最基本的运算电路,是其他各种电路的基础。按信号输入方式的不同,常用的比例运算电路有两种:反相输入比例运算电路、同相输入比例运算电路。

①反相输入比例运算电路。如图 2-57 所示,输入电压 u_i 经电阻 R_1 加到集成运放的反相输入端,同相输入端经电阻 R_2 接地,R_2 为平衡电阻,其作用是使同相输入端与反相输入端外接电阻平衡,以保证集成运放处于平衡对称状态,从而消除输入偏置电流及其温漂的影响。平衡电阻 R_2 须满足 $R_2 = R_F // R_1$。

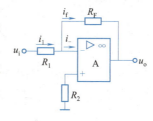

图 2-57 反相输入比例运算电路

输出电压 u_o 经 R_F 接回到反相输入端引入了负反馈。因为集成运放的开环差模电压放大倍数很高,所以容易满足深度负反馈的条件,可认为集成运放工作在线性区,即可以使用"虚短"和"虚断"来分析。

由"虚断"可知,$i_+ = i_- = 0$,即 R_2 上没有压降,则 $u_+ = 0$。又因"虚短",可得 $u_- = u_+ = 0$。说明在反相比例运算电路中,集成运放的反相输入端与同相输入端两点的电位不仅相等,而且均为零,看起来像是两点接地一样,这种现象称为"虚地"。"虚地"是反相比例运算电路的一个重要特点。由于 $i_- = 0$,所以 $i_1 = i_f$,即

$$\frac{u_i - u_-}{R_1} = \frac{u_- - u_o}{R_F}$$

因上式中的 $u_- = 0$，故可求得反相比例运算电路的电压放大倍数为

$$A_{uf} = \frac{u_o}{u_i} = -\frac{R_F}{R_1} \tag{2-38}$$

式中，负号表示反相输入比例运算电路的输出与输入反相。若取 $R_1 = R_F$，则 $u_o = -u_i$，此时图 2-57 电路就称为反相器或倒相器。由于电路通过 R_F 引入深度负反馈，A_{uf} 的大小仅与集成运放外电路的参数 R_F 与 R_1 有关，因此为了提高电路闭环增益的精度与稳定度，R_F 与 R_1 就应选取阻值稳定的电阻。通常 R_F 与 R_1 的取值为 $1\ \text{k}\Omega \sim 1\ \text{M}\Omega$，$R_F/R_1 = 0.1 \sim 100$。为减小信号源内阻 R_s 对运算精度的影响，要求 $R_1/R_s > 50$。

②同相输入比例运算电路。如图 2-58 所示，输入电压 u_i 接在同相输入端，但为了保证工作在线性区，引入的是负反馈，输出电压 u_o 通过电阻 R_F 仍接在反相输入端，同时，反相输入端通过电阻 R_1 接地。可以判断同相比例运算电路是电压串联负反馈电路。工作在线性区，使用"虚断"和"虚短"可知 $i_+ = i_- = 0$，故 $u_- = \frac{R_1}{R_1 + R_F} u_o$，且 $u_- = u_+ = u_i$，则 $u_i = \frac{R_1}{R_1 + R_F} u_o$，所以，输出电压为

$$u_o = \left(1 + \frac{R_F}{R_1}\right) u_i \tag{2-39}$$

同相输入比例运算电路的电压放大倍数为

$$A_{uf} = \frac{u_o}{u_i} = 1 + \frac{R_F}{R_1} \tag{2-40}$$

式中，正号表示同相输入比例运算电路的输出与输入同相，电压放大倍数与集成运放参数无关。当 $R_1 = \infty$（开路）或 $R_F = 0$ 时，则得 $u_o = u_i$，就组成了电压跟随器，如图 2-59 所示。

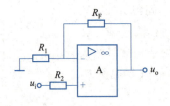 

图 2-58　同相输入比例运算电路　　图 2-59　电压跟随器

（2）加法运算电路。在测量和控制系统中，往往要将多个采样信号输入放大电路中，按一定的比例组合起来，需用到加法运算电路，又称求和电路。加法运算电路有两种接法，反相输入接法和同相输入接法。这里只介绍反相加法运算电路。

如图 2-60 所示，是有 3 个输入端的反相加法运算电路，实际使用的过程中可根据需要增减输入端的数量。为保证集成运放同相、反相两输入端的电阻平衡，同相输入端的电阻 $R' = R_1 /\!/ R_2 /\!/ R_3 /\!/ R_F$，图 2-60 中 R_1、R_2、R_3、R_F 的典型值为 $10 \sim 25\ \text{k}\Omega$。因为"虚断"，$i_- = 0$，所以 $i_f = i_1 + i_2 + i_3$。又因反相输入端"虚地"，所以

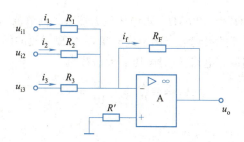

图 2-60 反相加法运算电路

$$-\frac{u_o}{R_F} = \frac{u_{i1}}{R_1} + \frac{u_{i2}}{R_2} + \frac{u_{i3}}{R_3}$$

则输出电压为

$$u_o = -\left(\frac{R_F}{R_1}u_{i1} + \frac{R_F}{R_2}u_{i2} + \frac{R_F}{R_3}u_{i3}\right) \tag{2-41}$$

由式(2-41)可以看出,电路的输出电压 u_o 是各输入电压 u_{i1}、u_{i2}、u_{i3} 按一定比例相加所得的结果,实现的是一种求和运算。如果电路中电阻的阻值满足 $R_1 = R_2 = R_3 = R$,则

$$u_o = -\frac{R_F}{R}(u_{i1} + u_{i2} + u_{i3}) \tag{2-42}$$

这种反相输入接法的优点是:在改变某一路信号的输入电阻时,改变的仅仅是输出电压与该路输入电压之间的比例关系,对其他各路没有影响,即反相求和电路便于调节某一支路的比例成分。并且因为反相输入端是"虚地"的,所以加在集成运放输入端的共模电压很小。在实际应用中这种反相输入的接法较为常用。

例 2-7 在图 2-60 中,已知:$R_1 = R_2 = R_3 = 10 \text{ k}\Omega$,$R_F = 20 \text{ k}\Omega$,$U_{i1} = 10 \text{ mV}$,$U_{i2} = 20 \text{ mV}$,$U_{i3} = 30 \text{ mV}$,试求:输出电压 U_o 为多少?

解 令 $R = R_1 = R_2 = R_3 = 10 \text{ k}\Omega$,则

$$U_o = -\frac{R_F}{R}(U_{i1} + U_{i2} + U_{i3}) = -\frac{20}{10}(10 + 20 + 30) \text{ mV} = -120 \text{ mV}$$

(3)减法运算电路。减法运算电路如图 2-61 所示。图中的两个输入电压 u_{i1}、u_{i2} 分别加在集成运放的反相输入端和同相输入端。从输出端通过反馈电阻 R_F 接回到反相输入端。电路中输入和输出的关系,同样利用集成运放的"虚断"和"虚短"特点或利用叠加原理分析求得

$$u_o = \left(1 + \frac{R_F}{R_1}\right)\frac{R_3}{R_2 + R_3}u_{i2} - \frac{R_F}{R_1}u_{i1} \tag{2-43}$$

在实际应用时,为了实现电路的直流平衡,减小运算误差,通常都取 $R_1 = R_2$,$R_3 = R_F$,则

$$u_o = \frac{R_F}{R_1}(u_{i2} - u_{i1}) \tag{2-44}$$

以上两式说明电路的输出电压和两输入电压的差值成正比,实现了减法运算。

例 2-8 图 2-62 所示电路为电压放大倍数连续可调的运算电路。已知 $R_F =$

$20\ \text{k}\Omega$,$R_1 = R_2 = 10\ \text{k}\Omega$,$R_P = 20\ \text{k}\Omega$。求电压放大倍数的调节范围。

解 当滑动变阻器的滑动触点调至最上端时,集成运放的同相输入端接地,电路成为单一的反相比例运算电路,这时电压放大倍数为

$$A_{uf} = -\frac{R_F}{R_1} = -\frac{20}{10} = -2$$

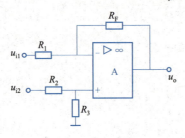
图 2-61 减法运算电路

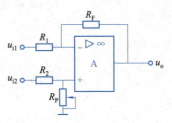
图 2-62 例 2-8 图

当滑动变阻器的滑动触点调至最下端时,这时电路成为减法运算电路,此时的电压放大倍数为

$$A_{uf} = \frac{u_o}{u_{i2} - u_{i1}} = \frac{R_F}{R_1} = \frac{20}{10} = 2$$

因此,电压放大倍数的调节范围为 $-2 \sim 2$。

(4)积分运算电路。图 2-63 所示为积分运算电路。图中,根据"虚地"的概念,$u_- \approx 0$,$i_R = u_i/R$。假设电容 C 的初始电压为零,那么

$$i_C = C\frac{du_C}{dt} = -C\frac{du_o}{dt}$$

由"虚断"的概念可得 $i_- \approx 0$,所以 $i_R \approx i_C$,则

$$\frac{u_i}{R} = -C\frac{du_o}{dt}$$

所以

$$u_o = -\frac{1}{RC}\int u_i dt \tag{2-45}$$

式(2-45)表明,输出电压为输入电压对时间的积分,且相位相反。

(5)微分运算电路。微分运算是积分运算的逆运算,即输出电压与输入电压成微分关系。将积分运算电路中的 R 和 C 的位置互换,即可组成基本微分运算电路,如图 2-64 所示。由于"虚断",流入集成运放的反相输入端的电流 $i_- \approx 0$,则 $i_C = i_R$。因反相输入端"虚地",故可得

积分运算电路

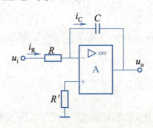
图 2-63 积分运算电路

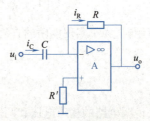
图 2-64 微分运算电路

$$u_o = -i_R R = -i_C R = -RC\frac{du_C}{dt} = -RC\frac{du_i}{dt} \qquad (2-46)$$

式(2-46)表明,输出电压为输入电压对时间的微分,且相位相反。

2. 集成运算放大器的非线性应用

集成运放工作在非线性区可构成各种电压比较器和矩形波发生器等,这里仅介绍电压比较器。电压比较器是一种常见的模拟信号处理电路,它的功能主要是对送到集成运放输入端的两个信号(模拟输入信号和基准电压信号)进行比较,并在输出端以高低电平的形式给出比较的结果。

电压比较器基本电路如图2-65(a)所示。集成运放处于开环状态,工作在非线性区,输入信号u_i加在反相输入端,参考电压U_{REF}接在同相输入端。

当$u_i > U_{REF}$时,即$u_- > u_+$时,$u_o = -U_{OPP}$;当$u_i < U_{REF}$时,即$u_- < u_+$时,$u_o = +U_{OPP}$。传输特性如图2-65(b)所示。

如果输入电压过零时(即$U_{REF} = 0$),输出电压发生跳变,就称为过零电压比较器。利用过零电压比较器可将正弦波转化为方波。图2-66所示为反相输入过零比较器的输入、输出波形。

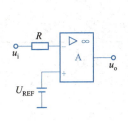
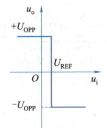

(a)电压比较器基本电路　　(b)电压比较器的传输特性

图2-65　单门限电压比较器

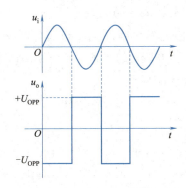

图2-66　反相输入过零比较器的输入、输出波形

实验与技能训练——集成运放应用电路的组装与测试

下列各实验电路图中的集成运算放大器选用μA741,其他元件参数如各图所标注。

1. 反相比例运算电路的组装与测试

按图2-67组装反相比例运算电路。为了减小输入级偏置电流引起的运算误差,在同相输入端应接入平衡电阻 $R_2 = R_1 /\!/ R_F$。接通 ±12 V 电源,输入端对地短路,进行调零和消振。输入 $f = 100$ Hz,$U_i = 0.5$ V 的正弦交流信号,测量相应的 u_o,并用示波器观察 u_o 和 u_i 的相位关系,填入表2-13中。

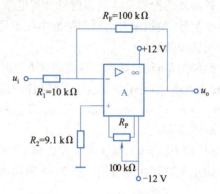

图2-67 反相比例运算电路

表2-13 反相比例运算电路的测量

U_i/V	U_o/V	u_i波形	u_o波形	A_u 实测值	A_u 计算值

2. 同相比例运算电路的组装与测试

按图2-68组装同相比例运算电路,接通 ±12 V 电源,输入端对地短路,进行调零和消振。输入 $f = 100$ Hz,$U_i = 0.5$ V 的正弦交流信号,测量相应的 u_o,并用示波器观察 u_o 和 u_i 的相位关系,填入表2-14中。

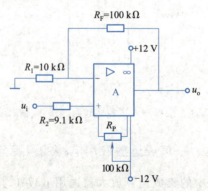

图2-68 同相比例运算电路

表2-14　同相比例运算电路的测量

U_i/V	U_o/V	u_i波形	u_o波形	A_u 实测值	A_u 计算值

3. 反相加法运算电路的组装与测试

按图 2-69 组装反相加法运算电路,接通 ±12 V 电源,输入端对地短路,进行调零和消振。分别输入表 2-15 中的输入信号,测量相应的 U_o,填入表 2-15 中。

表2-15　反相加法运算电路的测量

U_{i1}/V	0.5	0.4	0.2
U_{i2}/V	−0.3	−0.5	0.4
U_o/V			

4. 电压比较器的测量

按图 2-70 组装电压比较器电路,接通 ±12 V 电源。测量 u_i 悬空时的 U_o 值。u_i 输入 500 Hz、幅值为 2 V 的正弦信号,观察 u_i、u_o 的波形并记录。改变 u_i 幅值,测量传输特性曲线。

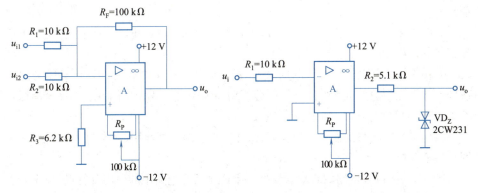

图 2-69　反相加法运算电路　　　图 2-70　电压比较器电路

5. 注意事项

(1) 实验前一定要看清集成运算放大器各引脚的位置;切不可正、负电源极性接反或输出端短路,否则将会损坏集成运算放大器。

(2) 接好电路后,要仔细检查是否有误。电路无误后首先要接通 ±12 V 电源,输入端对地短路,进行调零和消振。

思考题

(1) 集成运放符号框内各符号的含义是什么？

(2) 集成运放 A_{od}、R_{id}、R_{od}、K_{CMR} 的物理意义是什么？

(3) 集成运放构成的基本运算电路主要有哪些？这些电路中集成运放应工作在什么状态？

(4) 试比较反相、同相比例运算电路的结构和特点。

2.6 功率放大电路

放大电路的输出级是带一定的负载的，为使负载能正常工作，输出级就必须输出足够大的功率，即输出级不但要输出足够高的电压，同时还要提供足够大的电流。这种用来放大功率的放大电路称为功率放大电路。功率放大电路与电压放大电路没有本质的区别，它们都是利用放大器件的控制作用，把直流电源供给的功率按输入信号的变化规律转换给负载，只是功率放大电路的主要任务是使负载得到尽可能大的不失真信号的功率。

2.6.1 互补对称式功率放大电路

1. 功率放大电路的特点和基本要求

(1) 功率放大电路的特点。功率放大电路在作为放大电路的输出级时，具有如下特点：

① 由于功率放大电路要向负载提供一定的功率，因而输出信号的电压和电流幅值都较大。

② 由于输出信号幅值较大，使三极管工作在饱和区与截止区的边沿，因此输出信号存在一定程度的失真。

③ 功率放大器在输出功率的同时，三极管消耗的能量亦较大，因此，必须考虑转换效率和管耗问题。电路性能指标以分析功率为主，包括输出功率 P_o、三极管消耗功率 P_{VT}、电源提供功率 P_{DC} 和效率 η，以及三极管型号的选择等。

④ 功率放大电路的输入信号较大，微变等效电路不再适用，功率放大电路必须用图解法来分析。

(2) 对功率放大电路的要求。根据功率放大器在电路中的作用及特点，首先要求它输出功率大、非线性失真小、效率高。其次，由于三极管工作在大信号状态，要求它的极限参数 I_{CM}、P_{CM}、$U_{(BR)CEO}$ 等应满足电路正常工作并留有一定余量，同时还要考虑三极管有良好的散热功能，以降低结温，确保三极管安全工作。

(3) 功率放大电路的类型。功率放大电路按电路中功率三极管的静态工作点所处的位置不同，可分为甲类功放、乙类功放和甲乙类功放 3 种类型。

甲类功率放大电路的工作点设置在放大区的中间，这种电路的优点是在输入信号的整个周期内三极管都处于导通状态，输出信号失真较小（前面讨论的电压放大器都工作在这种状态),缺点是三极管有较大的静态电流 I_{CQ},这时管耗 P_{VT} 大,电路能量转换效率低。

乙类功率放大电路的工作点设置在截止区,这时,由于三极管的静态电流 $I_C = 0$,所以能量转换效率高,它的缺点是只能对半个周期的输入信号进行放大,非线性失真大。

甲乙类功率放大电路的工作点设在放大区但接近截止区,即三极管处于微导通状态,这样可以有效克服乙类放大电路的失真问题,且能量转换效率也较高,目前使用较广泛。

2. 互补对称式功率放大电路

(1)基本电路及工作原理。由于 PNP 型管和 NPN 型管在导电特性上完全相反,因此,可利用它们各自的特点,使 NPN 型管担任正半周的放大、PNP 型管担任负半周的放大,组成如图 2-71 所示的互补对称式功率放大电路。

图 2-71 所示是乙类双电源互补对称式功率放大电路,又称无输出电容的功率放大电路,简称 OCL(Output Capacitor Less) 功率放大电路。图中 VT_1 为 NPN 功率管,VT_2 为 PNP 功率管,要求两管特性参数一致。两管的基极相连,作为输入端;两管的发射极相连,作为输出端;两管的集电极分别接正、负电源,从电路上看,每个管子都组成共集放大电路,即射极跟随器。

①静态分析。由于电路无偏置电压,故两管的静态参数 I_B、I_C、U_{BE} 均为零,即管子工作在截止区,电路属于乙类工作状态。发射极电位为零,负载上无电流。

②动态分析。设输入信号为正弦电压 u_i,如图 2-71 所示。在正半周时,VT_1 的发射结正偏导通,VT_2 发射结反偏截止。信号从 VT_1 的发射极输出,在负载 R_L 上获得正半周信号电压 $u_o \approx u_i$,在 u_i 的负半周,VT_1 发射结截止,VT_2 发射结导通,信号从 VT_2 的发射极输出,在负载 R_L 上获得负半周信号电压 $u_o \approx u_i$。如果忽略三极管的饱和压降及开启电压,在负载 R_L 上获得了几乎完整的正弦波信号 u_o。这种电路的结构对称,且两管在信号的两个半周内轮流导通,它们交替工作,一个"推",一个"挽",互相补充,故称为互补对称推挽电路。

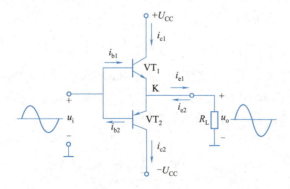

图 2-71 乙类双电源互补对称式功率放大电路

(2)功率和效率的估算。以下分析均以输入信号为正弦波,且忽略电路的失真。

① 输出功率 P_o。在输入正弦信号用下，忽略电路失真时，在输出端获得的电压和电流均为正弦信号，由功率定义可求得最大输出功率为

$$P_{omax} \approx \frac{1}{2} \frac{U_{CC}^2}{R_L} \tag{2-47}$$

② 直流电源提供的功率 P_{DC}。输出功率最大时，电源提供的功率也最大，直流电源提供的最大输出功率为

$$P_{DCmax} \approx \frac{2}{\pi} \frac{U_{CC}^2}{R_L} \approx 1.27 P_{omax} \tag{2-48}$$

③ 效率。输出功率与电源提供的功率之比称为电路的效率。在理想情况下，电路的最大效率为

$$\eta_{max} = \frac{P_{omax}}{P_{DCmax}} \times 100\% = \frac{\pi}{4} \times 100\% \approx 78.5\% \tag{2-49}$$

④ 管耗 P_{VT}。三极管消耗的最大功率为

$$P_{VTmax} = \frac{2U_{CC}^2}{\pi^2 R_L} = \frac{4}{\pi^2} P_{omax} \approx 0.4 P_{omax}$$

每个三极管的最大功耗为

$$P_{VT1max} = P_{VT2max} = \frac{1}{2} P_{VTmax} \approx 0.2 P_{omax} \tag{2-50}$$

注意：管耗最大时，电路的效率并不是 78.5%，读者可自行分析效率最高时的管耗。

⑤ 功率管的选择。功率管的极限参数有 P_{CM}、I_{CM} 和 $U_{(BR)CEO}$，在选择功率管时，应满足下列条件：

功率管集电极的最大允许功耗应大于单管的最大功耗，即

$$P_{CM} \geq \frac{1}{2} P_{VTmax} = 0.2 P_{om} \tag{2-51}$$

功率管的最大耐压为

$$U_{(BR)CEO} \geq 2U_{CC} \tag{2-52}$$

这是由于一只功率管饱和导通时，另一只功率管承受的最大反向电压约为 $2U_{CC}$。

功率管的最大集电极电流为

$$I_{CM} \geq \frac{U_{CC}}{R_L} \tag{2-53}$$

例 2-9 在图 2-71 所示的乙类双电源互补对称功率放大电路中，已知：$\pm U_{CC} = \pm 20$ V，$R_L = 8$ Ω，设输入信号为正弦波。试求：最大输出功率；电源供给的最大功率和最大输出功率时的效率；每个三极管的最大管耗。

解 最大输出功率为

$$P_{omax} \approx \frac{1}{2} \frac{U_{CC}^2}{R_L} = \frac{1}{2} \times \frac{20^2}{8} W = 25 \text{ W}$$

电源供给的最大功率和最大输出功率时的效率为

$$P_{DCmax} \approx \frac{2}{\pi} \frac{U_{CC}^2}{R_L} = \frac{2}{\pi} \times \frac{20^2}{8} W = 31.85 \text{ W}$$

$$\eta_{max} = \frac{P_{omax}}{P_{DCmax}} \times 100\% = \frac{25}{31.85} \times 100\% \approx 78.5\%$$

每个三极管的最大管耗为

$$P_{VT1max} = P_{VT2max} = 0.2 P_{omax} = 0.2 \times 25 \text{ W} = 5 \text{ W}$$

(3) 交越失真及其消除方法。在乙类互补对称功率放大电路中,因没有设置偏置电压,静态时 U_{BE} 和 I_C 均为零。由于三极管存在死区电压,对硅管而言,在信号电压 $|u_i| < 0.5$ V 时,三极管不导通,输出电压 u_o 仍为零,因此在信号过零附近的正负半波交接处无输出信号,出现了失真,该失真称为交越失真,如图 2-72 所示。

为了在 $|u_i| < 0.5$ V 时仍有输出信号,从而消除交越失真,必须设置基极偏置电压,如图 2-73 所示。图中,在两个三极管的基极之间,接入电阻 R_2 和两个二极管 VD_1、VD_2,这样在两个三极管的基极之间产生一个偏压,使得当 $u_i = 0$ 时,VT_1、VT_2 已微导通,两个三极管的基极存在一个较小的基极电流,因而在两三极管的集电极回路也各有一个较小的集电极电流,使之工作在甲乙类状态。但静态时负载电流为 $I_{C1} - I_{C2} = 0$。当加上 u_i 时,在正半周,i_{C1} 逐渐增大,i_{C2} 逐渐减小,然后 VT_2 截止。在负半周则相反,i_{C2} 逐渐增大,i_{C1} 逐渐减小,然后 VT_1 截止。两管轮流导电的交替过程比较平滑,最终得到的输出波形更接近于理想的正弦波,从而克服了交越失真。

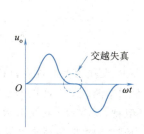
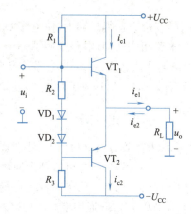

图 2-72 交越失真波形　　图 2-73 甲乙类互补对称功率放大电路

3. 单电源互补对称功率放大电路

双电源互补对称功率放大电路由于静态时输出端电位为零,负载可以直接连接,不需要耦合电容,因而它具有低频响应好、输出功率大、便于集成等优点,但需要双电源供电,使用起来有时会感到不便,如果采用单电源供电,只需在两管发射极与负载之间接入一个大容量电容 C_2 即可。这种电路通常又称无输出变压器的电路,简称 OTL(Output Transformer Less)电路,如图 2-74(a)所示。

在图 2-74(a)所示电路中,VT_1 构成前置放大级,工作在甲类放大状态。VT_2 和 VT_3 两管的射极通过一个大电容 C_2 接负载 R_L,二极管 VD_1、VD_2 及电阻 R 用来消除交越失真,向 VT_2、VT_3 提供偏置电压,使其工作在甲乙类状态。静态时,调整电路使 VT_2、VT_3 的发射极节点电压为电源电压一半,即 $U_{CC}/2$,则电容 C_2 两端直流电压为

$U_{CC}/2$。当输入信号时,由于 C_2 上的电压维持在 $U_{CC}/2$ 不变,可视为恒压源。这使得 VT_2 和 VT_3 的集电极-射极回路的等效电源都是 $U_{CC}/2$,其等效电路如图 2-74(b)所示。由图 2-74(b)可以看出,OTL 功放的工作原理与 OCL 功放的相同。用 $U_{CC}/2$ 取代 OCL 功放有关公式中的 U_{CC},就可以估算 OTL 功放的各项指标了。

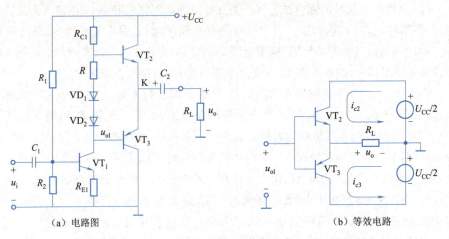

图 2-74 典型 OTL 甲乙类互补对称功率放大电路

电容 C_2 的容量应选得足够大,使电容 C_2 的充、放电时间常数远大于信号周期。

与 OCL 电路相比,OTL 电路少用了一个电源,但由于输出端的耦合电容容量大,则电容内铝箔卷绕圈数多,呈现的电感效应大,它对不同频率的信号会产生不同的相移,输出信号有附加失真,这是 OTL 电路的缺点。

2.6.2 集成功率放大器

集成功率放大器具有输出功率大、外围连接元件少、使用方便等优点,目前使用越来越广泛。它的品种很多,通常可以分为通用型和专用型两大类。通用型是指可以用于多种场合的电路,专用型指用于某种特定场合(如电视、音响专用功率放大集成电路等)的电路。本节以 LM386 通用型集成功率放大器为例介绍集成功率放大器的使用。

1. 集成功率放大器 LM386 的简介

LM386 是一种通用型集成功率放大器。它的主要特点是频带宽,典型值可达 300 kHz,低功耗,额定输出功率为 660 mW。电源电压适用范围为 4~12 V,可以用于收音机、对讲机、方波发生器、光控继电器等。

LM386 的引脚排列图如图 2-75 所示,封装形式为双列直插式。电路由单电源供电,为 OTL 电路。引脚排列图中,2 引脚为反相输入端,3 引脚为同相输入端,5 引脚为输出端,6 引脚接电源 +U_{CC},4 引脚接地,7 引脚和地之间接一个旁路电解电容组成直流电源去耦滤波电路,1 引脚和 8 引脚之间外接一只电阻和电容,便可调节电压放大倍数。其中,1 引脚和 8 引脚之间开路

图 2-75 LM386 的引脚排列图

时,负反馈量最大,电压放大倍数最小,电压放大倍数为内置值 20;若 1 引脚和 8 引脚之间接一个 10 μF 的电容,则电压放大倍数可达 200。

2. 用 LM386 构成的 OTL 功放电路

用 LM386 构成的 OTL 功放电路,如图 2-76 所示,是 LM386 集成功率放大器的典型应用电路。若 $R = 1.2$ kΩ,$C_3 = 10$ μF,电压放大倍数为 50;使用时,可通过改变 R 的大小来调节电压放大倍数的大小。

因为 LM386 为 OTL 电路,所以需要在 LM386 的输出端接一个大电容,图中外接一个 220 μF 的耦合电容 C_1。R_1、C_2 组成容性负载,以抵消扬声器音圈电感的部分感性,防止信号突变时,音圈的反电动势击穿输出管,在小功率输出时 R_1、C_2 也可不接。C_4 与内部电阻 R_2 组成电源去耦滤波电路。若电路的输出功率不大、电源的稳定性又好,则只需在输出端 5 引脚外接一个耦合电容和在 1 引脚和 8 引脚之间外接电压增益调节电路就可使用。

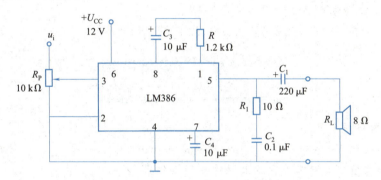

图 2-76 LM386 构成的 OTL 功放电路

实验与技能训练——集成功率放大器应用电路的组装与测试

(1) 按图 2-76 组装集成功率放大器 LM386 的应用电路。

(2) 接入 $u_i = 0.1$ V、$f = 1$ kHz 的正弦波信号。

(3) 不接电阻 R 和电容 C_3,即 1 引脚和 8 引脚之间开路,将信号发生器的输出调到 1 kHz,输出幅度调到最小,接入 u_i。用示波器观察输出电压的波形。逐渐调大信号发生器的输出幅度,直至示波器上观察到峰-峰值为 4 V 左右的信号。测量输入信号的峰-峰值,计算电压放大倍数和输出功率。将数值填入表 2-16 中。

表 2-16 集成功率放大器应用电路的测试

1 引脚和 8 引脚之间开路			1 引脚和 8 引脚之间接 $C_3 = 10$ μF			1 引脚和 8 引脚之间接 $R = 1.2$ kΩ,$C_3 = 10$ μF		
U_{iPP}	A_u	P_o	U_{iPP}	A_u	P_o	U_{iPP}	A_u	P_o

注:$P_o \approx \dfrac{1}{2}\dfrac{U_{om}^2}{R_L}$。

(4) 在 1 引脚和 8 引脚之间接入 $C_3 = 10\ \mu F$ 的电容,重复步骤(3),测量输入信号的峰-峰值,计算电压放大倍数和输出功率。将数值填入表 2-16 中。

(5) 在 1 引脚和 8 引脚之间接入 $R = 1.2\ k\Omega$,$C_3 = 10\ \mu F$,重复步骤(3),测量输入信号的峰-峰值,计算电压放大倍数和输出功率。将数值填入表 2-16 中。

(6) 输入信号用 MP3 代替,听一听喇叭中的音乐效果,再调节电位器 R_P,听一听喇叭中的音乐效果。

思考题

(1) 对功率放大器和电压放大器的要求有何不同?
(2) 在 OCL 电路中,R_L 上信号波形是怎样得到的?为什么说这种电路的效率较高?
(3) 交越失真是怎样产生的?如何消除?
(4) OTL 电路和 OCL 电路各有什么优缺点?
(5) 如何进行 OTL 电路的输出功率、效率、管耗的计算?

习 题

一、填空题

1. 双极型三极管是一种_____控制器件,场效应管是一种_____控制器件。

2. 双极型三极管工作在放大区的外部条件是:发射结_____偏置,集电结_____偏置。三极管的输出特性曲线可分为 3 个区,即_____区、_____区和_____区。三极管在放大区的特点是:当基极电流固定时,其_____电流基本不变,体现了三极管的_____特性。

3. 工作在放大区的三极管,对 NPN 型管有电位关系 V_C_____V_B_____V_E;而对 PNP 型管的电位关系是 V_C_____V_B_____V_E。

4. 温度升高时,三极管的 β_____,I_{CEO}_____,U_{BE}_____。三极管的输入特性曲线将_____,而输出特性曲线之间的间隔将_____。

5. 场效应管的参数_____反映了场效应管的栅源电压对漏极电流的控制及放大作用。场效应管与三极管相比,其特点是输入电阻比较_____,热稳定性比较_____。

6. 放大电路的实质是实现_____的控制和转换作用。

7. 由于放大电路的静态工作点不合适而引起的失真包含_____和_____两种。

8. 多级放大电路中常见的耦合方式有:_____耦合、_____耦合、_____耦合等。

9. 放大电路无反馈称为_____工作状态;放大电路有反馈称为_____工作状态。

10. 所谓负反馈,是指加入反馈后,净输入信号_____,输出幅度下降。而正反馈则是指加入反馈后,净输入信号_____,输出幅度增加。

11. 电压串联负反馈可以稳定_____,使输出电阻_____,输入电阻_____,电路的带负载能力_____。

12. 电流串联负反馈可以稳定_____,使输出电阻_____。

13. 电路中引入直流负反馈,可以_____静态工作点;引入_____负反馈可以改善放大电路的动态性能。

14. 交流负反馈的引入可以_____放大倍数的稳定性,_____非线性失真,_____频带等。

15. 放大电路中若要提高电路的输入电阻,应该引入_____负反馈;若要减小输入电阻,应该引入_____负反馈;若要增大输出电阻,应该引入_____负反馈。

16. 理想集成运放的 A_{od} = _____,R_{id} = _____,R_{od} = _____,K_{CMR} = _____。

17. 电压比较器通常工作在_____状态或_____状态。

18. 已知某集成运放的开环增益为 80 dB,最大输出电压 ± U_{OM} = ± 10 V,输入信号加在反相输入端,同相输入接地。设 u_i = 0 时,u_o = 0,则当 U_i = 0.5 mV 时,U_o = _____;U_i = -1 mV 时,U_o = _____;U_i = 1.5 mV 时,U_o = _____。

19. 乙类推挽功率放大电路的理想效率可达_____;但这种电路存在_____失真,为了消除这种失真,应当使电路工作于_____类状态。

20. 由于在功放电路中功率管常常处于极限工作状态,因此,在选择功率管时要特别注意_____、_____和_____。

二、选择题

1. 测得电路中一个 NPN 型三极管的 3 个电极电位分别为 V_C = 6 V,V_B = 3 V,V_E = 2.3 V,则可判定该三极管工作在( )。
　　A. 截止区　　　　B. 饱和区　　　　C. 放大区

2. 场效应管是利用外加电压产生的( )来控制漏极电流的大小的。
　　A. 电流　　　　B. 电场　　　　C. 电压

3. N 沟道耗尽型 MOS 管的夹断电压 $U_{GS(off)}$ 为( )。
　　A. 正值　　　　B. 负值　　　　C. 零

4. 影响放大电路的静态工作点,使工作点不稳定的原因主要是温度的变化影响了放大电路中的( )。
　　A. 电阻　　　　B. 三极管　　　　C. 电容

5. 对于分压式偏置共射放大电路:① R_B = R_{B1} // R_{B2} 减小时,输入电阻 R_i( );② R_C 增大时,输出电阻 R_o( );③ 负载电阻 R_L 增大时,电压放大倍数 A_u( ),输出电阻 R_o( );④ 射极电阻 R_E 增大时,电压放大倍数 A_u( );⑤ 射极电容 C_E 开路时,电压放大倍数 A_u( )。
　　A. 增大　　　　B. 减小　　　　C. 不变

6. 当负载发生变化时,欲使输出电流稳定,且提高输入电阻,应引入( )。
　　A. 电压串联负反馈　　B. 电流串联负反馈　　C. 电流并联负反馈

7. 放大电路引入交流负反馈可以减小( )。
   A. 环路内的非线性失真
   B. 环路外的非线性失真
   C. 输入信号的失真

8. 当集成运放工作在线性区时,可运用( )和( )分析各种运算电路。
   A. 虚短　　　　　　B. 虚地　　　　　　C. 虚断

9. 电压比较器的主要功能是( )。
   A. 放大信号
   B. 对输入信号进行鉴别比较
   C. 输出电压的数值

10. 功率放大电路的最大输出功率是在输入电压为正弦波时,输出基本不失真情况下,负载上可能获得的最大( )。
    A. 交流功率　　　　B. 直流功率　　　　C. 平均功率

三、判断题

1. 有一只三极管接在电路中,测得它的3个引脚的电位分别为 -9 V、-6 V、-6.2 V,说明这个三极管是PNP型管。　　　　　　　　　　　　　　　　　　( )
2. 放大电路中的输出信号与输入信号的波形总是反相关系。　　　　　( )
3. 分压式偏置共射放大电路是一种能够稳定静态工作点的放大器。　　( )
4. 设置放大电路静态工作点的目的是让交流信号叠加在直流量上全部通过放大器。　　　　　　　　　　　　　　　　　　　　　　　　　　　　　　( )
5. 微变等效电路不能进行放大电路的静态分析,也不能用于功放电路分析。( )
6. 电路中引入负反馈后,只能减小非线性失真,而不能消除失真。　　　( )
7. 放大电路中的负反馈,对于在反馈环内产生的干扰、噪声和失真有抑制作用,但对输入信号中含有的干扰信号等没有抑制能力。　　　　　　　　　　　( )
8. 在负反馈放大电路中,放大电路的开环放大倍数越大,闭环放大倍数就越稳定。　　　　　　　　　　　　　　　　　　　　　　　　　　　　　　( )
9. 采用适当的静态起始电压,可达到消除功放电路中交越失真的目的。　( )
10. 在运算电路中,集成运放的反相输入端均为"虚地"。　　　　　　　( )
11. 凡是由集成运算放大器构成的电路都可利用"虚短"和"虚断"的概念求解运算关系。　　　　　　　　　　　　　　　　　　　　　　　　　　　　( )
12. 集成运放在开环状态下,输出与输入之间存在线性关系。　　　　　( )
13. 一般情况下,在电压比较器中,集成运放不是工作在开环状态,就是仅仅引入正反馈。　　　　　　　　　　　　　　　　　　　　　　　　　　　　( )
14. 功率放大电路的主要任务是向负载提供足够大的不失真功率信号。　( )
15. 功率放大电路只放大功率,电压放大电路只放大电压。　　　　　　( )

四、分析与计算题

1. 某三极管的1引脚流出的电流为2.04 mA,2引脚流进的电流为2 mA,3引脚流进的电流为0.04 mA,试判断各引脚名称和管型。

2. 分别测得两个放大电路中三极管的各极电位如图 2-77 所示,判断:(1)三极管的引脚,并在各电极上注明 E、B、C;(2)判断是 PNP 型管还是 NPN 型管,是硅管还是锗管。

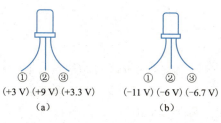

图 2-77

3. 根据图 2-78 所示的各三极管的各极电位,分析各管:(1)是锗管还是硅管?(2)是 NPN 型管还是 PNP 型管?(3)是处于放大、截止或饱和状态中哪一种状态?或者有故障(某个 PN 结短路或开路)。

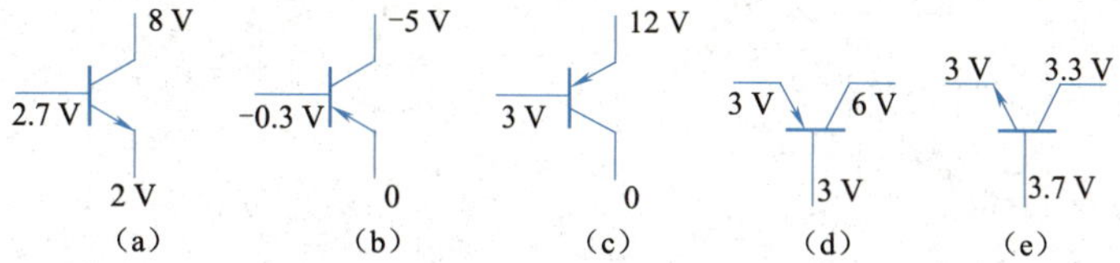

图 2-78

4. 判断图 2-79 所示电路中,能否对交流信号电压实现正常放大?若不能,请说明原因。

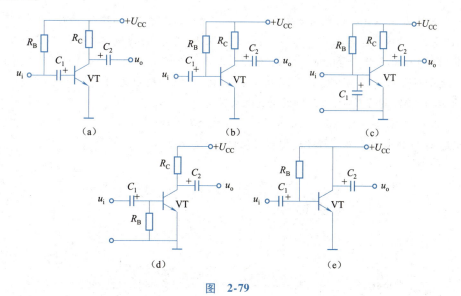

图 2-79

5. 做单管共射放大电路实验时,测得放大电路输出端电压波形出现如图 2-80 所示的情况,请说明是什么现象?产生的原因是什么?如何调整?

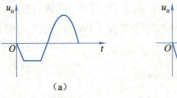 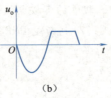 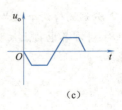

图 2-80

6. 如图 2-81 所示的固定偏置放大电路,调整电位器来改变 R_B 的阻值就能调整放大电路的静态工作点。取 $U_{BE}=0$ V,试估算:(1)如果要求 $I_C=2$ mA,R_B 值应为多大?(2)如果要求 $U_{CE}=4.5$ V,R_B 值又应多大?

7. 放大电路及元件参数如图 2-82 所示,三极管选用 3DG100,其 $\beta=45$。(1)求放大电路的静态工作点;(2)画出放大电路的微变等效电路;(3)分别计算 R_L 断开和 $R_L=5.1$ kΩ 时的电压放大倍数 A_u;(4)如果信号源的内阻 $R_s=500$ Ω,负载电阻 $R_L=5.1$ kΩ,求信号源电压放大倍数 A_{us}。

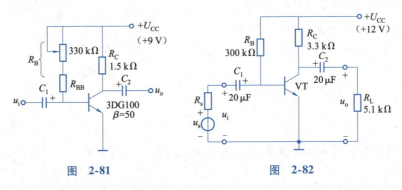

图 2-81　　　　　　　　图 2-82

8. 分压式偏置稳压电路如图 2-83 所示,已知:三极管为 3DG100,其 $\beta=40$,$U_{BE}=0.7$ V。(1)估算静态工作点 I_C 和 U_{CE};(2)如果 R_{B2} 开路,此时电路工作状态有什么变化?(3)如果换用 $\beta=80$ 的三极管,对静态工作点有什么影响?(4)画出放大电路的微变等效电路;(5)估算空载电压放大倍数、输入电阻、输出电阻;(6)当在输出端接上 $R_L=2$ kΩ 的负载时,求此时的电压放大倍数。

9. 放大电路如图 2-84 所示,已知:三极管的 $U_{BE}=0.7$ V,$\beta=100$。(1)求静态工作点;(2)画出微变等效电路;(3)求电路的 A_u、R_i、R_o。

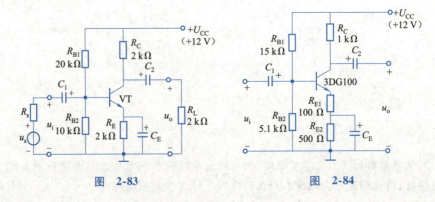

图 2-83　　　　　　　　图 2-84

10. 某放大电路不带负载时,测得其输出端开路电压 U'_o = 1.5 V,而带上负载 R_L = 5.1 kΩ 时,测得输出电压 U_o = 1 V,问该放大电路的输出电阻 R_o 为多少?

11. 射极输出器电路如图 2-85 所示,三极管的 β = 100、r_{be} = 1.2 kΩ,信号源 U_s = 200 mV,R_s = 1 kΩ,其他参数如图 2-84 所示。(1)求静态工作点;(2)画出放大电路的微变等效电路;(3)求电路的 A_u、R_i、R_o。

12. 射极输出器电路如图 2-86 所示,已知三极管的 β = 100,r_{be} = 1 kΩ,试求其输入电阻。

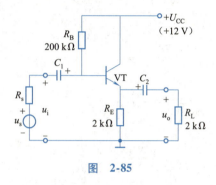

图 2-85

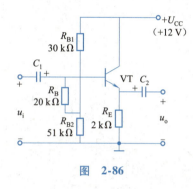

图 2-86

13. 如图 2-87 所示电路,已知 R_{G1} = 300 kΩ,R_{G2} = 100 kΩ,R_G = 2 MΩ,R_D = 10 kΩ,g_m = 3 mA/V,求 A_u、R_i、R_o。

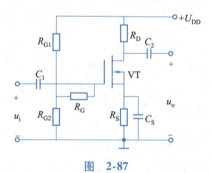

图 2-87

14. 如图 2-88 所示电路,已知 R_{G1} = 300 kΩ,R_{G2} = 100 kΩ,R_G = 2 MΩ,R_{S1} = 2 kΩ,R_{S2} = 10 kΩ,R_D = 10 kΩ,g_m = 1 mA/V,试画出微变等效电路,求 A_u、R_i、R_o。

15. 图 2-89 所示电路为场效应管源极输出器,已知 R_{G1} = 2 MΩ,R_{G2} = 470 kΩ,R_G = 1 MΩ,R_S = 10 kΩ,g_m = 1 mA/V,试画出微变等效电路,并求 A_u、R_i、R_o。

16. 两级阻容耦合放大电路如图 2-90 所示,$\beta_1 = \beta_2$ = 50,$U_{BE1} = U_{BE2}$ = 0.6 V,其他参数如图 2-90 中标注。(1)求各级的静态工作点;(2)画出放大电路的微变等效电路;(3)求电路的总电压放大倍数 A_u、输入电阻 R_i、输出电阻 R_o。

17. 判断图 2-91 所示各电路中的反馈类型。

18. 如图 2-92 所示电路,已知 R_1 = 10 kΩ,R_F = 30 kΩ。试求:电压放大倍数和输入电阻。

19. 如图 2-93 所示电路,已知 U_i = 0.1 V,R_1 = 10 kΩ,R_F = 390 kΩ。试求:输出电压为多少?

电子技术及实践

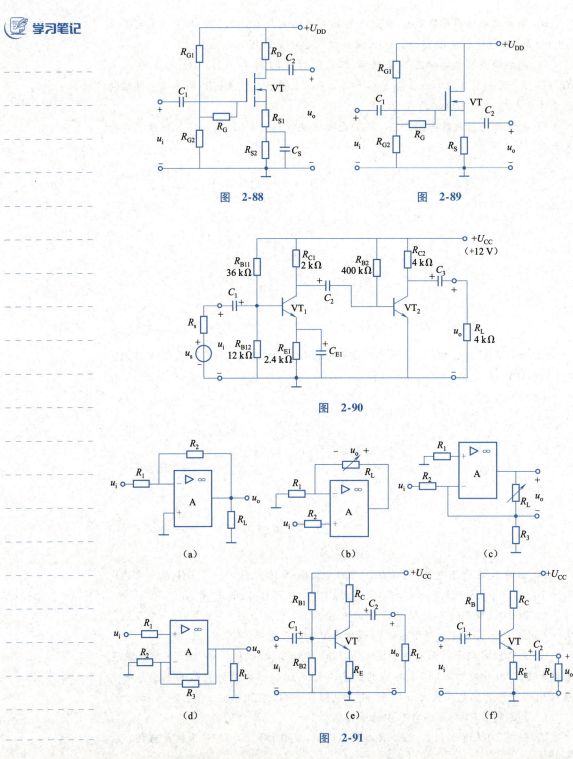

图 2-88　　　　图 2-89

图 2-90

图 2-91

20. 如图 2-94 所示电路,已知 $R_1 = R_2 = 2 \text{ k}\Omega$, $R_3 = 18 \text{ k}\Omega$, $R_F = 10 \text{ k}\Omega$, $U_i = 1 \text{ V}$。试求:U_o 的值。

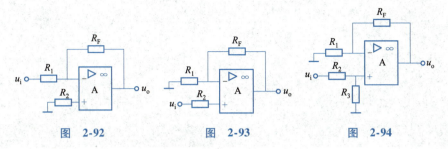

图 2-92　　　　　图 2-93　　　　　图 2-94

21. 在图 2-95 所示电路中,已知 $R_1 = R_2 = R_3 = 20$ kΩ,$R_F = 40$ kΩ,$U_{i1} = 20$ mV,$U_{i2} = 40$ mV,$U_{i3} = 60$ mV。试求:输出电压 U_o 为多少?

22. 在图 2-96 所示电路中,已知 $R_1 = R_2 = 18$ kΩ,$R_3 = R_F = 36$ kΩ,$U_{i1} = 30$ mV,$U_{i2} = 16$ mV。试求:输出电压 u_o 和电压放大倍数 A_u。

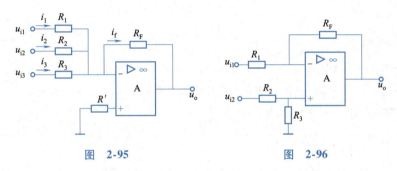

图 2-95　　　　　　　　图 2-96

23. 写出图 2-97 所示电路的输出电压和输入电压之间的函数关系。

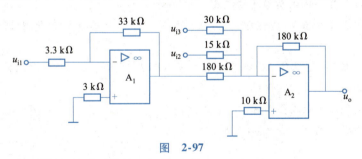

图 2-97

24. 在图 2-71 所示电路中,已知 $\pm U_{CC} = \pm 12$ V,$R_L = 8$ Ω。(1)求在理想情况下,负载上得到的最大输出功率 P_{omax} 和电源提供的最大功率 P_{DCmax};(2)求对三极管的 P_{CM}、I_{CM} 和 $U_{(BR)CEO}$ 的要求;(3)在实际工作中,若考虑三极管的饱和压降 $U_{CES} = 3$ V,试求:电路的最大输出功率 P_{omax} 和效率 η_{max}。

第3章

波形发生电路

学习笔记

学习内容

- RC、LC、石英晶体等正弦波振荡电路的振荡条件、电路组成和判断方法。
- 矩形波、三角波、锯齿波等非正弦波发生电路的工作原理和输出波形。
- 集成函数发生器8038及其应用。

学习目标

- 了解自激振荡建立的过程。振荡器的作用、电路组成和选频特性。
- 了解石英晶体振荡器的特点及工作原理。
- 掌握正弦波振荡电路的判断方法。能对具体的电路进行分析,判断能否产生自激振荡。
- 理解RC振荡电路、LC振荡电路的工作原理,掌握它们振荡频率的估算方法。
- 理解非正弦波发生电路的工作原理。
- 了解集成函数发生器8038的应用。
- 能组装和测试正弦波、非正弦波振荡电路。

3.1 正弦波振荡电路

波形发生电路是一种不需要输入,能够产生特定频率的交流输出信号的电路,又称自激振荡电路。按输出信号波形的不同,可将波形发生电路分为两大类:正弦波振荡电路和非正弦波振荡电路。正弦波振荡电路又可分为RC振荡电路、LC振荡电路和石英晶体振荡电路等。非正弦波振荡电路按输出信号波形又可分为方波、三角波、锯齿波振荡电路。

正弦波和各种非正弦波作为信号源在自动控制、电子测量、通信、广播以及家用电器等技术领域得到广泛应用。本章所讨论的信号发生电路包括正弦波振荡电路和非正弦波产生电路,它们不需要输入信号便能产生各种周期性的波形,如正弦波、矩形波、锯齿波等。

3.1.1 正弦波振荡电路的基础知识

1. 自激振荡现象

日常生活中经常见到这种情况,当有人把扩音器的音量开得太大时,会引起一阵刺耳的啸叫声,这种现象就是通常所说的自激振荡。它是由扬声器靠近传声器(俗称"话筒")时,如图 3-1(a)所示,来自扬声器的声波激励话筒,话筒感应电压并输入放大器,然后扬声器又把放大了的声音再送回传声器,形成正反馈。如此反复循环,就形成了声电和电声的自激振荡啸叫声。显然,自激振荡是扩音系统所不希望的,它会将有用的广播信号"淹没"掉。这时,通过降低对传声器的输入,或者把放大器的音量调小,或者移动传声器使之偏离声波的来向,如图 3-1(b)所示,就可以把啸叫声即自激振荡现象抑制掉。

(a) 扬声器靠近传声器产生自激振荡

(b) 传声器远离扬声器消除自激振荡

图 3-1 扩音系统中的电声振荡

然而,许多有用的振荡电路,例如正弦波振荡电路,正是利用上述的正反馈自激振荡原理工作的。

2. 产生自激振荡的条件

正弦波振荡电路在不加任何输入信号的情况下,由电路自身产生一定频率、一定幅度的正弦波电压输出,因而称为"自激振荡"电路。在负反馈放大电路中,也会发生自激振荡,其原因是放大电路和反馈网络所产生的附加相移会使中频情况下的负反馈在高频或低频情况下变成正反馈。可见,正反馈是自激振荡的必要条件和重要标志,负反馈放大电路中的自激振荡是有害的,必须加以消除。但对于正弦波振荡电路,其目的就是要产生一定频率和幅度的正弦波,因而在放大电路中有目的地引入正反馈,并创造条件,使之产生稳定可靠的振荡,如图 3-2 所示。

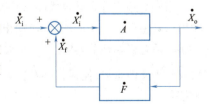

图 3-2 正反馈连接框图

图中,在放大电路的输入端输入正弦信号 $\dot{X}_i$,在它的输出端可输出正弦信号 $\dot{X}_o = \dot{A}\dot{X}_i$。如果通过反馈网络引入正反馈信号 $\dot{X}_f$,使 $\dot{X}_f$ 的相位和幅度都与 $\dot{X}_i$ 的相同,即 $\dot{X}_f = \dot{X}_i$,那么这时即使去掉输入信号,电路仍能维持输出正弦信号 $\dot{X}_o$。这种用 $\dot{X}_f$ 代替 $\dot{X}_i$ 的方法构成了振荡器的自激振荡原理。

由图3-2得：$\dot{X}_o = \dot{A}\dot{X}_i$，$\dot{X}_f = \dot{F}\dot{X}_o$，则

$$\dot{X}_f = \dot{A}\dot{F}\dot{X}_i$$

由自激振荡原理得

$$\dot{A}\dot{F} = 1 \tag{3-1}$$

式(3-1)便是产生正弦波振荡的条件。也可把式(3-1)分解为幅值平衡条件和相位平衡条件。

(1)幅值平衡条件：

$$|\dot{A}\dot{F}| = 1 \tag{3-2}$$

该条件表明放大电路的开环放大倍数与正反馈网络的反馈系数的乘积应等于1，即反馈电压的大小必须和输入电压相等。

(2)相位平衡条件：

$$\varphi_A + \varphi_F = 2n\pi\,(n\text{ 为整数}) \tag{3-3}$$

式中，φ_A是基本放大电路输出信号和输入信号的相位差；φ_F为反馈网络输出信号和输入信号的相位差。

式(3-3)表示基本放大电路的相位移与反馈网络的相位移的和等于0或2π的整数倍，即电路必须引入正反馈。

3. 振荡电路的起振和稳幅

实际上，振荡电路开始建立振荡时，并不需要借助于外加输入信号，它本身就能起振，但电路由自行起振到稳定需要一个建立的过程。例如当电路接通电源时，将有电扰动信号作用于电路。根据频谱分析，这种扰动信号是由多种频率的分量所组成的，其中必然包含频率为f_0的正弦波。用一个选频网络将f_0信号"挑选"出来，使它满足振荡幅值平衡条件和相位平衡条件，其他频率成分的信号则因为不符合振荡条件而衰减为零，所以电路就将维持频率为f_0的正弦波振荡。

振荡初始，输出信号将由小逐渐变大，要求电路具有放大作用，所以电路的起振条件为

$$|\dot{A}\dot{F}| > 1 \tag{3-4}$$

当然电路应首先满足式(3-3)所示的相位平衡条件。如果$|\dot{A}\dot{F}|$始终大于1，则输出信号将会一味地增加，将使输出波形失真，显然这是应当避免的。因此，振荡电路还必须有稳幅环节，其作用是在输出电压幅值增大到一定数值后，设法减小放大倍数或减小反馈系数，使得$|\dot{A}\dot{F}| = 1$，从而获得幅值稳定且基本不失真的正弦波输出信号。

4. 正弦波振荡电路的组成和分析方法

(1)正弦波振荡电路的组成。由以上分析可知，正弦波振荡电路必须有以下4个组成部分：

①电压放大部分。电压放大部分的作用是使$f=f_0$的正弦输出信号能够从小逐渐增大直到达到稳定幅值，并且把直流电源的能量转换为振荡信号的交流能量。

②正反馈网络。正反馈网络是使电路满足相位平衡条件,否则就不可能产生正弦波振荡。

③选频网络。选频网络是保证电路只产生单一频率的正弦波振荡。在多数电路中,它和正反馈网络合二为一。

④稳幅环节。稳幅环节是保证输出波形具有稳定的幅值。

正弦波振荡电路常以选频网络所用元件来命名,分别为 RC、LC 和石英晶体正弦波振荡电路。RC 正弦波振荡电路的输出波形较好,振荡频率较低,一般在几百千赫以下;LC 正弦波振荡电路的振荡频率较高,一般在几百千赫以上;石英晶体正弦波振荡电路的振荡频率极其稳定。

(2)分析正弦波振荡电路的方法。分析电路是否会产生正弦波振荡,首先观察其是否具有 4 个必要的组成部分,然后判断它是否满足正弦波振荡的条件,具体如下:

①观察电路是否存在放大电路、选频网络、反馈网络和稳幅环节 4 个部分。

②检查放大电路是否有合适的静态工作点,能否正常放大。

③用"瞬时极性法"判断电路是否在 $f = f_0$ 时引入了正反馈,即是否满足相位平衡条件。

④判断电路能否满足起振条件和幅值平衡条件。

3.1.2 RC 正弦波振荡电路

采用 RC 选频网络构成的 RC 振荡电路,一般用于产生 1 Hz～1 MHz 的低频信号。由 RC 选频网络构成的正弦波振荡电路有多种形式,如桥式振荡电路、移相式振荡电路、双 T 网络式振荡电路等。桥式振荡电路因具有振荡频率稳定、输出波形失真小等优点而被广泛应用。本节只介绍 RC 桥式振荡电路。

1. RC 桥式振荡电路的组成

RC 桥式振荡电路的组成,如图 3-3 所示。它由一个同相比例运算放大电路和 RC 串并联选频网络组成。

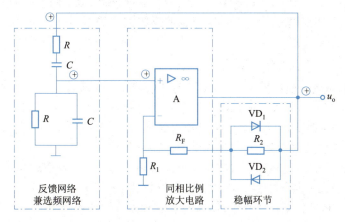

图 3-3 RC 桥式振荡电路

在图 3-3 中,集成运放 A 和 R_1、R_F、VD_1、R_2 及 VD_2 组成一个同相输入放大器,RC

串并联网络既是选频网络又是正反馈网络。RC 串并联网络对 $f_0 = \dfrac{1}{2\pi RC}$ 的信号相位移为零,且输出电压最大,其传输系数 $F = 1/3$。而对于其他频率的信号,RC 串并联网络的相位移不为零。所以,RC 串并联网络具有选频特性。

在图 3-3 所示电路中,集成运放的输出电压 u_o 作为 RC 串并联网络的输入电压,而将 RC 串并联网络的输出电压作为放大器的输入电压。用"瞬时极性法"判断,如图 3-3 所示,对 $f = f_0$ 的信号,RC 串并联网络引入了正反馈,满足相位平衡条件,而对于其他频率的信号,RC 串并联网络的相位移不为零,不满足相位平衡条件。

RC 串并联网络在 $f = f_0$ 时的传输系数 $F = 1/3$,因此要求放大器的电压放大倍数 A_u 应大于 3,这对于集成运放组成的同相放大器来说是很容易满足的。由 R_1、R_F、VD_1、VD_2 及 R_2 构成负反馈支路,它与集成运放形成了同相输入比例运算放大器,其电压放大倍数 $A_u = 1 + \dfrac{R_F}{R_1}$,只要适当选择 R_F 与 R_1 的比值,就能实现 $A_u > 3$ 的要求,以满足 $|\dot{A}\dot{F}| > 1$ 的起振条件。

图 3-3 中的 VD_1、VD_2 和 R_2 是实现自动稳幅的限幅电路,VD_1、VD_2 反向并联再与电阻 R_2 并联,然后串联在负反馈支路中,不论在振荡的正半周或负半周,两只二极管总有一只处于正向导通状态。当振荡幅度增大时,二极管正向导通电阻减小,放大电路的增益下降,限制了输出幅度的增大,起到了自动稳幅的作用。

由集成运算放大器构成的 RC 桥式振荡电路具有结构简单、易起振、调频方便、性能稳定等优点。其振荡频率由 RC 串并联正反馈选频网络的参数决定,即 $f_0 = \dfrac{1}{2\pi RC}$。但其振荡频率不高,一般只适用于频率小 1 MHz 的低频场合。RC 串并联网络的频率稳定性主要取决于 R 和 C 的温度稳定性,若采用低温漂的 R、C 元件,它的频率稳定性可达 0.1%。

仿真

RC 桥式振荡器

3.1.3 LC 正弦波振荡电路

LC 振荡器是利用 LC 并联回路作为正反馈选频网络,该电路产生的振荡频率较高,可以达到几兆赫以上。LC 振荡电路按照反馈方式的不同可分为变压器反馈式、电感三点式、电容三点式等。

1. 变压器反馈式 LC 正弦波振荡电路

(1) 电路组成。变压器反馈式 LC 正弦波振荡电路如图 3-4 所示。由 R_{B1}、R_{B2}、R_E 组成的偏置电路使三极管工作在放大状态。集电极直流电源通过线圈 L 接入,L_F 是反馈线圈,L_o 接负载电阻,C_B 是耦合电容,C_E 是射极旁路电容。由图 3-4 可以看出,三极管连接方式是共射电路,LC 并联网络作为选频电路接在三极管集电极回路中,反馈信号是通过变压器线圈 L 和 L_F 间的互感耦合,由反馈线圈 L_F 送到输入端。

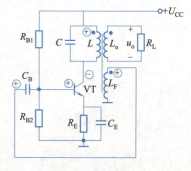

图 3-4 变压器反馈式 LC 振荡电路

(2)选频电路。LC 振荡电路采用 LC 并联谐振电路作为选频电路。在图 3-4 电路中,LC 接在集电极电路中,相当于接在电流源 i_c 上。当振荡电路与电流源接通时,在集电极电路中激起一个微小的电流变化。它一般不是正弦量,但它包含一系列不同频率的正弦分量(即谐波分量)。根据电路理论,当电路发生谐振时,谐振频率为

$$f_0 = \frac{1}{2\pi\sqrt{LC}} \tag{3-5}$$

这时,电路总阻抗为最大值,且是电阻性的。集电极电流的谐波分量中总有与谐振频率 f_0 相等或相近的分量,对频率为 f_0 的谐波分量发生并联谐振。因此,对 f_0 谐波来说,等效阻抗最大又是电阻性的,则图 3-4 所示电路的电压放大倍数最高,此时,如果电路具备自激振荡的条件,就会产生自激振荡。对于其他谐波分量,不能发生并联谐振,这样实现了选频的目的。改变 L 或 C,实现对频率的调节。

(3)振荡条件:

①相位平衡条件。为了满足相位平衡条件,变压器一、二次之间的同极性端必须正确连接。用"瞬时极性法"判断,如图 3-4 所示,对 $f=f_0$ 的信号,电路实现了正反馈,满足振荡的相位平衡条件。

②幅度条件。为了满足幅度条件 $AF \geq 1$,对三极管的 β 值有一定要求。一般只要 β 值较大,就能满足振幅平衡条件。反馈线圈匝数越多,耦合越强,电路越容易起振。

(4)振荡频率。变压器反馈式振荡电路的振荡频率近似等于 LC 并联回路的谐振频率,即 $f_0 \approx \frac{1}{2\pi\sqrt{LC}}$。

(5)电路优缺点:

①易起振,输出电压较大。由于采用变压器耦合,易满足阻抗匹配的要求。

②调频方便。一般在 LC 回路中采用接入可变电容器的方法来实现,调频范围较宽,工作频率通常在几兆赫左右。

③输出波形不理想。由于反馈电压取自电感两端,它对高次谐波的阻抗大,反馈也强,因此在输出波形中含有较多高次谐波成分,输出波形不理想。

变压器反馈式振荡电路,常用于对波形要求不高的设备。

2. 电感三点式正弦波振荡电路

(1)电路组成。图 3-5(a)所示是电感三点式 LC 振荡电路(也称电感反馈式 LC 振荡电路),又称哈特莱振荡电路。其中,R_{B1}、R_{B2}、R_E 构成直流偏置电路,它与三极管组成共射放大电路;LC 并联谐振回路作为选频网络;反馈线圈 L_2 是电感线圈的一段,通过 L_2 将反馈电压送到输入端。C_B 为隔直电容,用以防止电源 $+U_{CC}$ 经 L_2 与基极接通,C_E 是射极旁路电容。

(2)振荡条件:

①相位条件。设基极瞬时极性为正,由于放大器的倒相作用,集电极电位为负,与基极电位相反,则电感的③端为负,②端为公共端,①端为正,各瞬时极性如图 3-5(a)所示。反馈电压由①端引至三极管的基极,故为正反馈,满足相位平衡条件。

由图 3-5(b)所示的交流通路可以看出，LC 并联谐振回路中电感的 3 个端点分别接在三极管的 3 个电极上，故称为电感三点式振荡器。由此可得出满足相位平衡条件的电感三点式振荡器的连接规律：与发射极相连的两电抗元件性质相同，集电极与基极间的电抗性质则相反。以后再判断电感三点式振荡器的相位平衡条件时，可以直接用此连接规律判断。

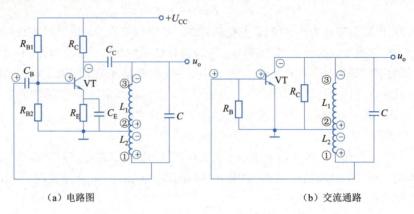

（a）电路图　　　　　　　　　　（b）交流通路

图 3-5　电感三点式 LC 振荡电路

②幅度条件。从图 3-5 中可以看出，反馈电压是取自电感 L_2 两端，加到三极管 B、E 极间的。所以，改变线圈抽头的位置，即改变 L_2 的大小，就可调节反馈电压的大小。当满足 $|\dot{A}\dot{F}|>1$ 的条件时，电路便可起振。

反馈量的大小可以通过改变线圈抽头的位置来调整。为了有利于起振，通常反馈线圈 L_2 的匝数为电感线圈总匝数的 1/8～1/4。

(3)振荡频率。电感三点式正弦波振荡电路的振荡频率为

$$f_0 = \frac{1}{2\pi\sqrt{(L_1+L_2+2M)C}} \tag{3-6}$$

式中，M 是线圈 L_1 和 L_2 的互感系数。

(4)电路优缺点：

①由于 L_1 和 L_2 之间耦合很紧，故电路易起振，输出幅度大。

②调频方便，电容 C 若采用可变电容器，就能获得较大的频率调节范围，一般从几百千赫到几十兆赫。

③由于反馈电压取自电感 L_2 两端，它对高次谐波的阻抗大，反馈也强，因此在输出波形中含有较多高次谐波成分，输出波形不理想。

3. 电容三点式正弦波振荡电路

(1)电路组成。图 3-6(a)所示是电容三点式 LC 振荡电路(也称电容反馈式 LC 振荡电路)，又称考毕兹振荡电路。它也是应用十分广泛的一种正弦波振荡电路，它的基本结构和电感反馈式类似，只要将电感三点式正弦波振荡电路中的电感 L_1、L_2 分别用电容 C_1、C_2 替代，而在电容 C 的位置接入电感 L，就构成了电容三点式 LC 振荡电路。图中 R_{B1}、R_{B2}、R_E 构成直流偏置电路，它与三极管组成的放大器为共射放大器；LC

并联谐振回路作为选频网络,电容 C_2 为反馈电容,通过 C_2 将反馈电压送到输入端。C_B 为耦合电容,C_E 是射极旁路电容。其交流通路如图 3-6(b)所示。

(2)振荡条件:

①相位条件。设基极瞬时极性为正,由于放大器的倒相作用,集电极电位为负,与基极相位相反,则电容的③端为负,②端为公共端,①端为正,各瞬时极性如图 3-6(a)所示。反馈电压由①端引至三极管的基极,故为正反馈,满足相位平衡条件。

由图 3-6(b)所示的交流通路可以看出,LC 并联谐振回路中的电容的三个端点分别接在三极管的三个电极上,故称为电容三点式 LC 振荡电路。

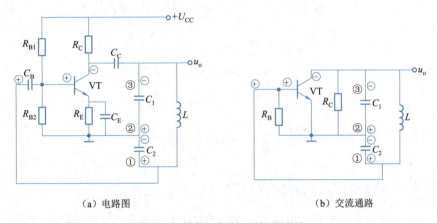

图 3-6 电容三点式 LC 振荡电路

②幅度条件。从图 3-6 可以看出反馈电压是取自电容 C_2 两端,加到三极管 B、E 极间的。由于三极管的 β 值足够大,通过调节 C_1、C_2 的比值可得到合适的反馈电压,使电路满足振幅平衡条件。一般电容的比值 C_1/C_2 取 0.01~0.5。

(3)振荡频率。电容三点式 LC 振荡电路的振荡频率为

$$f_0 = \frac{1}{2\pi \sqrt{L \dfrac{C_1 C_2}{C_1 + C_2}}} \tag{3-7}$$

该频率近似等于 LC 并联回路的谐振频率。

(4)电路的优缺点。电路容易起振;电路的反馈电压取自 C_2 两端,高次谐波分量小,振荡输出波形较好;C_1 和 C_2 较小时,电路的振荡频率较高,一般可达 100 MHz 以上。但调节频率不方便,这是由于 C_1、C_2 的大小既与振荡频率有关,也与反馈量有关,改变 C_1(或 C_2)时会影响反馈系数,从而影响反馈电压的大小。因此,该电路适用于波形要求较高而振荡频率固定的场合。

(5)改进型电容反馈式 LC 振荡电路。改进型电容反馈式 LC 振荡电路又称克拉泼振荡电路,如图 3-7 所示。克拉泼振荡电路的特点是在电感支路中接了电容 C_3,它的容量要比 C_1、C_2 小得多,因此回路中总的等效电容主要由 C_3 决定,振荡频率为

$$f_0 = \frac{1}{2\pi \sqrt{LC_\Sigma}} \tag{3-8}$$

式中，$\dfrac{1}{C_\Sigma}=\dfrac{1}{C_1}+\dfrac{1}{C_2}+\dfrac{1}{C_3}$，当 $C_1\gg C_3,C_2\gg C_3$ 时，$C_\Sigma\approx C_3$。因此，调节 C_3 可以方便地调节振荡频率。由于 C_1、C_2 与振荡频率几乎无关，所以反馈系数和振荡频率互不影响，因此克拉泼电路较好地解决了一般电容反馈式 LC 振荡电路中存在的反馈系数与频率调节之间的矛盾。此外，克拉泼电路更大的优点是提高了频率的稳定度，振荡频率主要由 C_3 决定，因此极间电容对振荡频率的影响可忽略不计。

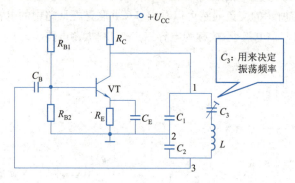

图 3-7　克拉泼振荡电路

3.1.4　石英晶体正弦波振荡电路

在对频率的稳定度要求较高的场合，一般 LC 振荡电路不能满足要求，可采用石英晶体振荡电路。

1. 石英晶体的谐振特性

石英晶体可以等效为一个 LC 电路，把它接到振荡电路上便可作为选频环节应用。石英晶体在电路中的符号、等效电路和电抗-频率特性，如图 3-8 所示。其中，C_0 为两金属板间形成的静态电容，一般为几皮法至几十皮法；L 和 C 分别表示晶体的惯性和弹性，一般 L 很大（百分之几亨到几百亨），C 很小（小于 0.1 pF）；R 表示晶片振动时因摩擦而形成的损耗，其值也很小。

石英晶体有两个谐振频率，一个是 L、C、R 支路发生串联谐振时的串联谐振频率 f_s，另一个是 L、C、R 支路与 C_0 支路发生并联谐振时的并联谐振频率 f_p，由等效电路图可得

$$f_s=\dfrac{1}{2\pi\sqrt{LC}} \tag{3-9}$$

$$f_p=\dfrac{1}{2\pi\sqrt{L\dfrac{CC_0}{C+C_0}}} \tag{3-10}$$

对应这两个频率，石英晶体在工作中，可能出现两个极端的阻抗。当出现串联谐振时，石英晶体两端的阻抗最小，且为纯阻性；当出现并联谐振时，石英晶体两端的阻抗最大，也为纯阻性。值得注意的是，由于 $C_0\gg C$，因而不难看出 f_s 与 f_p 的数值是非常接近的。只有在 $f_s\sim f_p$ 较窄的频率范围内，石英晶体呈现的阻抗是感性的，而在其余

高、低频区域工作时,石英晶体的阻抗呈容性。

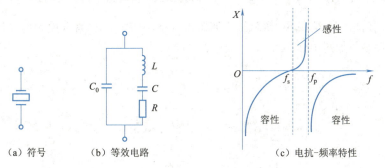

图 3-8 石英晶体的符号和等效电路

2. 石英晶体振荡电路

石英晶体振荡电路分为并联型和串联型两种类型。

（1）并联型石英晶体振荡电路。并联型石英晶体振荡电路如图 3-9 所示。石英晶体谐振器呈感性,可把它等效为一个电感。选频网络由石英晶体与外接电容 C_1、C_2 组成,振荡器实质上可看作电容三点式振荡电路。

电路的谐振频率 f_0 略高于 f_s,C_1、C_2 对 f_0 的影响很小,电路的振荡频率由石英晶体决定,改变 C_1、C_2 的值可以在很小的范围内微调 f_0。

（2）串联型石英晶体振荡电路。串联型石英晶体振荡电路如图 3-10 所示。当电路中的石英晶体工作于串联谐振频率 f_s 时,石英晶体呈现的阻抗最小,且为纯阻性,因此电路的正反馈电压幅度最大,且相位移为零。图中 VT_1 和 VT_2 组成两级放大器,VT_1 为共基放大器,VT_2 为共集放大器,由 VT_1、VT_2 组成的放大电路的相位移为零,所以整个电路满足相位平衡条件。而对于其他频率的信号,石英晶体的等效阻抗增大,且 $\varphi_F \neq 0°$,所以都不满足振荡的条件。由此可见,这个电路在 f_s 这个频率上产生自激振荡。图 3-10 中电位器是用来调节反馈量的,它使输出的波形失真小且幅度稳定。

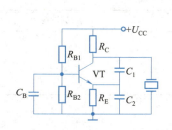

图 3-9 并联型石英晶体振荡电路

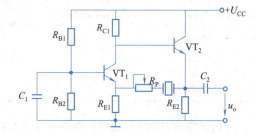

图 3-10 串联型石英晶体振荡电路

石英晶体振荡器突出的优点是具有很高的频率稳定度,所以除了常用于电子钟表外,还广泛用于标准频率发生器及计算机中的时钟信号发生器等精密设备中。另外,值得一提的是,石英晶体谐振器的标准频率是在规定的外部电容(负载电容,即并在谐振器两端的电容 C_0,增大 C_0 值,使 $f_p \approx f_s$,即振荡频率稳定)值上校正的。

实验与技能训练——RC 桥式正弦波振荡电路的组装与测试

(1) 按图 3-11 组装 RC 桥式正弦波振荡电路,图中的三极管选用 3DG12 或 9013,其他元件参数如图中标注。

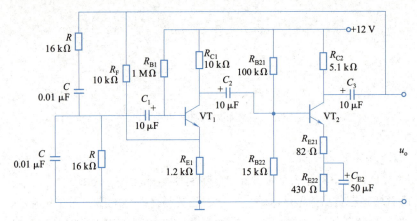

图 3-11　RC 桥式正弦波振荡电路

(2) 断开 RC 串并联网络,测量放大器静态工作点,将测量结果填入表 3-1 中。

表 3-1　放大器静态工作点测量

测量项目	V_B/V	V_E/V	V_C/V	I_C/mA
第一级				2
第二级		2		

(3) 接通 RC 串并联网络,并使电路起振,用示波器观测输出电压 u_o 波形,调节 R_F 使获得满意的正弦信号,记录波形及其参数填入表 3-2 中。测量振荡频率,并与计算值进行比较。

表 3-2　RC 串并联网络的有关测量

f(测量值)	f(计算值)	u_o的波形

(4) 改变 R 或 C 值,观察振荡频率变化情况。

(5) RC 串并联网络幅频特性的观察。将 RC 串并联网络与放大器断开,用函数信号发生器的正弦信号输入 RC 串并联网络,保持输入信号的幅度不变(约 3 V),频率由低到高变化,RC 串并联网络输出幅值将随之变化,当信号源达某一频率时,RC 串并联网络的输出将达最大值(约 1 V)。且输入、输出同相位,此时信号源频率 $f = f_0 = \dfrac{1}{2\pi RC}$。

思 考 题

（1）电路产生自激振荡的条件是什么？
（2）正弦波振荡电路由哪几部分组成？各组成部分的作用是什么？
（3）总结三点式 LC 振荡器电路的结构特点。
（4）石英晶体谐振器阻抗特性有什么特点？为什么在并联型晶体振荡电路中，石英晶体作为一个电感元件使用？能否将石英晶体作为一个电容元件使用？

3.2　非正弦信号发生器

在电子设备中，有时要用到一些非正弦波信号，例如在数字电路中经常用到上升沿和下降沿都很陡峭的方波和矩形波；在电视扫描电路中要用到锯齿波等。把正弦波以外的波形统称为非正弦波，本节只讨论矩形波、三角波、锯齿波的产生电路。

3.2.1　矩形波发生器

1. 电路组成

矩形波发生器的基本电路，如图 3-12(a)所示，从本质上看，它工作于比较器状态，R、C 构成负反馈回路，R_1、R_2 构成正反馈回路。电路的输出电压由集成运放的同相输入端电压 u_+ 与反相输入端电压 u_- 比较决定。

2. 电路工作原理

假设电容的初始电压为 0，因而 $u_- = 0$；电路通电后，由于电流由零突然增大，产生扰动信号，在同相输入端获得一个最初的输入电压。因为电路有强烈的正反馈，输出电压迅速升到最大值 $+U_Z$（稳压管的稳定电压值），也可能降到最小值 $-U_Z$。设开始时输出电压为 $+U_Z$，同相输入端的电压为 $u'_+ = \dfrac{R_2}{R_1+R_2}U_Z$。

从负反馈回路看，输出电压 $+U_Z$ 通过电阻 R 向电容 C 充电，使电容电压 u_C 逐渐上升。当 u_C 稍大于电压 u'_+ 时，电路发生翻转，输出电压迅速由 $+U_Z$ 跳变为 $-U_Z$，这时同相输入端电压为 $u''_+ = -\dfrac{R_2}{R_1+R_2}U_Z$。

电路翻转后，电容 C 就开始经电阻 R 放电，u_C 逐渐下降，u_C 降至零后由于输出端为负电压，所以电容 C 开始反向充电，u_C 继续下降，当 u_C 下降到稍低于电压 u''_+ 时，电路又发生翻转，输出电压由 $-U_Z$ 迅速变成 $+U_Z$。

输出电压变成 $+U_Z$ 后，电容又反过来充电，如此充电、放电循环不止。在输出端即产生矩形波电压。RC 的乘积越大，充放电时间就越长，矩形波的频率就越低。输出矩形波的波形如图 3-12(b)所示。

矩形波发生器

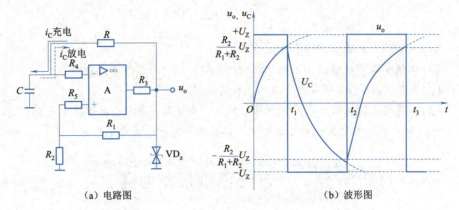

(a) 电路图　　　　　　　　　　(b) 波形图

图 3-12　矩形波发生器电路图及波形图

电路输出的矩形波的周期 T 取决于充、放电的时间常数 RC，可以证明周期为

$$T = 2RC\ln\left(1 + 2\frac{R_2}{R_1}\right) \tag{3-11}$$

改变 R、C 的值，可以调节矩形波的周期及频率。

3.2.2　三角波发生器

三角波发生器的基本电路如图 3-13(a) 所示。集成运放 A_2 构成一个积分器，集成运放 A_1 构成滞回电压比较器，其反相输入端接地，集成运放 A_1 同相输入端的电压由 u_o 和 u_{o1} 共同决定，即 $u_{1+} = \dfrac{R_2}{R_1 + R_2}u_{o1} + \dfrac{R_1}{R_1 + R_2}u_o$。

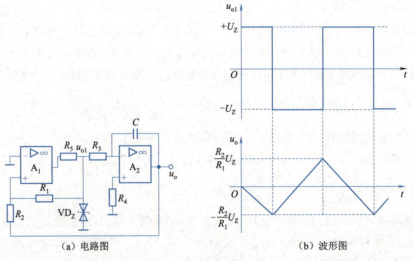

(a) 电路图　　　　　　　　　　(b) 波形图

图 3-13　三角波发生器

当 $u_{1+} > 0$ 时，$u_{o1} = +U_Z$；当 $u_{1+} < 0$ 时，$u_{o1} = -U_Z$。

在电源刚接通时，假设电容器初始电压为零，集成运放 A_1 输出电压为 $+U_Z$，积分

器输入电压为 $+U_Z$，电容 C 开始充电，输出电压 u_o 开始减小，u_{1+} 也随之减小，当 u_o 减小到 $-\frac{R_2}{R_1}U_Z$ 时，u_{1+} 由正值变为零，滞回比较器 A_1 翻转，集成运放 A_1 的输出 $u_{o1} = -U_Z$。

当 $u_{o1} = -U_Z$ 时，积分器输入负电压，输出电压 u_o 开始增大，u_{1+} 也随之增大，当 u_o 增加到 $\frac{R_2}{R_1}U_Z$ 时，u_{1+} 由负值变为零，滞回比较器 A_1 翻转，集成运放 A_1 的输出 $u_{o1} = +U_Z$。此后，前述过程不断重复，便在 A_1 的输出端得到幅值为 U_Z 的矩形波，A_2 输出端得到三角波，其频率为

$$f = \frac{R_1}{4R_2R_3C} \tag{3-12}$$

可以通过改变 R_1、R_2、R_3 和 C 的值来改变频率。

3.2.3 锯齿波发生器

锯齿波发生器能够提供一个与时间成线性关系的电压或电流波形，这种信号在示波器和电视机的扫描电路以及许多数字仪表中得到了广泛应用。

在图 3-13 所示的三角波发生器电路中，输出是等腰三角形波。如果人为地使三角形两边不等，这样输出电压波形就是锯齿波。简单的锯齿波发生器电路如图 3-14(a) 所示。

锯齿波发生器的工作原理与三角波发生器基本相同，只是在集成运放 A_2 的反相输入电阻 R_3 上并联由二极管 VD 和电阻 R_5 组成的支路，这样积分器的正向积分和反向积分的速度明显不同。当 $u_{o1} = -U_Z$ 时，VD 反偏截止，正向积分的时间常数为 R_3C；当 $u_{o1} = +U_Z$ 时，VD 正偏导通，负向积分的时间常数为 $(R_3 /\!/ R_5)C$，若取 $R_5 \ll R_3$，则负向积分时间常数小于正向积分时间常数，形成如图 3-14(b) 所示的锯齿波。

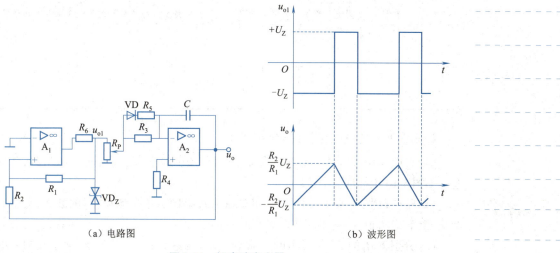

图 3-14 锯齿波发生器

实验与技能训练——非正弦波振荡电路的组装与测试

1. 矩形波发生器的组装与测试

(1) 按图 3-15 所示电路组装矩形波发生器,图中的集成运放型号为 μA741,其他参数如图 3-15 中标注。

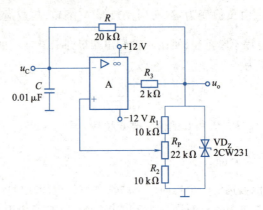

图 3-15 矩形波发生器实验电路

(2) 将电位器 R_P 调至中心位置,用双踪示波器观察并绘制 u_o 及 u_C 的波形(注意对应关系),测量其幅值及频率,将测得的结果填入表 3-3 中。

(3) 把 R_P 的滑动触点调至最上端和最下端,观察 u_o 及 u_C 的幅值及频率变化情况,测出频率范围,将测得的结果填入表 3-3 中。

(4) 将 R_P 恢复至中心位置,将一只稳压管短接,观察 u_o 的波形,分析 VD_Z 的限幅作用。

表 3-3 矩形波发生器的测量

测量项目	R_P 调至中心位置			R_P 调至最上端		R_P 调至最下端		短接一只稳压管时 u_o 的波形	
	波形	幅值	频率	幅值	频率	幅值	频率	短接上只稳压管	短接下只稳压管
u_C									
u_o									

2. 三角波和方波发生器的组装与测试

(1) 按图 3-16 所示电路组装三角波发生器,图中的集成运放型号为 μA741,其他参数如图 3-16 中标注。

(2) 将电位器 R_P 调至合适位置,用双踪示波器观察并绘制 u_o、u_{o1} 的波形,测量其幅值、频率及 R_P 值,将测得的结果填入表 3-4 中。

(3) 分别将 R_P 的滑动触点调到左端和右端,观察对 u_{o1}、u_o 的波形、幅值及频率的影响,将测得的结果填入表 3-4 中。

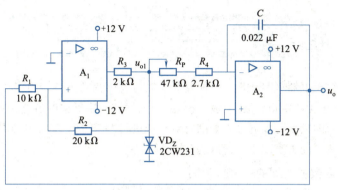

图 3-16 三角波实验电路

(4) 改变 R_1(或 R_2),观察对 u_{o1}、u_o 的波形、幅值及频率的影响,将测得的结果填入表 3-4 中。

表 3-4 三角波发生器的测量

测量项目	u_o			u_{o1}		
	波形	幅值	频率	波形	幅值	频率
$R_P = \_\_\_\_\_$ Ω						
$R_P = 47$ kΩ						
$R_P = 0$ kΩ						
$R_1 = \_\_\_\_\_$ Ω						
$R_2 = \_\_\_\_\_$ Ω						

● ● ● ● 思 考 题 ● ● ● ●

(1) 非正弦波振荡电路的组成及工作原理与正弦波振荡电路有什么区别?

(2) 图 3-13(a)和图 3-14(a)中的集成运放 A_1 和 A_2 分别工作在线性区还是非线性区?为什么?

3.3 集成函数发生器 ICL8038 简介

集成函数发生器 ICL8038 是一种波形产生与波形变换于一体的多功能单片集成函数发生器,它能产生正弦波、方波、三角波和锯齿波。矩形波的占空比可任意调节,它的输出波形的频率可以通过外加的直流电压进行调节,频率范围也非常宽,在典型应用时输出波形的失真度小、线性度好。

1. 集成函数发生器的引脚排列图

图 3-17 为 ICL8038 芯片的引脚排列图,各引脚功能已标在图中。电源电压:单电源为 10~30 V;双电源为 ±(5~15)V。另外,8 引脚为频率调节电压输入端,调频电压的值为 6 引脚与 8 引脚之间的电压差,其值不得超过 $\frac{1}{3}U_{CC}$。

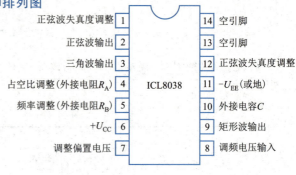

图 3-17 ICL8038 芯片的引脚排列图

2. 集成函数发生器 ICL8038 的典型应用

利用 ICL8038 构成的函数发生器如图 3-18 所示,其振荡频率由电位器 R_{P1} 滑动触点的位置、C 的容量、R_A 和 R_B 的值决定,调节 R_{P1} 的阻值,即可改变输出信号的频率。图中 C_1 为高频旁路电容,用以消除 8 引脚的寄生交流电压。R_{P2} 为方波占空比和正弦波失真度调节电位器。当 R_{P2} 滑动端位于中间时,可输出占空比为 50% 的方波及对称的三角波和正弦波。R_{P3}、R_{P4} 是双联电位器,其作用是进一步调节正弦波的失真度。

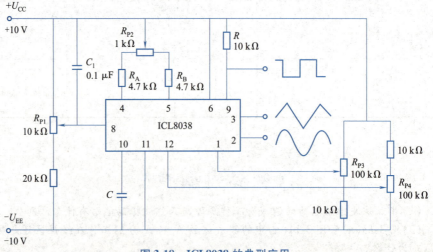

图 3-18 ICL8038 的典型应用

思考题

(1) 集成函数发生器 ICL8038 可以产生哪些波形？

(2) 说明图 3-18 中 R_{P1}、R_{P2}、R_{P3} 和 C 的作用。

习 题

一、填空题

1. 按输出信号波形的不同，可将波形发生电路分为两大类，即_____和_____。

2. 正弦波振荡电路按电路形式可分为_____、_____和_____等；非正弦波振荡电路按信号形式又可分为_____、_____和_____等。

3. 正弦波振荡器包含以下 4 个环节：_____、_____、_____和_____。

4. 根据反馈形式的不同，LC 正弦波振荡器可分为_____、_____、_____等几种形式。

5. 在 RC、LC 和石英晶体正弦波振荡电路中，_____正弦波振荡电路频率稳定度最差。

6. 在 RC 桥式正弦波振荡电路中，若已知电路参数，则可算出其振荡频率 $f_0 =$ _____。

7. ICL8038 为塑封双列直插式集成电路，振荡频率与调频电压的高低成_____，调频电压的值为_____引脚与_____引脚之间的电压，它的值应不超过_____。

二、选择题

1. 电路产生正弦波振荡的必要条件是(　　)。
   A. 放大器的电压放大倍数大于 100
   B. 一定要有正反馈
   C. 一定要有负反馈

2. 正弦波振荡电路利用正反馈产生振荡的条件是(　　)。
   A. $\dot{A}\dot{F} = -1$　　　B. $\dot{A}\dot{F} = 1$　　　C. $|\dot{A}\dot{F}| > 1$

3. 产生低频正弦波一般可用(　　)振荡电路，产生高频正弦波可用(　　)振荡电路，如要求频率稳定性很高，则可用(　　)振荡电路。
   A. LC　　　　　　B. RC　　　　　　C. 石英晶体

4. 在图 3-3 所示的 RC 桥式振荡电路中，若已知电阻 $R_1 = 1$ kΩ，为了满足振荡条件，反馈电阻 R_F 的值不能小于(　　)。
   A. 1 kΩ　　　　　B. 2 kΩ　　　　　C. 3 kΩ

三、判断题

1. 电路只要存在正反馈就一定产生自激振荡。(　　)

2. 电路只要存在负反馈就一定不能产生自激振荡。(　　)

3. 正弦波振荡的幅值条件只取决于正反馈的反馈系数。　　　　　　　　(　　)
4. 电路的电压放大倍数小于 1 时,一定不能产生振荡。　　　　　　　　(　　)

四、分析与计算题

1. 试标出图 3-19 中各电路变压器的同极性端,使之满足产生振荡的相位条件。

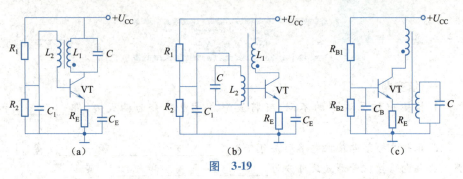

图 3-19

2. 图 3-20 所示的各电路中,j、k、m、n 4 点应如何连接才能产生振荡?并说明正确连接后,各构成什么类型的振荡器?

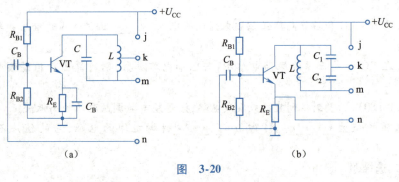

图 3-20

3. RC 桥式正弦波电路如图 3-21 所示。试求:(1)输出信号的频率;(2)若希望振荡频率为 10 kHz,电阻不变,试确定电容 C 的容量。

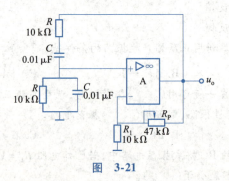

图 3-21

第4章

稳压和调压电路

📘 学习内容

- 直流稳压电路的主要性能指标。
- 硅稳压管并联型直流稳压电路的构成、工作原理的分析与测试。
- 晶体管串联型直流稳压电路的构成、工作原理分析与测试。
- 集成稳压器应用电路的分析与测试。
- 开关型直流稳压电路。
- 单向晶闸管的结构、工作特点、主要参数。
- 单相可控整流电路的组成及工作原理分析。
- 单向晶闸管触发电路的组成及工作原理分析。
- 交流调压电路的分析。

📝 学习目标

- 了解直流稳压电路的主要性能指标。
- 熟悉硅稳压管并联型直流稳压电路的构成,理解其工作原理。
- 熟悉晶体管串联型直流稳压电路的组成,理解其工作原理,能够估算晶体管串联型稳压电路的输出电压调节范围。
- 熟悉集成稳压器的应用电路,理解其工作原理。
- 了解开关直流稳压电路的结构及工作原理。
- 了解单向晶闸管的结构和主要参数,掌握其工作特点。
- 熟悉单相可控整流电流的组成,理解其工作原理,掌握可控整流电路的计算。
- 了解单结晶体管的结构,理解其工作原理。
- 熟悉单向晶闸管的触发电路的组成,理解其工作原理。
- 理解由双向晶闸管构成的交流调压电路的工作原理。
- 能组装常用的各种直流稳压电源电路。
- 能正确使用常用的电工电子仪器仪表测试、调试各种常用的直流稳压电源电路。
- 会识别集成稳压器,并能描述集成稳压器各引脚的功能。

4.1 分立式直流稳压电路

在第 1 章中已学习了利用整流滤波电路,可以将交流电变成比较平滑的直流电。但输出的直流电压并不稳定,它会因交流电网电压的波动、负载的变化和温度变化等因素,使输出电压随之变化。显然这种电源在对电源电压稳定性要求较高的电子设备、电子电路中是不适用的。所以电子设备中的直流电源和电子电路的供电电源,一般在滤波电路和负载之间增加稳压电路环节,以达到稳压供电的目的,使电子设备和电子电路稳定可靠地工作。本节主要介绍在中小功率电子设备中广泛采用的硅稳压管并联型直流稳压电路和晶体管串联型直流稳压电路。

4.1.1 硅稳压管并联型直流稳压电路

1. 稳压电路的主要技术指标

稳压电路的技术指标是表示稳压电源性能的参数,主要有特性指标和质量指标两种。特性指标是表明稳压电源工作特性的参数,如允许输入的电压、输出电压及其可调范围、输出电流等。质量指标是衡量稳压电源性能优劣的参数,如稳压系数、输出电阻、纹波电压及温度系数等。

(1)稳压系数 γ。稳压系数定义为负载固定时输出电压的相对变化量与输入电压的相对变化量之比,即

$$\gamma = \frac{\Delta U_o / U_o}{\Delta U_I / U_I}\bigg|_{R_L = 常数} \tag{4-1}$$

稳压系数反映了电网电压波动对输出电压稳定性的影响。γ 越小,说明电路的稳压性能越好。γ 一般为 $10^{-4} \sim 10^{-2}$。

(2)输出电阻 R_o(或内阻)。稳压电路的输出电阻 R_o 定义为输入电压固定时,由于负载电流 I_o 的变化所引起的输出电压的变化,即

$$R_o = \frac{\Delta U_o}{\Delta I_o}\bigg|_{U_I = 常数} \tag{4-2}$$

这个指标反映了负载变化对输出电压稳定性的影响。R_o 越小,负载变化对输出电压的影响越小,电路带负载的能力越强。一般输出电阻 $R_o < 1\ \Omega$。

(3)纹波电压。纹波电压是指稳压电路输出中含有的交流分量。通常用有效值或峰值表示。

纹波电压越小越好,否则影响正常工作。如在电视机中表现交流"嗡嗡"声和光栅在垂直方向呈现 S 形扭曲。

2. 硅稳压管并联型直流稳压电路的稳压原理

图 4-1 所示电路为硅稳压管并联型直流稳压电路,U_I 是整流滤波以后的输出电压;电阻 R 限制流过稳压管的电流使之不超过 I_{Zmax},称为限流电阻;负载 R_L 与用作调整元件的稳压管 VD_Z 并联,输出电压就是稳压管两端的稳定电压,故又称并联型直流

稳压电路。

在稳压电路中要求稳压管必须工作在反向击穿区,且流过稳压管的电流 $I_{Zmin} \leqslant I_Z \leqslant I_{Zmax}$。下面结合稳压管的反向特性曲线,分析电路的稳压原理。

当负载不变(即 R_L 不变),电网电压变化时的稳压过程。例如,当电网电压升高使输入电压 U_I 随着升高,输出电压 U_O 即稳压管电压 U_Z 略有增加时,稳压管的电流 I_Z 会明显地增加,如图4-2中的 AB 段所示,这使电阻 R 的压降 $U_R = R(I_O + I_Z)$ 增加,从而使输出电压 U_O 下降至接近原来的值。即利用 I_Z 的调整作用,将 U_I 的变化量转移在电阻 R 上,从而保持输出电压的稳定。

同样,若电网电压不变(即 U_I 不变),负载变化时,电路也能起到稳压作用。例如,负载电阻 R_L 减小,引起 I_O 增加时,电阻 R 上的压降增大,输出电阻 U_O 因而下降。只要 U_O 略有下降,即 U_Z 下降,则稳压管电流 I_Z 会明显减小,从而使 I_R 和 U_R 减小,输出电压 U_O 回升,接近原来的值,即将 I_O 的变化量通过反方向的变化,使 U_R 基本不变,从而输出电压 U_O 基本稳定。

由以上分析可知,稳压管组成的稳压电路,就是在电网电压波动和负载电流变化时,利用稳压管的电流调节作用,通过限流电阻 R 上电压或电流的变化进行补偿,来达到稳压的目的。

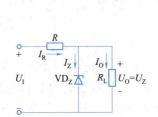
图4-1 硅稳压管并联型直流稳压电路

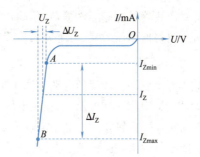
图4-2 硅稳压管的反向伏安特性

硅稳压管和限流电阻的选择:

(1)硅稳压管的选择。通常根据稳压管的 U_Z、I_{ZM} 选择稳压管的型号。一般取 $U_Z = U_O$,$I_{ZM} = (2 \sim 3)I_{Omax}$。

(2)输入电压 U_I 的确定。考虑到电网电压的变化,U_I 可按 $U_I = (2 \sim 3)U_O$ 选择,且随电网电压允许有 ±10% 的波动。

(3)限流电阻的选择。当输入电压 U_I 上升10%,且负载电流为零(即 R_L 开路)时,流过稳压管的电流不超过稳压管的最大允许电流 I_{Zmax},即

$$\frac{U_{Imax} - U_O}{R} \leqslant I_{Zmax}$$

则

$$R \geqslant \frac{U_{Imax} - U_O}{I_{Zmax}}$$

当输入电压下降10%,且负载电流最大时,流过稳压管的电流不允许小于稳压管

稳定电流的最小值 I_{Zmin}，即

$$\frac{U_{Imin} - U_O}{R} - I_{Omax} \geq I_{Zmin}$$

则

$$R \leq \frac{U_{Imin} - U_O}{I_{Zmin} + I_{Omax}}$$

所以，限流电阻选择应按式(4-3)确定

$$\frac{U_{Imax} - U_O}{I_{Zmax}} \leq R \leq \frac{U_{Imin} - U_O}{I_{Zmin} + I_{Omax}} \tag{4-3}$$

限流电阻的功率为

$$P_R \geq \frac{(U_{Imax} - U_O)^2}{R} \tag{4-4}$$

综上所述，硅稳压管并联型直流稳压电路的稳压值取决于稳压管的 U_Z，负载电流的变化范围受到稳压管 I_{ZM} 的限制，因此，它只适用于电压固定、负载电流较小的场合。

4.1.2　晶体管串联型直流稳压电路

硅稳压管稳压电路虽然简单，但输出电流小，稳压能力较弱，为了得到更大的输出电流和更好的稳压效果，可采用晶体管串联型稳压电路。

1. 电路组成

晶体管串联型直流稳压电路如图 4-3 所示，各元件的作用如下。

R_1、R_P、R_2 组成采样电路，当输出电压变化时，采样电阻将其变化量的一部分送到比较放大管 VT_2 的基极，VT_2 的基极电压能反映输出电压的变化，所以称为采样电压；采样电阻不宜太大，也不宜太小，若太大，控制的灵敏度下降，若太小，带负载能力减弱。

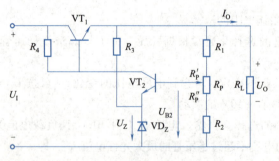

图 4-3　晶体管串联型直流稳压电路

R_3、VD_Z 组成基准电路，给 VT_2 发射极提供一个基准电压，R_3 为限流电阻，保证 VD_Z 有一个合适的工作电流。

VT_2 是比较放大管，R_4 既是 VT_2 的集电极负载电阻，又是 VT_1 的基极偏置电阻，比较放大管 VT_2 的作用是将输出电压的变化量先放大，然后加到调整管 VT_1 的基极，控

制调整管 VT$_1$ 工作,从而提高了控制的灵敏度和输出电压的稳定性。

VT$_1$ 是调整管,它与负载串联,故称此为串联型稳压电路,调整管 VT$_1$ 受比较放大管的控制,工作在放大状态,集-射极间相当于一个可变电阻,用来抵消输出电压的波动。

综上所述,晶体管串联型直流稳压电路一般由四部分组成,即采样电路、基准电路、比较放大电路和调整电路。

2. 稳压过程分析

晶体管串联型直流稳压电路的稳压过程是通过负反馈实现的,所以也称为串联反馈式稳压电路。例如,由于电网电压波动或负载变化,导致输出电压 U_O 上升时,采样电路分压后,反馈到放大管 VT$_2$ 的基极使 U_{B2} 升高,由于稳压管提供的基准电压 $U_Z = U_{E2}$ 稳定,比较的结果 U_{BE2} 上升,经 VT$_2$ 放大后,$U_{B1} = U_{C2}$ 下降,则调整管 VT$_1$ 的管压降 U_{CE1} 增大,从而使输出电压 U_O 下降,即电路的负反馈使输出电压 U_O 趋于稳定,电路的自动调节过程可表示为

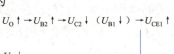

3. 输出电压的调节

图 4-3 所示电路中的采样电路含有一个电位器 R_P 串联在 R_1 和 R_2 之间,可以通过调节 R_P 来改变输出电压 U_O。假定流过采样电阻的电流比 I_{B2} 大得多,则

$$U_{B2} = U_{BE2} + U_Z \approx \frac{R_P'' + R_2}{R_1 + R_P + R_2} U_O$$

可得

$$U_O \approx \frac{R_1 + R_P + R_2}{R_P'' + R_2}(U_{BE2} + U_Z) \tag{4-5}$$

由式(4-5)可知,调节 R_P 可以在一定范围内调节输出电压的大小。当 R_P 滑动触点移到最上端时,输出电压达到最小值为

$$U_{Omin} \approx \frac{R_1 + R_P + R_2}{R_P + R_2}(U_{BE2} + U_Z)$$

当 R_P 滑动触点移到最下端时,输出电压达到最大值为

$$U_{Omax} \approx \frac{R_1 + R_P + R_2}{R_2}(U_{BE2} + U_Z)$$

所以,输出电压的调节范围为

$$\frac{R_1 + R_P + R_2}{R_P + R_2}(U_{BE2} + U_Z) \leq U_O \leq \frac{R_1 + R_P + R_2}{R_2}(U_{BE2} + U_Z) \tag{4-6}$$

式(4-6)中的 U_{BE2} 为 0.6~0.7 V。

4. 晶体管串联型直流稳压电路的改进电路

晶体管串联型直流稳压电路的输出电压稳定、可调,输出电流的范围较大,技术经济指标好,故在小功率稳压电源中应用很广。对要求输出电流大的稳压电源,为了

提高控制灵敏度,往往采用复合管作调整管;为了进一步提高电路的稳定性,比较放大环节常用集成运放替代,如图4-4所示。其中,VT$_1$、VT$_2$组成复合管,集成运放构成比较放大电路。

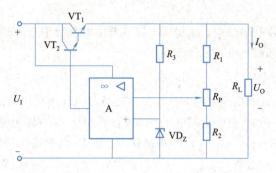

图4-4 晶体管串联型直流稳压电路的改进电路

例4-1 如图4-3所示的晶体管串联型直流稳压电路,已知:$R_1 = 560\ \Omega$,$R_P = 680\ \Omega$,$R_2 = 1\ 000\ \Omega$,$U_Z = 7\ \text{V}$,$U_{BE2} = 0.6\ \text{V}$,求输出电压调节范围。

解 最小输出电压为

$$U_{Omin} \approx \frac{R_1 + R_P + R_2}{R_P + R_2}(U_{BE2} + U_Z) = \frac{560 + 680 + 1\ 000}{680 + 1\ 000} \times (0.6 + 7)\ \text{V} \approx 10\ \text{V}$$

最大输出电压为

$$U_{Omax} \approx \frac{R_1 + R_P + R_2}{R_2}(U_{BE2} + U_Z) = \frac{560 + 680 + 1\ 000}{1\ 000} \times (0.6 + 7)\ \text{V} \approx 17\ \text{V}$$

则输出电压的调节范围为 10～17 V。

实验与技能训练——晶体管串联型直流稳压电源的组装与测试

(1)按图4-5所示电路组装晶体管串联型直流稳压电源电路,图中变压器选用220 V/12 V、17 V,其他参数如图中标注。

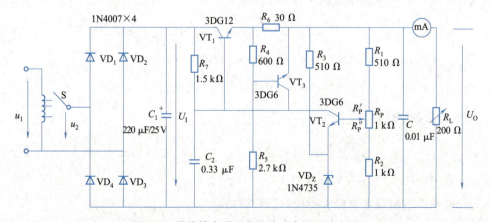

图4-5 晶体管串联型直流稳压电源测试电路

(2)测量输出电压可调范围。接入负载 R_L(可调电位器),并调节 R_L,使输出电流 $I_O \approx 100$ mA。再调节电位器 R_P,测量输出电压可调范围 $U_{Omin} \sim U_{Omax}$。

(3)测量各三极管的各极电位。调节电位器 R_P,使输出电压 $U_O = 12$ V,输出电流 $I_O = 100$ mA,测量各三极管的各极电位,将测量结果填入表4-1中。

表4-1 各三极管的各极电位($U_2 = 17$ V,$U_O = 12$ V,$I_O = 100$ mA)

各极电位	VT_1	VT_2	VT_3
V_B/V			
V_C/V			
V_E/V			

(4)稳压系数 γ 的测量。取 $I_O = 100$ mA,改变变压器的输出电压 u_2 的值(模拟电网电压波动),分别测量稳压电路的输入电压 U_I 和输出电压 U_O 的值,计算稳压系数,将测量结果填入表4-2中。

表4-2 稳压系数的测量

测 量 值			计 算 值
U_2/V	U_I/V	U_O/V	γ
12			
17			

(5)输出电阻 R_o 的测量。取 $U_2 = 17$ V,调节负载电阻 R_L,使 I_O 分别为 0 mA、50 mA 和 100 mA,测量相应的 U_O 值,计算输出电阻,将结果填入表4-3中。

表4-3 输出电阻的测量和计算

测 量 值		计 算 值
I_O/mA	U_O/V	
0		r_{o12}/Ω
50		
100		r_{o23}/Ω

注:变压器的一次侧接入工频 220 V 的交流电源。

● ● ● ● 思 考 题 ● ● ● ●

(1)为什么稳压管稳压电路称为并联型稳压电路?在稳压管稳压电路中,限流电阻 R 起什么作用?

(2)稳压管工作在正向导通区时有稳压作用吗?为什么?

(3)为什么图4-3所示的直流稳压电路称为串联型直流稳压电路?晶体管串联型直流稳压电路由哪几部分组成?各组成部分的作用如何?

(4)在晶体管串联型直流稳压电路中,VD_Z对输出电压有什么影响?若VD_Z开路或短路,输出电压将如何变化?

4.2 集成稳压器

把直流稳压电路的调整电路、采样电路、基准电路、启动电路及保护电路集成在一块硅片上就构成了集成稳压器。它体积小、质量小、价格低廉,具有使用方便、功能体系完整、保护功能健全、工作安全可靠的特点,因此得到了广泛应用。

集成稳压器的种类很多,其中以三端集成稳压器应用最为普遍。三端集成稳压器又分为三端固定式和三端可调式两种。

4.2.1 三端固定式集成稳压器

1. 三端固定式集成稳压器的型号

三端固定式集成稳压器是将所有元器件都集成在一块芯片上,外部只有 3 个引脚,即输入端、输出端和公共端,故称为三端集成稳压器。三端固定式集成稳压器有 CW78××系列和 CW79××系列(负电压输出),其输出电压有 ±5 V、±6 V、±8 V、±9 V、±12 V、±15 V、±18 V、±24 V,最大输出电流有 0.1 A、0.5 A、1 A、1.5 A 等。

三端固定式集成稳压器命名方法为 CW78(79)L××,其中 C 代表符合国家标准,中国制造(可省略);W 代表稳压器;78(79)中 78 代表输出固定正电压,79 代表输出固定负电压;L 代表最大输出电流:L 为 0.1 A,M 为 0.5 A,无字母表示 1.5 A(带散热片);×× 代表用数字表示输出电压值。三端固定式集成稳压器的引脚排列图,如图 4-6 所示。

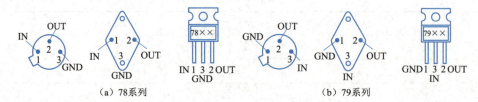

图 4-6 三端固定式集成稳压器的引脚排列图

2. 三端固定式集成稳压器应用电路

(1)三端固定式集成稳压器基本应用电路。用三端固定式集成稳压器组成的固定电压输出电路如图 4-7 所示,为输出正电压电路。图 4-7 中 C_1 为抗干扰电容,用以旁路在输入导线过长时窜入的高频干扰脉冲;C_2 具有改善输出瞬态特性和防止电路产生自激振荡的作用;二极管对稳压器起保护作用。如不接二极管,当输入端短路且 C_2 容量较大时,C_2 上的电荷通过稳压器内电路放电,可能使集成块击穿而损坏。接上二极管后,C_2 上的电压使二极管正偏导通,电容通过二极管放电从而保护了稳压器。

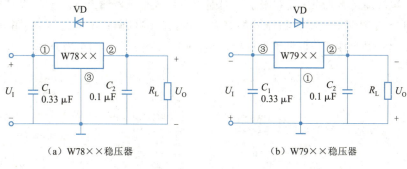

(a) W78××稳压器　　　　　　　　(b) W79××稳压器

图 4-7　三端固定式集成稳压器基本应用电路

注意：三端固定式集成稳压器使用时对输入电压有一定要求。若过低，会使稳压器在电网电压下降时不能正常稳压；若过高，会使集成稳压器内部输入级击穿，使用时应查阅手册中的输入电压范围。一般输入电压应大于输出电压 2～3 V 以上。

（2）正、负电压输出电路。用三端固定式集成稳压器 W78×× 和 W79×× 可构成输出正、负电压的直流稳压电路，如图 4-8 所示。

（3）提高输出电压电路。如果需要输出电压高于三端固定式集成稳压器输出电压时，可采用图 4-9 所示的电路。图中，$U_{××}$ 为 W78×× 稳压器的固定输出电压，显然，电路输出电压为

$$U_O = U_{××} + U_Z \tag{4-7}$$

式中，U_Z 为稳压管的稳压值。

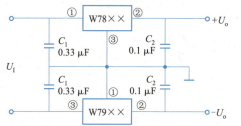

图 4-8　输出正、负电压的直流稳压电路　　　图 4-9　提高输出电压的电路

4.2.2　三端可调式集成稳压器

1. 三端可调式集成稳压器的型号

三端可调式集成稳压器的输出电压可调，且稳压精度高，输出纹波小，只需外接两只不同的电阻，即可获得各种输出电压。按输出电压分为正电压输出 CW317（CW117、CW217）和负电压输出 CW337（CW137、CW237）两大类。按输出电流的大小，每个系列又分为 L 型、M 型等。型号由 5 个部分组成，其意义如下：

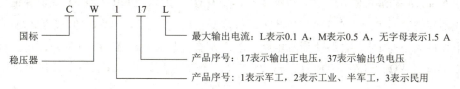

三端可调式集成稳压器克服了三端固定式集成稳压器输出电压不可调的缺点，同时具有三端固定式集成稳压器的诸多优点。三端可调式集成稳压器 CW317 和 CW337 是一种悬浮式串联调整稳压器，它们的引脚排列图，如图 4-10 所示。

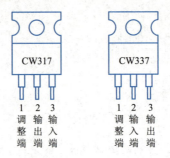

图 4-10　CW317 和 CW337 引脚排列图

2. 三端可调式集成稳压器的主要参数

输出电压连续可调范围 1.25~37 V；最大输出电流 1.5 A；最大输入电压 40 V；最小输入与输出电压差 3 V；调整端输出电流 50 μA；输出端与调整端之间的基准电压 1.25 V。

3. 三端可调式集成稳压器应用电路

三端可调式集成稳压器应用电路，如图 4-11 所示。为了使电路正常工作，一般输出电流不小于 5 mA。输入电压范围在 2~40 V 之间，由于调整端（ADJ 端）的输出电流非常小且恒定，故可将其忽略，则输出电压为

$$U_o = 1.25\left(1 + \frac{R_P}{R_1}\right) \tag{4-8}$$

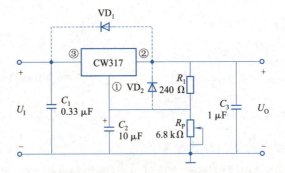

图 4-11　三端可调式集成稳压器应用电路

在图 4-11 中，R_1 跨接在输出端与调整端之间，为保证负载开路时输出电流不小于 5 mA，R_1 的最大值 R_{1max} = 1.25 V/5 mA = 250 Ω（一般取值 120~240 Ω，此值保证稳压器在空载时也能正常工作）。调节 R_P 可改变输出电压的大小（R_P 取值视 R_L 和输出电压的大小而定）。图 4-11 所示电路要求最大输出电压为 37 V，由式（4-8）即可求得 R_P，取 6.8 kΩ。当 R_P = 0 时，U_o = 1.25 V；当 R_P = 6.8 kΩ 时，U_o = 37 V。C_1 用来消除

输入长线引起的自激振荡。C_2 是为了减小 R_w 两端纹波电压,具有改善输出瞬态特性和防止电路产生自激振荡的作用。VD_1、VD_2 是保护二极管,其中,VD_1 是用来防止输入短路时 C_3 向稳压器内部电路放电而损坏稳压器;VD_2 是用来防止输出短路时 C_2 向稳压器内部电路放电而损坏稳压器。VD_1、VD_2 可选整流二极管 2CZ52。

CW317 要求输入电压范围为 28~40 V。图 4-11 中的集成稳压器的最大输出电压为 37 V,要求输入电压为 40 V,即输入与输出电压差应≥3 V。

4. 集成稳压器的主要参数及使用注意事项

(1) 集成稳压器的主要参数。集成稳压器的主要参数有输出电压、最大输出电流、最小输入与输出电压差、电压调整率、稳压系数、输出电阻等。

①输出电压。输出电压固定的集成稳压器,有标称输出电压 U_O 及其偏差范围 ΔU_O;输出电压可调的集成稳压器,有输出电压的可调范围 U_{Omin}~U_{Omax}。

②最大输出电流 I_{Omax}。集成稳压器正常工作时能够输出的电流最大值 I_{Omax},使用时要安装规定的散热片。

③最小输入与输出电压差 $(U_I-U_O)_{min}$。最小输入与输出电压差 $(U_I-U_O)_{min}$ 是指在保证稳压器正常工作时,所要求的输入电压与输出电压的最小差值,它也反映了所要求的最小输入电压数值。

④最大输入电压 U_{Imax}。反映了稳压器输入端允许施加的最大电压,它与稳压电路的击穿电压有关。

⑤电压调整率 S_U。电压调整率是指在规定的负载下,输入电压在规定范围内变化时,输出电压的变化量与额定输出电压之比。

(2) 集成稳压器的使用注意事项:

①三端集成稳压器的输入、输出和接地端绝不能接错,不然容易烧坏。

②一般三端集成稳压器的最小输入、输出电压差约为 2 V,否则不能输出稳定的电压。一般应使电压差保持在 4~5 V,即经变压器变压、二极管整流、电容滤波后的电压比稳压值高一些。

③在实际应用中,当稳压器温度过高时,稳压器的稳压性能变差,甚至损坏。所以,对功率较大的三端集成稳压器,应安装足够大的散热器。

④当制作中需要一个能输出 1.5 A 以上电流的稳压电源时,通常采用多块三端集成稳压电路并联起来,使其最大输出电流为 n 个 1.5 A。但应用时需注意,并联使用的集成稳压电路应采用同一厂家、同一批号的产品,以保证参数的一致性。另外,在输出电流上留有一定的余量,以避免个别集成稳压电路失效时导致其他电路烧坏。

实验与技能训练——集成稳压器构成的直流稳压电源的组装与测试

(1) 按图 4-12 所示电路组装由集成稳压器构成的直流稳压电源电路。图中变压器选用 220 V/12 V、17 V,其他参数如图 4-12 中标注。

(2) 接通工频电源,将开关 S 合于变压器的输出 12 V 的位置上。分别测量变压器的输出电压 U_2、滤波电路输出电压 U_I (即稳压器输入电压)、集成稳压器输出电压 U_O 的值。它们的数值应与理论值大致符合,否则说明电路出了故障,查找故障并加以排除。电路经初测进入正常工作状态后,才能进行各项指标的测量。将测量结果填入表4-4中。

(3)输出电压 U_O 和最大输出电流 I_{Omax} 的测量。在输出端接负载电阻 $R_L = 120\ \Omega$,由于 W7812 输出电压 $U_O = 12\ V$,因此流过 R_L 的电流为 $I_{Omax} = 12\ V/120\ \Omega = 100\ mA$。这时 U_O 应基本保持不变,若变化较大,则说明集成块性能不良。

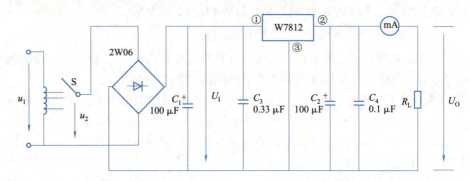

图 4-12 由集成稳压器构成的直流稳压电源电路

表 4-4 集成稳压器的初测

U_2/V	U_I/V	U_O/V

(4)稳压系数 γ 的测量。取 $I_O = 100\ mA$($R_L = 120\ \Omega$),按表4-5改变整流电路输入电压 U_2,分别测出相应的稳压器输入电压 U_I 及输出直流电压 U_O,将测量结果填入表4-5中。

表 4-5 稳压系数的测量

测量值			计算值
U_2/V	U_I/V	U_O/V	γ
12			
17			

(5)输出电阻 R_o 的测量。取 $U_2 = 17\ V$,调节电位器,改变负载电阻,使 I_O 分别为 0 mA、50 mA 和 100 mA,测量相应的 U_O 值,计算输出电阻,将测量结果记入表4-6中。

表 4-6 输出电阻的测量

测量值		计算值
I_O/mA	U_O/V	
0		R_{o12}/Ω
50		R_{o23}/Ω
100		

(6)输出纹波电压的测量。取 $U_2 = 17$ V,$U_0 = 12$ V,$I_0 = 100$ mA,用毫伏表测量输出纹波电压 U_0 的值。

注意:变压器的一次侧接入工频 220 V 的交流电源;用万用表测量负载两端电压时,应注意正、负极。

思考题

(1)如何提高 W78×× 系列稳压器的输出电压?

(2)在使用三端集成稳压器构成稳压电路时,在输入端和输出端分别接入了电容,这两个电容的作用分别是什么?

(3)由三端集成稳压器构成稳压电路时,在输出端与输入端之间接入二极管的作用是什么?

4.3 开关型直流稳压电路简介

晶体管串联型直流稳压电路是连续调整控制方式的稳压电路,其调整管与负载串联,调整管工作于线性状态,稳压电路的输出电压调节与稳定是通过调整管上的压降来实现的,因此晶体管串联型直流稳压电路具有纹波抑制比高的优点,但调整管的集-射极之间的电压 U_{CE} 较大,使调整管的功率损耗较大,调整管的管耗较大,电源效率较低。为了解决调整管的散热问题,还需安装散热器,这就必然增大整个电源设备的体积、质量和成本。如果使调整管工作在开关状态,那么当其截止时,因电流很小而功耗很小;当其饱和时,因管压降很小而功耗也很小,这样就大大提高了电路的效率。开关型直流稳压电路中的调整管是工作在开关状态的,并因此而得名,其效率可达到 80%~90%。它具有功耗小、体积小、质量小、稳压范围宽,易于实现自动保护等优点,并已得到越来越广泛的应用。

1. 开关型直流稳压电路的组成及基本工作原理

(1)开关型直流稳压电路的组成。开关型直流稳压电路的结构框图,如图 4-13 所示。它由 6 个部分组成,其中,采样电路、比较电路、基准电路,在组成及功能上都与普通晶体管串联型直流稳压电路相同;不同的是增加了开关调整管、滤波器和开关时间控制器等电路,新增部分的功能如下。

① 开关调整管。在开关脉冲的作用下,使开关调整管工作在饱和或截止状态,输出断续的脉冲电压,如图 4-14 所示。开关调整管采用大功率管。

设开关调整管导通时间为 T_{on},截止时间为 T_{off},则工作周期为 $T = T_{on} + T_{off}$。负载上得到的电压为

$$U_0 = \frac{U_1 \times T_{on} + 0 \times T_{off}}{T_{on} + T_{off}} = \frac{T_{on}}{T} \times U_1 \quad (4-9)$$

式中,T_{on}/T 称为占空比,用 δ 表示,即在一个通断周期 T 内,脉冲持续导通时间 T_{on} 与

周期 T 的比值。改变占空比的大小就可改变输出电压 U_O 的大小。

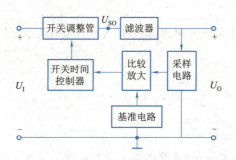 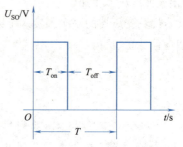

图 4-13 开关型直流稳压电路的结构框图　　图 4-14 脉冲电压 U_{SO} 的波形

②滤波器。把矩形脉冲变成连续的平滑直流电压 U_O。

③开关时间控制器。控制开关调整管导通时间长短,从而改变输出电压高低。

开关型直流稳压电路有多种形式。按负载与储能电感的连接方式分为串联式和并联式开关电路;按不同的控制方式分为固定频率调宽式和固定脉宽调频式开关电路;按不同的激励方式分为自励和他励式开关电路。下面分别介绍串联式和并联式开关型直流稳压电路基本工作原理。

(2) 开关型直流稳压电路的基本工作原理

①串联式开关型直流稳压电路。串联式开关型直流稳压电路结构框图,如图 4-15 所示。它由开关电路、滤波电路、采样电路组成。

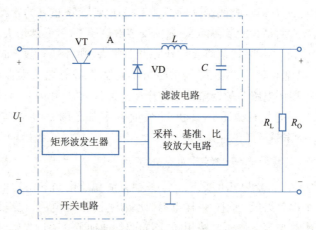

图 4-15　串联式开关型稳压电路

开关电路由调整管 VT 和矩形波发生器组成, U_I 是经整流滤波后的直流电压。当矩形波发生器输出高电平时,VT 饱和导通,A 点对地电压等于 U_I (忽略 VT 的饱和压降);当矩形波发生器输出低电平时,VT 截止,A 点对地电压为零。对应 A 点的波形如图 4-16(a)所示。

为了减小输出电压的纹波,使用了 LC 滤波电路,使负载 R_L 上的直流分量接近 u_A 中的直流分量 $U_{A(av)}$,波形如图 4-16(b)所示。二极管 VD 是保证调整管 VT 截止期间,在 L 的自感电动势(方向是左负右正)作用下导通,使 R_L 中继续流过电流,通常称其为续流二极管。

为了获得良好的稳压效果,采样、基准、比较放大电路构成了反馈控制系统。例如,当输出电压 U_O 由于 U_I 上升或 R_L 增大而略有增大时,采样、基准、比较放大电路将 U_O 的变化送到方波发生器,使它发送出的高电平时间减小,则调整管的导通时间减小,输出电压 U_O 就会减小,从而使 U_O 基本保持稳定;反之,当 U_I 或 R_L 变化使 U_O 减小时,采样、基准、比较放大电路和方波发生器的自动调节,使调整管的导通时间延长,增大 U_O,同样能使 U_O 保持基本稳定。

由上述可知,调整管工作在开关状态(即导通时电流大、管压降小,截止时电流小、管压降大)管耗很小,因此电路的输出功率接近输入功率,电路的效率显著提高,特别适合于要求整机体积和质量都较小的电子设备。例如计算机、电视机等的电源。

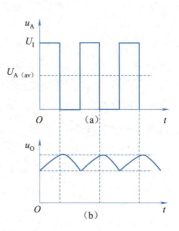

图 4-16 u_A 和 u_O 的波形

②并联式开关型直流稳压电路。将串联式开关型直流稳压电路的储能电感 L 与续流二极管位置互换,使储能电感 L 与负载并联,即成为并联式开关型直流稳压电路。其电路如图 4-17 所示。

在调整管饱和导通期间,输入直流电压 U_I 通过调整管 VT 加到储能电感两端,在 L 中产生上正下负的自感电动势,使续流二极管 VD 反偏截止,以便 L 将 VT 的能量转换成磁场能存储于线圈中。调整管 VT 导通时间越长,I_L 越大,L 存储的能量越多。

在调整管从饱和导通跳变到截止瞬间,切断外电源能量输入电路,L 的自感作用将产生上负下正的自感电动势,导致续流二极管 VD 正偏导通,这时 L 将通过 VD 释放能量并向储能电容 C 充电,并同时向负载供电。

当调整管再次饱和导通时,虽然续流二极管 VD 反向截止,但可由储能电容释放能量向负载供电。

通过上面分析,可以归纳出开关型直流稳压电路的工作原理。调整管导通期间,储能电感储能,并由储能电容向负载供电;调整管截止期间,储能电感释放能量对储能电容充电,同时向负载供电。这两个元件还同时具备滤波作用,使输出波形平滑。

在实际使用时,为了防止交流电源与电子设备整机地板带电,储能电感以互感变压器的形式出现,如图 4-18 所示。

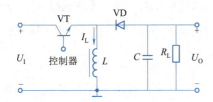

图 4-17 并联式开关型直流稳压电路

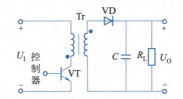

图 4-18 变压器耦合式开关型直流稳压电路

2. 三端式开关型集成稳压器

三端式开关型集成稳压器产品有 YDS1×× 和 YDS2×× 系列等，其输出电压有 5 V、12 V、15 V 和 24 V，共 4 个档次，型号的第一位数字表示输出电流值，后两位数字表示输出电压值，如 YDS105 表示输出电流为 1 A，输出电压为 5 V。图 4-19 是 YDS××× 系列三端式开关型集成稳压器的引脚排列图，其中引脚 1 为输入端，引脚 2 为公共端，引脚 3 为输出端。引脚 2 与引脚 4 之间接电阻可使输出电压增大；引脚 3 与引脚 4 之间接电阻可使输出电压减小。

YDS××× 系列三端式开关型集成稳压器的典型应用电路如图 4-20 所示。使用时，电容器 C_1 尽量靠近引脚 1、引脚 2；电容器 C_2 容量越大时，瞬态特性越好。

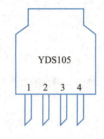

图 4-19　YDS××× 系列三端式开关型集成稳压器的引脚排列图

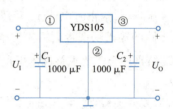

图 4-20　YDS××× 系列三端式开关型集成稳压器的典型应用电路

思 考 题

(1) 开关型直流稳压电路有哪些主要优点？为什么它的效率比线性稳压电路高？

(2) 开关型直流稳压电路主要由哪几部分组成？各组成部分的作用是什么？

4.4　单向晶闸管及可控整流电路

4.4.1　单向晶闸管

1. 单向晶闸管的结构和工作特点

(1) 结构。单向晶闸管由 4 层半导体 P_1、N_1、P_2 和 N_2 重叠构成，内部形成 3 个 PN 结 J_1、J_2 和 J_3。由最外层的 P_1、N_2 分别引出两个电极，分别称为阳极 A 和阴极 K，由 P_2 引出的电极称为控制极（又称门极）G。单向晶闸管的外形、结构和符号如图 4-21 所示。

(2) 单向晶闸管的工作特点：

①当在单向晶闸管的阳极与阴极之间加反向电压（即阳极接低电位，阴极接高电位）时，无论控制极是否加电压，单向晶闸管均不会导通，这种情况称为反向阻断。

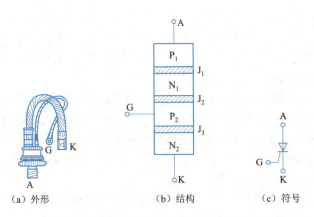

图 4-21 单向晶闸管的外形、结构和符号

②当在单向晶闸管的阳极与阴极之间加正向电压(即阳极接高电位,阴极接低电位)时,如果控制极不加触发电压,则单向晶闸管也不会导通,这种情况称为正向阻断。

③当在单向晶闸管的阳极与阴极之间加正向电压,控制极与阴极之间加适当的触发电压时,单向晶闸管处于导通状态,且导通后晶闸管的压降很小,只有 1 V 左右。

④单向晶闸管一经导通,即使触发电压消失,仍能保持导通状态。

⑤只有单向晶闸管的阳极与阴极之间的正向电压降低到某一最小值或加反向电压时,单向晶闸管才转为关断状态。

2. 单向晶闸管的主要参数

(1)电压参数:

①正向阻断重复峰值电压 U_{VFM}。在额定结温和控制极开路的条件下,重复频率为每秒 50 次,每次持续时间不大于 10 ms,允许重复加在晶闸管 A、K 极上的最大的正向峰值电压,称为正向阻断重复峰值电压,一般取 $U_{VFM}=0.8U_{BO}$。

②反向重复峰值电压 U_{VRM}。在额定结温和控制极开路的条件下,重复频率为每秒 50 次,每次持续时间不大于 10 ms,允许重复加在晶闸管 A、K 极上的最大的反向峰值电压,称为反向重复峰值电压,一般取 $U_{VRM}=0.8U_{BR}$。

③晶闸管的额定电压 U_T。通常把 U_{VFM} 和 U_{VRM} 中较小者,再取相应于标准电压中偏小的电压值作为器件的标称额定电压。为了防止工作中的晶闸管遭受瞬态过电压的损害,在选用晶闸管的额定电压时要留有余量。通常取额定电压为正常工作时峰值电压的 2~3 倍。

④通态正向平均电压 U_F。在规定的环境温度和标准散热条件下,器件正向通过正弦半波额定电流时,其两端的电压降在一周期内的平均值称为通态正向平均电压,又称管压降,其值在 0.4~1.2 V 之间。

(2)电流参数:

①额定正向平均电流 I_F。在规定的环境温度(+40 ℃)及散热条件下,允许通过电阻性负载单相工频正弦波电流的平均值称为额定正向平均电流。为了在使用中不

仿真

晶闸管的
导电特性

使晶闸管过热，一般取 I_F 为电路正常工作平均电流的 1.5~2 倍。

②维持电流 I_H。在室温和控制极开路的条件下，晶闸管被触发导通后维持导通所必需的最小电流，称为维持电流。维持电流小的晶闸管，工作比较稳定。

(3) 控制极参数：

①控制极触发电压 U_G 和触发电流 I_G。在规定的环境温度和阳极与阴极间加一定的正向电压的条件下，使晶闸管从阻断状态转变为导通状态所需的最小控制极直流电压、最小控制极直流电流分别称为控制极触发电压、触发电流。控制电压小的晶闸管，灵敏度高，便于控制。一般 U_G 为 1~5 V，I_G 为几毫安到几百毫安，为保证可靠触发，实际值应大于额定值。

②控制极反向电压 U_{GR}。在规定结温条件下，控制极与阴极之间所能加的最大反向电压峰值，称为控制极反向电压。U_{GR} 一般不超过 10 V。

除此之外，还有反映晶闸管动态特性的性能参数，如导通时间 t_{on}、关断时间 t_{off}、通态电流上升率 di/dt、断态电压上升率 du/dt 等。

3. 晶闸管的型号

国产晶闸管的型号有两个系列，即 KP 系列和 3CT 系列。

额定通态平均电流的系列为 1 A、5 A、10 A、20 A、30 A、50 A、100 A、200 A、300 A、400 A、500 A、600 A、900 A、1 000 A 等 14 种规格。

额定电压在 1 000 V 以下的，每 100 V 为一级；1 000~3 000 V 范围内的每 200 V 为一级，用百位数或千位及百位数组合表示级数。

4.4.2 单相可控整流电路

由于晶闸管具有和半导体二极管相似的单向导电性，因此晶闸管也具有整流作用。但是晶闸管与二极管相比有一个明显的区别，就是通过改变加在控制极上电压的时间，能够对晶闸管进行控制，达到调节输出电压的目的，从而实现可控制整流。晶闸管可控整流的主电路有单相半波、单相桥式和三相桥式等多种形式，其输出可接电阻、电容、电感等多种负载。本节主要讨论单相半波可控整流电路和单相半控桥式电阻性负载的可控整流电路。

单相半波可控整流电路

1. 单相半波可控整流电路

(1) 电路组成。用晶闸管替代单相半波整流电路中的二极管就构成了单相半波可控整流电路，如图 4-22(a) 所示。

(2) 工作原理。设 $u_2 = \sqrt{2} U_2 \sin \omega t$，电路中各点的波形如图 4-22(b) 所示。

在 u_2 正半周，晶闸管承受正向电压，但在 $0 \sim \omega t_1$ 期间，因控制极未加触发脉冲，故不导通，u_2 全部加在晶闸管上，即 $u_{VT} = u_2$，$u_L = 0$。

在 $\omega t_1 = \alpha$ 时，触发脉冲加到控制极，晶闸管导通，由于晶闸管导通后的管压降很小，约 1 V，与 u_2 的大小相比可忽略不计，因此在 $\omega t_1 \sim \pi$ 期间，$u_L = u_2$，并有相应的电流流过。

当交流电压 u_2 过零值时，流过晶闸管的电流小于维持电流，晶闸管便自行关断，$u_L = 0$。

当交流电压 u_2 进入负半周时,晶闸管承受反向电压,无论控制极加不加触发电压,晶闸管均不会导通,呈反向阻断状态,$u_L=0$。当下一个周期到来时,电路将重复上述过程。

晶闸管在正向阳极电压下,不导通的范围称为控制角(又称触发角),用 α 表示;导通的范围称为导通角,用 θ 表示。对电阻性负载来说,$\theta=\pi-\alpha$,如图 4-22(b)所示。显然,控制角 α 越小,导通角 θ 就越大。当 $\alpha=0$ 时,导通角 $\theta=\pi$,为全导通。α 的变化范围为 $0\sim\pi$。

由此可见,改变触发脉冲加入时刻就可以控制晶闸管的导通角,负载上电压平均值也随之改变,α 增大,输出电压减小;反之,α 减小,输出电压增大,从而达到可控整流的目的。

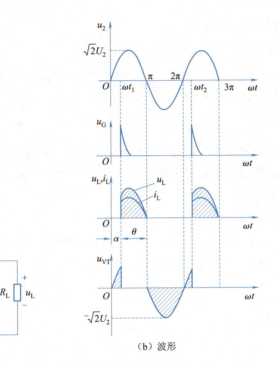

图 4-22　单相半波可控整流电路及波形

(3)输出电压和电流的平均值。由图 4-22(b)可知,负载电压 u_L 是正弦半波的一部分,在一个周期内的平均值用 U_L 表示,其大小为

$$U_L = \frac{1}{2\pi}\int_\alpha^\pi \sqrt{2}U_2\sin\omega t\,\mathrm{d}(\omega t) = \frac{\sqrt{2}}{2\pi}U_2(1+\cos\alpha) = 0.45U_2\frac{1+\cos\alpha}{2} \tag{4-10}$$

当 $\alpha=0$,$\theta=\pi$ 时,晶闸管全导通,相当于二极管单相半波整流电路,输出电压平均值最大可至 $0.45U_2$;当 $\alpha=\pi$,$\theta=0$ 时,晶闸管全阻断,$U_L=0$。

负载电流的平均值为

$$I_L = \frac{U_L}{R_L} = 0.45\frac{U_2}{R_L}\times\frac{1+\cos\alpha}{2} \tag{4-11}$$

(4)晶闸管上的电压和电流。由图4-22(b)可以看出,晶闸管上所承受的最高正向电压和最高反向电压均为 $U_{VTm} = \sqrt{2}U_2$,根据参数中对额定电压的取值要求,晶闸管的额定电压应取其峰值电压的2~3倍。

流过晶闸管的平均电流 $I_{VT} = I_L$,则晶闸管的额定电流为 $I_F \geqslant (1.5 \sim 2)I_{VT}$。

例 4-2 如图4-22(a)所示电路,已知:$U_2 = 100$ V,$R_L = 10$ Ω,控制角 α 的调节范围为30°~180°,试求:(1)输出电压的调节范围;(2)晶闸管两端的最大反向电压;(3)流过晶闸管的最大平均电流。

解 (1) α=30°时,$U_L = 0.45U_2 \dfrac{1+\cos\alpha}{2} = 0.45 \times 100 \times \dfrac{1+\cos 30°}{2}$ V ≈ 42 V

α=180°时,$U_L = 0.45U_2 \dfrac{1+\cos\alpha}{2} = 0.45 \times 100 \times \dfrac{1+\cos 180°}{2}$ V = 0 V

所以,输出电压的调节范围为0~42 V。

(2)晶闸管两端的最大反向电压为

$$U_{VTrm} = \sqrt{2}U_2 = \sqrt{2} \times 100 \text{ V} = 141.4 \text{ V}$$

(3)流过晶闸管的最大平均电流为

$$I_{VTmax} = I_{Lmax} = \dfrac{U_{Lmax}}{R_L} = \dfrac{42}{10} \text{ A} = 4.2 \text{ A}$$

半波可控整流电路的主要优点是电路简单,所使用的元器件少,缺点是输出电压低、脉动大,变压器利用率低。因此,除了在要求不高、负载电流较小的场合下应用外,其他场合很少采用。

2. 单相半控桥式整流电路

(1)电路组成。将二极管桥式整流电路中的两个二极管用晶闸管替换,就构成了单相半控桥式整流电路,如图4-23(a)所示。

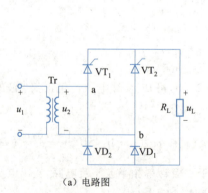

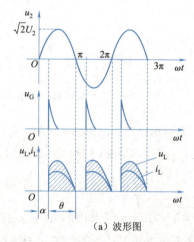

(a) 电路图　　　　　　　　　　(a) 波形图

图4-23 单相半控桥式整流电路及波形

(2)工作原理。设 $u_2 = \sqrt{2}U_2\sin\omega t$。电路各点的波形如图4-23(b)所示。

在 u_2 的正半周，a 端为正电压，b 端为负电压时，V_1 和 VD_1 承受正向电压，当 $\omega t = \alpha$ 时，触发晶闸管 V_1 使之导通，其电流回路为电源 a 端→V_1→R_L→VD_1→电源 b 端。若忽略 V_1、VD_1 的正向压降，输出电压 u_L 与 u_2 相等，极性为上正下负，这时 V_2、VD_2 均承受反向电压而不导通。电源电压 u_2 过零时，V_1 阻断，电流为零。

在 u_2 的负半周，a 端为负，b 端为正，V_2 和 VD_2 承受正向电压，当 $\omega t = \pi + \alpha$ 时，触发晶闸管 V_2 使之导通，其电流回路为电源 b 端→V_2→R_L→VD_2→电源 a 端，负载电压大小和极性与 u_2 在正半周时相同，这时 V_1 和 VD_1 均承受反向电压而阻断。当 u_2 由负值过零时，V_2 阻断，电流为零。

在 u_2 的第二个周期内，电路将重复第一个周期的变化。如此重复下去。

(3) 输出直流电压和电流的平均值。由图 4-23(b) 可见，半控桥式与半波可控整流电路相比，其输出电压的平均值要大 1 倍，即

$$U_L = \frac{1}{\pi}\int_{\alpha}^{\pi}\sqrt{2}U_2\sin\omega t\,d(\omega t) = \frac{\sqrt{2}}{\pi}U_2(1+\cos\alpha) = 0.9 U_2\frac{1+\cos\alpha}{2} \quad (4\text{-}12)$$

负载电流的平均值为

$$I_L = \frac{U_L}{R_L} = 0.9\frac{U_2}{R_L}\times\frac{1+\cos\alpha}{2} \quad (4\text{-}13)$$

(4) 整流元件上的电压和电流。由工作原理及波形图可得，晶闸管和二极管可能承受的最大正向电压均等于电源电压的最大值，即 $\sqrt{2}U_2$；晶闸管和二极管所承受的最高反向电压也为 $\sqrt{2}U_2$。

流过每个晶闸管和二极管电流的平均值等于负载电流的一半，即 $I_V = I_{VD} = \frac{1}{2}I_L$。

例 4-3 某纯电阻负载要求的电压范围为 0～180 V，电流范围为 1～10 A。现采用单相半控桥式整流电路供电，试求交流电压 u_2 的有效值，并选择整流元件。

解 设在导通角 θ 为 180°（控制角 $\alpha = 0°$）时，$U_{Lmax} = 180$ V，$I_{Lmax} = 10$ A。

交流电压有效值为

$$U_2 = \frac{U_{Lmax}}{0.9} = \frac{180}{0.9}\text{ V} = 200\text{ V}$$

实际上还要考虑电网电压波动、管压降及导通角往往达不到 180°（一般只有 160°～170°）等因素，故交流电压应比上述计算结果加大 10% 左右，即 200×1.1 V = 220 V。因此，本例可不用变压器，直接接到 220 V 交流电源上使用。

晶闸管和二极管承受的最大正、反向电压都等于交流电压的最大值，即

$$U_{fm} = U_{rm} = \sqrt{2}U_2 = \sqrt{2}\times 220\text{ V} = 311\text{ V}$$

通过晶闸管和二极管电流的最大平均值为

$$I_{VTm} = I_{VDmax} = \frac{1}{2}I_L = \frac{1}{2}\times 10\text{ A} = 5\text{ A}$$

为了保证晶闸管在出现瞬时过电压时不致损坏，通常按下式选取晶闸管的 U_{VFM} 和 U_{VRM}，即

$$U_{VFM} \geq (2\sim 3)U_{fm} = (2\sim 3)\times 311,\text{ 取 } U_{VFM} = 700\text{ V}$$

$$U_{\text{VRM}} \geq (2\sim3)U_{\text{rm}} = (2\sim3) \times 311, \text{取 } U_{\text{VRM}} = 700 \text{ V}$$

因此，晶闸管可选用 KP10-7(10 A,700 V)。考虑留有余量，采用 10 A 的。二极管可选用 2CZ58E(10 A,300 V)，因为二极管的最大反向工作电压一般取反向击穿电压的一半，已有较大余量，故选 300 V 的。

4.4.3 单结晶体管触发电路

为使晶闸管导通，除加正向阳极电压外，还必须加正向控制电压，即触发电压。为晶闸管提供触发电压的电路，称为晶闸管的触发电路。触发电路的种类很多，本节只介绍常用单结晶体管触发电路。

1. 单结晶体管

（1）结构。单结晶体管的结构示意图如图 4-24(a)所示。它是在一块高电阻率的 N 型硅片两端制作两个接触电极，分别是第一基极 B_1 和第二基极 B_2。在靠近第二基极 B_2 处的 N 型硅片上掺入 P 型杂质，于是形成一个 PN 结，并引出电极，作为发射极 E。单结晶体管的等效电路如图 4-24(b)所示，其中 R_{B1} 为第一基极与发射极之间的电阻，其阻值随发射极电流 i_E 而变化；R_{B2} 为第二基极与发射极之间的电阻，其阻值不变。单结晶体管的符号如图 4-24(c)所示。

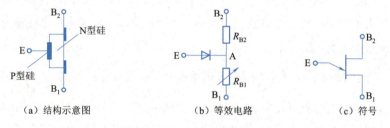

（a）结构示意图　　（b）等效电路　　（c）符号

图 4-24　单结晶体管的结构示意图、等效电路及符号

单结晶体管虽然有 3 个电极，但不是三极管，而是具有 3 个电极的二极管，管内只有 1 个 PN 结，所以称为单结晶体管。由于有 2 个基极，所以又称双基极二极管。

（2）工作原理：

①当在发射极上不加电压时，在两个基极 B_1 与 B_2 之间加电压 U_{BB}（B_1 接低电位，B_2 接高电位），则 R_{B1} 上分压为

$$U_A = \frac{R_{B1}}{R_{B1}+R_{B2}}U_{BB} = \eta U_{BB} \tag{4-14}$$

式中，$\eta = \dfrac{R_{B1}}{R_{B1}+R_{B2}}$ 称为分压比。不同的单结晶体管有不同的分压比，其数值与单结晶体管的结构有关，一般在 0.5~0.9 之间，它是单结晶体管的一个重要参数。

②在两个基极之间加 U_{BB} 的同时，在发射极 E 与第一基极 B_1 间加电压 U_{EE}，将可调直流电源 U_{EE} 通过限流电阻 R_E 接到 E 和 B_1 之间，如图 4-25(a)所示。当 $u_{EB1} < U_A + U_J$（U_J 为 PN 结的压降）时，PN 结承受了反向电压，发射极上只有很小的反向电流通过，单结晶体管处于截止状态，这段特性区称为截止区。如图 4-25(b)中的 AP 段。

③当 $u_{EB1} > U_A + U_J$ 时,PN 结正向导通,发射极电流 i_E 突然增大,R_{B1} 急剧下降,i_{B1} 出现一个较大的脉冲电流。这个突变点的电压称为峰点电压,用 U_P 表示,并且 $U_P = \eta U_{BB} + U_J$。对应的电流称为峰点电流 I_P。峰点电压是单结晶体管的一个很重要的参数,它表示单结晶体管未导通前的最大发射极电压。

④单结晶体管导通后,因发射极 E 与第一基极 B_1 之间的 PN 结的动态电阻表现为负阻,因此 i_E 自动地快速增大,而 u_{EB1} 反而下降,如图 4-25(b)中的 PV 段曲线。当发射极电流 i_E 增大到某一值时,电压 u_{EB1} 下降到最低点,该点电压称为谷点电压,用 U_V 表示,谷点电压 U_V 是单结晶体管导通的最小发射极电压。对应的电流 i_E 称为谷点电流,用 I_V 表示。只要 i_E 稍小于 I_V,PN 结将再次反偏,使单结晶体管重新截止。

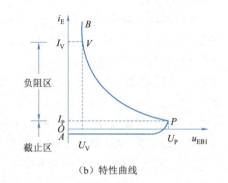

图 4-25 单结晶体管的特性

2. 单结晶体管自激振荡电路

用单结晶体管构成的自激振荡电路如图 4-26 所示。当电路接通电源 U_{BB} 后,电容 C 就开始充电,u_C 按指数曲线上升。当 $u_C < U_P$ 时,单结晶体管是截止的,发射极电流 $i_E \approx 0$,所以 R_1 两端没有脉冲输出。当 u_C 上升到 U_P 时,i_E 急剧上升,单结晶体管突然导通,于是电容器上的电压 u_C 迅速地通过 R_1 放电,故 R_1 两端便输出一个尖脉冲。随着电容器 C 的放电,u_C 下降,当 u_C 下降到 U_V 时,单结晶体管截止,$i_E \approx 0$。R_1 上触发脉冲消失。接下来,U_{BB} 又向电容 C 充电,重复上述过程。单结晶体管自激振荡输出的触发脉冲波形如图 4-26(b)所示。

仿真

单结晶体管自激振荡电路

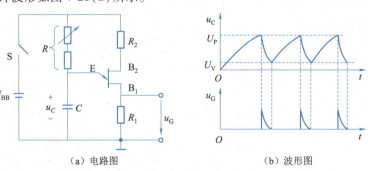

图 4-26 单结晶体管振荡电路及波形

改变充电电阻 R 或电容 C 的值,就可以改变电容充电的速度,即改变锯齿波电压 u_C 的频率和脉冲波 u_G 的时间间隔。而 u_G 的宽度,主要取决于电容 C 放电时间常数 $R_1 C$。电阻 R_2 的作用是补偿温度对峰点电压 U_P 的影响,一般 $R_2 = 300 \sim 500 \ \Omega$。

用单结晶体管构成自激振荡电路的输出作为晶闸管的触发脉冲,这种触发电路是使用较广的一种触发电路。它具有电路简单、可靠、脉冲前沿陡、温度补偿好等优点。

3. 单结晶体管的同步触发电路

图 4-26 所示的振荡电路虽然能够产生周期可调的脉冲,但由于此触发脉冲与主电路的电源电压不同步,所以此电路不能直接作为可控整流触发电路。在可控整流电路中,触发电路必须与主电路同步。

单结晶体管触发的单相半控桥式整流电路如图 4-27(a)所示,图中下半部分为主电路,是单相半控桥式整流电路。上半部分为单结晶体管触发电路。同步变压器 Tr 的一次线圈接在 220 V 交流电源上,二次线圈得到同频率的交流电压,经单相桥式整流,变成脉动直流电压 u_{AD},再经稳压管削波变成梯形波电压 u_{BD}。u_{BD} 作为触发电路的工作电压,加削波环节的目的是:首先起到稳压作用,使单结晶体管输出的脉冲幅值不受交流电源波动的影响,提高了脉冲的稳定性;其次,经过削波后,可提高交流同步电压的幅值,增加梯形波的陡度,扩大移相范围。由于主电路和触发电路接在同一交流电源上,起到了很好的同步作用,当电源电压过零时,振荡自动停止,故电容每次充电时,总是从电压的零点开始,这样就保证了脉冲与主电路晶闸管的阳极电压同步。

在每个周期内的第一个脉冲为触发脉冲,其余的脉冲没有作用。调整电位器 R_P,使触发脉冲移相,改变控制角 α。电路中各点波形如图 4-27(b)所示。

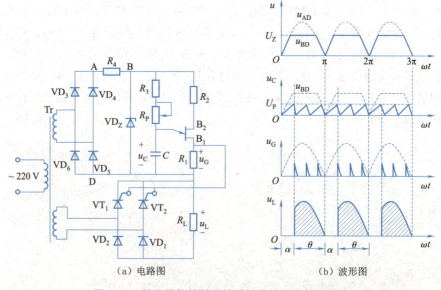

(a) 电路图　　(b) 波形图

图 4-27　单结晶体管触发的单相半控桥式整流电路

思考题

(1)晶闸管具有什么特性？其导通的条件是什么？怎样关断已导通了的晶闸管？

(2)什么是晶闸管的控制角、导通角？在阻性负载的可控整流电路中，控制角和导通角之间有什么关系？

(3)怎样调整由单结晶体管构成的振荡器的振荡频率？

(4)在图4-27(a)中，为什么要把触发电路和可控整流电路接在同一电源上？为什么要接稳压管削波环节？

4.5 双向晶闸管及单相交流调压电路

4.5.1 双向晶闸管和双向触发二极管

1. 双向晶闸管

双向晶闸管是一种由5层半导体构成的三端器件，内部有4个PN结，外部引出3个电极。3个电极分别为第一阳极A_1、第二阳极A_2和控制极G，其符号如图4-28所示。

双向晶闸管相当于两只反向并联工作的单向晶闸管，具有双向可控导通的特性。在A_1和A_2之间，无论加的是正向电压还是反向电压，只要在G极上加适当的触发电压u_G就可以使它由阻断变为导通。所以可在交流无触点开关或调压电路中使用。

2. 双向触发二极管

双向触发二极管简称触发二极管，它是由N、P、N 3层半导体构成的二端半导体器件，其符号如图4-29所示。当两个电极之间所加的正向或反向电压达到转折电压（即耐压值）U_{BO}（有3个等级：20～60 V、100～150 V和200～250 V）时，双向二极管便导通，产生触发电压将晶闸管触发导通。双向触发二极管常用来触发双向晶闸管，构成过电压保护电路、定时器等。

图4-28 双向晶闸管的符号

图4-29 双向二极管的符号

4.5.2 单相交流调压电路及其应用

在交流电每个周期内对晶闸管的导通进行控制，调节输出电压的有效值，这种电路称为交流调压电路。本节以用双向晶闸管构成的、带电阻性负载的单相交流调压电路为例,介绍交流调压电路的工作原理。

1. 单相交流调压电路

带电阻性负载的单相交流调压电路,如图 4-30 所示。

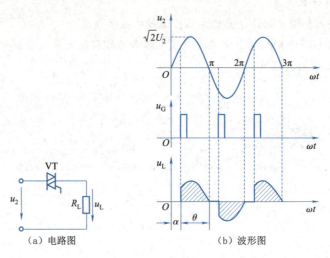

图 4-30　单相交流调压电路(电阻性负载)及波形

在 $0 \sim \alpha$ 期间,由于双向晶闸管 VT 的控制极没有触发信号 u_G,所以 VT 不导通;此时 u_2 全部加在 VT 上,负载两端没有电压,即 $u_{VT} = u_2, u_L = 0$。

在 $\alpha \sim \pi$ 期间,当 $\omega t = \alpha$ 时刻,VT 的控制极加触发信号 u_G,所以 VT 导通,此时 $u_{VT} = 0, u_L = u_2$。

当 $\omega t = \pi$ 时,$u_2 = 0$,VT 自然关断。

同理,在 u_2 的负半周,$\omega t = \pi + \alpha$ 时刻,给 VT 加触发信号,则 VT 再次导通。其工作波形如图 4-30(b)所示。

可以看出,负载电压的波形是电源电压波形的一部分。改变控制角 α,则负载电压的波形随之发生变化,电压的有效值也随之变化,从而实现了交流调压作用。

2. 单相交流调压电路的应用

图 4-31 为交流调光台灯电路,是单相交流调压电路的一种典型应用电路。

触发电路由两节 RC 移相网络及双向二极管 VD 组成。当电源电压 u 为上正下负时,电源电压通过 R_P 和 R_1 向 C_1 充电,当电容 C_1 上的电压达到双向二极管 VD 的正向转折电压时,VD 突然导通,产生正向触发脉冲 u_G,双向晶闸管 VT 由 A_2 向 A_1 方向导通,负载 R_L 上得到相应的 $\alpha \sim \pi$ 正半波交流电压。在电源电压过零瞬间,晶闸管电流小于维持电流 I_H 而自动关断。当电源电压 u 为上负下正时,电源对 C_1 反向充电,C_1 上的电压为下正上负,当 C_1 上的电压达到双向触发二极管 VD 的反向转折电压时,双向触发二极管 VD 导通,产生反向触发脉冲 u_G,晶闸管由 A_1 向 A_2 方向导通,负载 R_L 上得到相应的负半波交流电压。工作波形与图 4-30(b)波形类似。

调节可变电阻 R_P 的阻值时,改变了电容 C_1 充电的时间常数,即改变了触发脉冲

仿真

交流调光灯电路

出现的时刻,使双向晶闸管的导通角 θ 受到控制,从而达到交流调压的目的。

在图 4-31 中,设置了 R_2C_2 移相网络,它与 R_P、R_1、C_1 一起构成两节移相网络,这样移相范围可接近 180°,使负载电压可从 0 V 开始调起,即灯光可从全暗逐渐调亮。

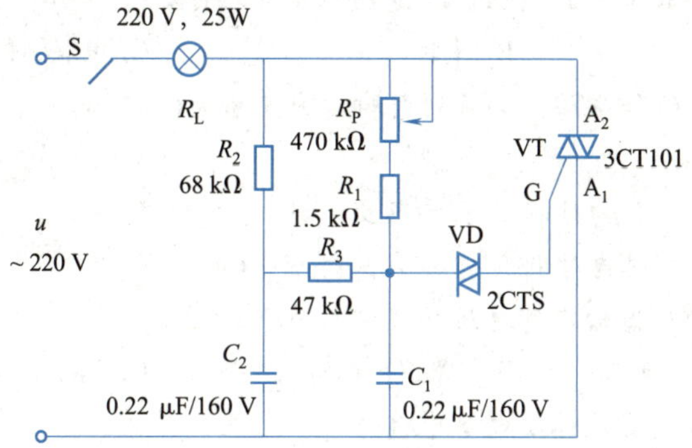

图 4-31 交流调光台灯电路

思考题

(1) 双向晶闸管与单向晶闸管的工作特性有什么不同?
(2) 双向触发二极管与双向晶闸管有什么不同?
(3) 试分析交流调光台灯的工作原理。

习　题

一、填空题

1. 直流稳压电源一般由_____、_____、_____和_____组成。

2. 晶体管串联型直流稳压电路由_____、_____、_____和_____等部分组成。

3. 稳压电路的主要技术指标包括_____和_____。

4. 晶体管串联型直流稳压电路(见图 4-3)中 R_P 的作用是_____，输出电压调整范围的表达式为_____。

5. 开关型直流稳压电路按负载与储能电感的连接方式不同可分为_____和_____两种类型。

6. 单向晶闸管的结构是由_____4 层半导体材料组成,形成_____个 PN 结,3 个电极分别是_____极、_____极和_____极。

7. 关断已导通的单向晶闸管的方法是_____电流;或在阳极和阴极之间加_____电压。

8. 当在单向晶闸管的阳极和阴极间加反电压时,无论控制极是否加触发电压,晶闸管均_____。

二、选择题

1. 稳压电路就是当电网电压波动或负载变化时,使输出电压(　　)。
   A. 恒定　　　　　　B. 基本不变　　　　　　C. 变化

2. 硅稳压管并联型直流稳压电路是指稳压管与负载(　　)。
   A. 串联　　　　　　B. 并联　　　　　　C. 串联、并联都可以

3. W78××系列和W79××系列引脚对应关系为(　　)。
   A. 一致
   B. 1引脚与3引脚对调,2引脚不变
   C. 1引脚与2引脚对调

4. 三端集成稳压器输出负电压并可调的是(　　)。
   A. CW79××系列　　　B. CW337系列　　　C. CW317系列

5. 串联式开关型直流稳压电路中,(　　)。
   A. 开关管截止时,续流二极管提供的电流方向和开关管导通时一样
   B. 开关管和续流二极管同时导通
   C. 开关管间断导通,续流二极管持续导通

6. 关于单向晶闸管,下面叙述不正确的是(　　)。
   A. 具有反向阻断能力
   B. 导通后,控制极失去作用
   C. 导通后,控制极仍起作用

三、判断题

1. 直流稳压电源的输出电压在任何情况下都是绝对不变的。　(　　)
2. 硅稳压管直流稳压电路中的限流电阻起到限流和调整电压的双重作用。(　　)
3. 在串联型直流稳压电路中,改变采样电路的电阻比值可以调整输出电压大小。　(　　)
4. 稳压电源的最大输出电压值总是小于输入电压值。　(　　)
5. 在开关型直流稳压电源中,调整管工作在饱和与截止两种状态。(　　)
6. 开关型直流稳压电源输出电压的大小取决于开关调整管的导通时间长短。(　　)
7. 并联开关型直流稳压电路可以实现输出电压大于输入电压。(　　)
8. 对于理想的直流稳压电路,$\Delta U_O / \Delta U_I = 0$,$R_O = 0$。　(　　)
9. 线性直流稳压电源和开关型直流稳压电源中的调整管工作在放大状态。(　　)
10. 只要给单向晶闸管加正向阳极电压,它就会导通。　(　　)

四、分析与计算题

1. 若稳压二极管 VD_{Z1} 和 VD_{Z2} 的稳定电压分别为 6 V 和 10 V,正向导通压降 $U_{VD} = 0.7$ V,求图 4-32 所示电路中的输出电压 U_O。

2. 硅稳压管并联型直流稳压电路如图 4-33 所示,其中 $U_I = 20$ V,稳压管为 2CW58,其 $U_Z = 10$ V,$I_{ZM} = 23$ mA,$I_Z = 5$ mA,动态电阻 $r_Z = 25$ Ω,若输入电压 U_I 有 ±10% 的变化,$R_L = 2$ kΩ。试求:(1) 限流电阻 R 的取值范围;(2) $R = 500$ Ω 时,U_O 的相对变化量。

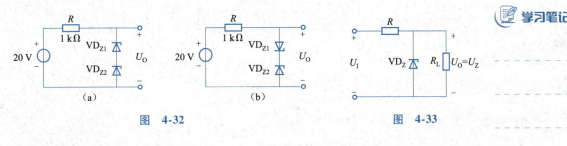

图 4-32　　　　　　　　　　　图 4-33

3. 图 4-34 所示电路为晶体管串联型直流稳压电源电路,已知:稳压管 VD_Z 的稳压值 $U_Z=6\text{ V}$,各晶体管的 $U_{BE}=0.3\text{ V}$,$R_1=50\text{ }\Omega$,$R_2=750\text{ }\Omega$,$R_P=560\text{ }\Omega$,$R_3=270\text{ }\Omega$,$R_4=6.2\text{ k}\Omega$,试求:(1)输出电压的调节范围;(2)当电位器 R_P 调到中间位置时,估算 A、B、C、D、E 各点的电压值;(3)当电网电压升高或降低时,说明上列各点电位的变化趋势和稳压过程。

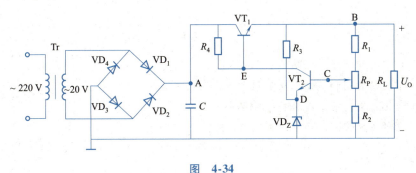

图 4-34

4. 根据下列几种情况,选择合适的集成稳压器的型号。(1)$U_O=+12\text{ V}$,R_L 最小值约为 15 Ω;(2)$U_O=+6\text{ V}$,最大负载电流为 300 mA;(3)$U_O=-15\text{ V}$,输出电流范围是 10~80 mA。

5. 在单相半波可控整流电阻性负载的电路中,已知 $U_2=100\text{ V}$,$R_L=10\text{ }\Omega$,控制角 $\alpha=60°$,试求:(1)输出电压的平均值;(2)晶闸管两端的最高反向工作电压;(3)流过晶闸管电流的平均值。

6. 某电阻性负载要求在 0~60 V 范围内调压,现采用单相半控桥式整流电路,直接由 220 V 电网供电,试计算整流电路输出电压为 10 V、30 V、60 V 时晶闸管的导通角。

7. 某电阻性负载,采用单相半控桥式整流电路供电,已知变压器变比 $k=2$,交流电源电压为 220 V。如果晶闸管的控制角 α 的变化范围为 20°~160°,试计算整流电路的调压范围。

第5章

数字电路基础

学习笔记

学习内容

- 数字信号与数字电路的基本概念。
- 常用的数制和码制以及数制之间的相互转换。
- 逻辑代数的基本概念和逻辑运算。
- 逻辑函数常用表示方法及化简方法。

学习目标

- 了解数字信号与数字电路的基本概念。
- 熟悉常用的数制和码制,掌握常用数制的表示方法及它们之间的相互转换。
- 掌握逻辑代数的3种基本运算和常用的复合运算。
- 掌握逻辑代数的基本定律和基本规则。
- 能用公式法和卡诺图法化简逻辑函数。

5.1 数字电路概述、数制与码制

5.1.1 数字电路概述

1. 数字信号和数字电路

电信号可分为模拟信号和数字信号两类。模拟信号指在时间上和幅度上都是连续变化的信号,如由温度传感器转换来的反映温度变化的电信号就是模拟信号,在模拟电子技术中所讨论的电路,其输入、输出信号都是模拟信号。数字信号指在时间和幅度上都是离散的信号,如矩形波就是典型的数字信号。数字信号具有不连续和突变的特性,又称脉冲信号。数字信号常用抽象出来的二值信息 1 和 0 表示,反映在电路上就是高电平和低电平两种状态。

数字电路除能对数字信号进行算术运算,还能进行逻辑运算。逻辑运算就是按照人们设计好的规则,进行逻辑推理和逻辑判断。因此,数字电路具有一定的"逻辑思维"能力,可用在工业生产中,进行各种智能化控制,以减轻人们的劳动强度,提高产品质量。在各个领域中都得到了广泛应用的计算机就是数字电路的精华。

2. 数字电路的特点

数字电路的输入和输出信号都是数字信号,数字信号是二值信号,可以用电平的高低来表示,也可以用脉冲的有无来表示,只要能区分出两个相反的状态即可。因此,构成数字电路的基本单元电路结构比较简单,对元件的精度要求不高,允许有一定的误差。这就使得数字电路适宜于集成化,做成各种规模的集成电路。

数字信号用两个相反的状态来表示,只有环境干扰很强时,才会使数字信号发生变化,因此,数字电路的抗干扰能力很强,工作稳定可靠。

3. 脉冲波形的参数

脉冲信号是指一种跃变的电压或电流信号,且持续时间极为短暂。脉冲波形的种类很多,如矩形波、尖顶波、锯齿波、梯形波等,以图 5-1 所示矩形脉冲波为例说明脉冲波形的参数。

图 5-1(a)所示的 A_m 称为脉冲幅度,t_w 称为脉冲宽度,T 称为脉冲周期,每秒交变周数 f 称为脉冲频率。脉冲开始跃变的一边称为脉冲前沿,脉冲结束时跃变的一边称为脉冲后沿。如果跃变后的幅值比起始值大,则为正脉冲,如图 5-1(b)所示;反之,则为负脉冲,如图 5-1(c)所示。

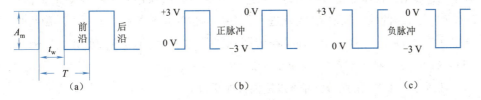

图 5-1 矩形脉冲波

5.1.2 数制

数制就是计数的方法。在日常生活中,人们习惯采用十进制,而在数字电路和计算机中广泛采用的是二进制、八进制和十六进制。

1. 常用数制

(1)十进制。十进制是人们日常生活中最熟悉、应用最广泛的计数方法,它采用 0、1、2、3、4、5、6、7、8、9 十个数码,它的计数规则是"逢十进一",十进制的基数是 10。书写时通常注有下标 10 或 D(decimal number),即十进制数表示为 $(N)_{10}$ 或 $(N)_D$。在十进制数中,数码所处的位置不同,其代表的数值不同,如 $(32.14)_D = 3 \times 10^1 + 2 \times 10^0 + 1 \times 10^{-1} + 4 \times 10^{-2}$,等号右边的表示形式,称为十进制数的多项式表示法,又称

按权展开式。对于任意一个十进制数,都可以按位权展开为

$$(N)_D = k_{n-1} \times 10^{n-1} + k_{n-2} \times 10^{n-2} + \cdots + k_1 \times 10^1 +$$
$$k_0 \times 10^0 + k_{-1} \times 10^{-1} + \cdots + k_{-m} \times 10^{-m} \quad (5\text{-}1)$$
$$= \sum_{i=-m}^{n-1} k_i \times 10^i$$

式中,n 为整数部分的数位;m 为小数部分的数位;k_i 为十进制数的任意一个数码;10^i 为十进制的位权值。

(2)二进制。二进制的基数是 2,只有 0 和 1 两个数码,二进制的计数规则是"逢二进一",即 1+1=10(读作"壹零")。**注意**:这里的"10"与十进制的"10"是完全不同的,它不代表"拾"。右边的"0"代表 2^0 位的数,左边的"1"代表 2^1 位的数,即 $(10)_2 = 1 \times 2^1 + 0 \times 2^0$。书写二进制数时,通常注有下标 2 或 B(binary number),即二进制数表示为 $(N)_2$ 或 $(N)_B$。二进制数各位的权为 2 的幂,例如,4 位二进制数 1 101,可以表示为 $(1101)_2 = 1 \times 2^3 + 1 \times 2^2 + 0 \times 2^1 + 1 \times 2^0$。

任意一个二进制的正数,都可以按位权展开为

$$(N)_B = k_{n-1} \times 2^{n-1} + k_{n-2} \times 2^{n-2} + \cdots + k_1 \times 2^1 +$$
$$k_0 \times 2^0 + k_{-1} \times 2^{-1} + \cdots + k_{-m} \times 2^{-m} \quad (5\text{-}2)$$
$$= \sum_{i=-m}^{n-1} k_i \times 2^i$$

式中,k_i 为二进制数的任意一个数码,只取 0 或 1 中的任意一个数码,2^i 为第 i 位的权。

(3)八进制。在数字系统中,二进制数位往往很长,读写不方便,一般采用八进制或十六进制对二进制数进行读和写。八进制的基数是 8,采用 8 个数码:0、1、2、3、4、5、6、7。八进制的计数规则是"逢八进一",各位的位权是 8 的幂。书写八进制数时,通常注有下标 8 或 O(octal number),即八进制数表示为 $(N)_8$ 或 $(N)_O$。例如,$(354.2)_8 = 3 \times 8^2 + 5 \times 8^1 + 4 \times 8^0 + 2 \times 8^{-1}$。

任意一个八进制的正数,都可以按位权展开为

$$(N)_O = k_{n-1} \times 8^{n-1} + k_{n-2} \times 8^{n-2} + \cdots + k_1 \times 8^1 +$$
$$k_0 \times 8^0 + k_{-1} \times 8^{-1} + \cdots + k_{-m} \times 8^{-m} \quad (5\text{-}3)$$
$$= \sum_{i=-m}^{n-1} k_i \times 8^i$$

式中,k_i 为八进制数的任意一个数码,8^i 为第 i 位的权。

(4)十六进制。十六进制的基数是 16,采用 16 个数码:0、1、2、3、4、5、6、7、8、9、A、B、C、D、E、F,其中 A~F 分别表示 10~15。书写十六进制数时,通常注有下标 16 或 H(hexadecimal number),即十六进制数表示为 $(N)_{16}$ 或 $(N)_H$。十六进制的计数规则是"逢十六进一",各位的位权是 16 的幂。例如,$(4AF.7)_{16} = (4AF.7)_H = 4 \times 16^2 + 10 \times 16^1 + 15 \times 16^0 + 7 \times 16^{-1}$。

任意一个十六进制的正数,都可以按位权展开为

$$(N)_H = k_{n-1} \times 16^{n-1} + k_{n-2} \times 16^{n-2} + \cdots + k_1 \times 16^1 + k_0 \times 16^0 +$$
$$k_{-1} \times 16^{-1} + \cdots + k_{-m} \times 16^{-m} \tag{5-4}$$
$$= \sum_{i=-m}^{n-1} k_i \times 16^i$$

式中,k_i 表示 i 位的系数,$0 \leq k_i \leq 15$,16^i 为第 i 位的权。

2. 不同进制数的相互转换

(1) 非十进制数转换为十进制数。将非十进制数转换为十进制数,只需将该数按其所在数制的位权展开,再相加取和,则得到相应的十进制数。

例 5-1 将二进制数 $(10011.101)_B$ 转换为十进制数。

解 $(10011.101)_B = 1 \times 2^4 + 0 \times 2^3 + 0 \times 2^2 + 1 \times 2^1 + 1 \times 2^0 +$
$1 \times 2^{-1} + 0 \times 2^{-2} + 1 \times 2^{-3}$
$= (19.625)_D$

例 5-2 将八进制数 $(765.4)_O$ 转换为十进制数。

解 $(765.4)_O = 7 \times 8^2 + 6 \times 8^1 + 5 \times 8^0 + 4 \times 8^{-1} = (501.5)_D$

例 5-3 将十六进制数 $(8B.E)_H$ 转换为十进制数。

解 $(8B.E)_H = 8 \times 16^1 + 11 \times 16^0 + 14 \times 16^{-1} = (139.875)_D$

(2) 十进制数转换为非十进制数:

① 整数部分的转换。将十进制数的整数转换为二进制、八进制、十六进制数,可以采用"除 R 倒取余数法",R 代表所要转换成的数制的基数。转换步骤如下:

第一步:把给定的十进制数 $(N)_D$ 除以 R,取出余数,即为最低位数的数码 k_0。

第二步:将前一步得到的商再除以 R,再取出余数,即得次低位数的数码 k_1。

以后各步类推,直到商为 0 为止,最后得到的余数即为最高位数的数码 k_{n-1}。

例 5-4 将 $(76)_D$ 转换为二进制数。

解

```
2 | 76
2 | 38      余0      即 k₀=0
2 | 19      余0      即 k₁=0
2 | 9       余1      即 k₂=1
2 | 4       余1      即 k₃=1
2 | 2       余0      即 k₄=0
2 | 1       余0      即 k₅=0
    0       余1      即 k₆=1
```

则 $(76)_D = (k_6 k_5 k_4 k_3 k_2 k_1 k_0)_B = (1001100)_B$。

例 5-5 将 $(76)_D$ 转换为八进制数。

解

```
8 | 76
8 | 9       余4      即 k₀=4
8 | 1       余1      即 k₁=1
    0       余1      即 k₂=1
```

则 $(76)_D = (114)_O$。

例 5-6 将 $(76)_D$ 转换为十六进制数。

解

$$\begin{array}{r|l} 16 & 76 \\ \hline 16 & 4 \quad \text{余} 12 \quad 即 k_0 = C \\ \hline & 0 \quad \text{余} 4 \quad 即 k_1 = 4 \end{array}$$

则 $(76)_D = (4C)_H$。

② 小数部分的转换。将十进制数的小数转换为非十进制数小数,采用"连乘基数取整数法",逐次乘基数,将每次所得乘积的整数(0 或 1),依次记为 k_{-1}、k_{-2}、…。直到小数为 0 或达到转换所要求的精度为止。然后将所得的整数从高到低读出即可。

例如,将 $(0.925)_D$ 转换为二进制数,要求为 4 位小数,其转换过程如下:

$$\begin{array}{r} 0.925 \\ \times \quad 2 \\ \hline 1.850 \end{array} \quad \text{整数部分为 1,即 } k_{-1} = 1$$

$$\begin{array}{r} 0.850 \\ \times \quad 2 \\ \hline 1.700 \end{array} \quad \text{整数部分为 1,即 } k_{-2} = 1$$

$$\begin{array}{r} 0.700 \\ \times \quad 2 \\ \hline 1.400 \end{array} \quad \text{整数部分为 1,即 } k_{-3} = 1$$

$$\begin{array}{r} 0.400 \\ \times \quad 2 \\ \hline 0.800 \end{array} \quad \text{整数部分为 0,即 } k_{-4} = 0$$

则 $(0.925)_D = (0.1110)_B$。

(3) 二进制数与八进制数之间的转换。因为二进制数与八进制数之间满足 2^3 关系,所以可将 3 位二进制数看作 1 位八进制数。或把 1 位八进制数看作 3 位二进制数。

① 二进制数转换为八进制数。将二进制数从小数点开始,分别向两侧每 3 位分为一组,若整数最高位不足一组,在左边加 0 补足一组,小数最低位不足一组,在右边加 0 补足一组,然后将每组二进制数都相应转换为 1 位八进制数。

例 5-7 将二进制数 $(10110011.11)_2$ 转换为八进制数。

解 二进制 010 110 011 . 110
八进制   2   6   3 . 6

即 $(10110011.11)_2 = (263.6)_8$。

② 八进制数转换为二进制数。将每位八进制数用 3 位二进制数表示。

例 5-8 将 $(26.35)_8$ 转换为二进制数。

解 八进制   2   6 . 3   5
二进制 010 110 . 011 101

即 $(26.35)_8 = (10110.011101)_2$。

(4)二进制数与十六进制数的相互转换。因为二进制数与十六进制数之间满足 2^4 关系,所以可将 4 位二进制数看作 1 位十六进制数。或把 1 位十六进制数看作 4 位二进制数。

①二进制数转换为十六进制数。将二进制数从小数点开始,分别向两侧每 4 位分为一组,若整数最高位不足一组,在左边加 0 补足一组,小数最低位不足一组,在右边加 0 补足一组,然后将每组二进制数都相应转换为 1 位十六进制数。

例 5-9 将 $(10111011.01111)_2$ 转换为十六进制数。

解 二进制　10111011.01111000
　　　十六进制　B　B．7　8

即 $(10111011.01111)_2 = (BB.78)_H$。

②十六进制数转换为二进制数。将十六进制数的每 1 位转换为相应的 4 位二进制数即可。

例 5-10 将 $(12A.5)_H$ 转换为二进制数。

解 十六进制数　1　　2　　A．5
　　　二进制数　0001 0010 1010．0101

即 $(12A.5)_H = (100101010.0101)_B$(最高位为 0 可舍去)。

十六进制数和二进制数的相互转换在计算机编程中使用较为广泛。当要求将八进制数和十六进制数相互转换时,可借助二进制来完成。

5.1.3 码制

数字系统中常常用 0 和 1 组成的二进制数码表示数值的大小,同时也采用一定位数的二进制数码来表示各种文字、符号信息,这个特定的二进制码称为"代码"。建立这种代码与文字、符号或特定对象之间的一一对应的关系称为"编码","编码"的规律体制就是码制。

数字电路中用得最多的是二-十进制码。所谓二-十进制码,指的是用 4 位二进制数来表示 1 位十进制数中的 0~9 这十个数码,简称 BCD 码(binary coded decimal)。由于 4 位二进制数码有 16 种不同的组合状态,若从中取出 10 种组合用以表示十进制数中 0~9 的十个数码时,其余 6 种组合则不使用(称为无效组合)。因此,当采用不同的编码方案时,可以得到不同形式的 BCD 码。

表 5-1 中列出了几种常见的 BCD 码。在二-十进制编码中,一般分为有权码和无权码。下面对表 5-1 中列出各种 BCD 码作简单地介绍。

表 5-1　常见的几种 BCD 码

十进制	有权码			无权码	
	8421BCD 码	5421BCD 码	2421BCD 码	余 3 码	格雷码
0	0000	0000	0000	0011	0000
1	0001	0001	0001	0100	0001
2	0010	0010	0010	0101	0011

续上表

十进制	有权码			无权码	
	8421BCD 码	5421BCD 码	2421BCD 码	余3码	格雷码
3	0011	0011	0011	0110	0010
4	0100	0100	0100	0111	0110
5	0101	1000	1011	1000	0111
6	0110	1001	1100	1001	0101
7	0111	1010	1101	1010	0100
8	1000	1011	1110	1011	1100
9	1001	1100	1111	1100	1101

1. 8421BCD 码

8421BCD 码是一种最基本的，应用十分普遍的 BCD 码，它是一种有权码。8421BCD 码就是指在用 4 位二进制数码表示 1 位十进制数时，每 1 位二进制数的权从高位到低位分别是 8、4、2、1。应指出的是：在 8421BCD 码中不允许出现 1010～1111 这 6 个代码，它们是没有意义的。

2. 2421BCD 码和 5421BCD 码

2421BCD 码和 5421BCD 码也属于有权码，均为 4 位代码。2421BCD 码的位权自高到低分别是 2、4、2、1，5421BCD 码的位权自高到低分别为 5、4、2、1。

3. 余 3 码

余 3 码是在 8421BCD 码的每个码上加 $(0011)_B$ 而形成的，余 3 码的各位无固定的权，为无权码。其中 0 和 9、1 和 8、2 和 7、3 和 6、4 和 5 的余 3 码互为自补代码。

4. 格雷码

格雷码也属于无权码，这种代码任意两个相邻的码只有 1 位不同，其余的各位数码均相同，故又称反射循环码。

1 位格雷码与 1 位二进制数码相同，反射出 1、0。由 1 位格雷码得到 2 位格雷码的方法是将第 1 位 0、1 以虚线为轴折叠，反射出 1、0，然后在虚线上方的数字前面补 0，虚线下方数字前面补 1，便得到了 2 位格雷码 00、01、11、10，分别表示十进制数的 0～3，如图 5-2(a)所示。用同样的方法可以得到 3 位、4 位格雷码。图 5-2(b)为由 2 位格雷码得到 3 位格雷码。

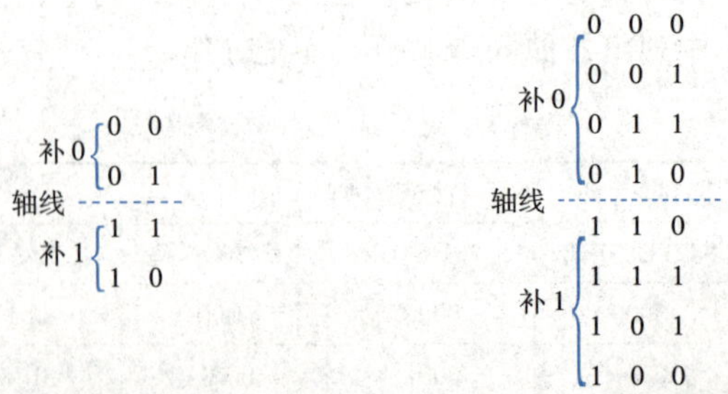

```
         补0 ⎰ 0 0              补0 ⎰ 0 0 0
              ⎱ 0 1                    ⎱ 0 0 1
                                         0 1 1
         轴线 --------                    0 1 0
         补1 ⎰ 1 1              轴线 --------
              ⎱ 1 0              补1 ⎰ 1 1 0
                                      ⎱ 1 1 1
                                        1 0 1
                                        1 0 0
    (a)由1位格雷码得到2位格雷码   (b)由2位格雷码得到3位格雷码
```

图 5-2 多位格雷码的求法

由于格雷码的任意两相邻代码间只有 1 位数码不同,所以在传输过程中易被机器识别而不容易出错,它是一种错误最小化代码。如在模拟量和数字量的转换中,当模拟量发生微小变化而可能引起数字量发生变化时,格雷码只改变 1 位,这样与其他码同时改变 2 位或多位的情况相比更为可靠,即可减少转换和传输出错的可能性。

用 BCD 码表示十进制数时,只要把十进制数的每 1 位数码分别用 BCD 码取代即可。反之,若要知道 BCD 码代表的十进制数,只要把 BCD 码以小数点为起点向左、向右每 4 位分一组,再写出每一组代码代表的十进制数,并保持原排序即可。例如,$(95.7)_D = (10010101.0111) = (11001000.1010)_{余3码}$。

此外,在数字电路中,还有一些专门处理字母、标点符号、运算符号的二进制代码,如 ASCII 码等,读者可参阅有关书籍。

思考题

(1) 数字信号和数字电路的特点是什么?
(2) 理想矩形波的参数有哪些?
(3) 在二进制数中,其位权的规律如何?8 位二进制数的最大值对应的十进制数是多少?
(4) 格雷码的特点是什么?为什么说它是可靠性代码?

5.2 逻辑代数的基本知识

逻辑代数是研究逻辑电路的数学工具,它的基本概念是由英国数学家乔治·布尔(George Boole)在 1847 年提出的,故又称布尔代数。逻辑代数是描述客观事物逻辑关系的数学方法。与普通代数一样,也是用字母表示变量和函数,但这里的变量和函数的取值只有 0 和 1 两种可能,而且 0 和 1 并不表示具体的数值大小,只表示两种完全对立的逻辑状态,如电灯的亮和灭、电动机的旋转与停止等。

5.2.1 逻辑代数的基本运算

在数字电路中,用输入信号来反映"条件",用输出信号来反映"结果",于是输出与输入之间就有一定的因果关系,即逻辑关系。逻辑关系又称逻辑运算。在逻辑代数中,有与、或、非 3 种最基本的逻辑运算。运算是一种函数关系,它可以用语言描述,也可以用逻辑代数表达式描述,还可以用表格或图形来描述。输入逻辑变量所有取值的组合与其所对应的输出逻辑函数值构成的表格,称为真值表,用规定的逻辑符号表示的图形称为逻辑图。

1. 与运算

在图 5-3 所示的电路中,A、B 是两个串联开关,Y 是灯泡,只有开关 A 与开关 B 都闭合时,灯泡 Y 才亮;其中只要有一个开关断开灯泡就灭。

若把开关闭合作为条件,灯泡亮作为结果,则图5-3所示的电路表示了:只有当决定某一种结果的所有条件都具备时,这个结果才能发生,将这种逻辑关系称为与逻辑关系,简称与逻辑,又称与运算。

如果用0和1来表示开关和灯泡的状态,设开关断开和灯泡不亮均用0表示,而开关闭合和灯泡亮均用1表示,则可得出真值表,见表5-2。若用逻辑表达式来描述,则可写为 $Y = A \cdot B$ 或 $Y = AB$。当有多个输入变量时,与运算的逻辑表达式为

$$Y = A \cdot B \cdot C \cdots \tag{5-5}$$

式中,符号"·"读作"与",表示与运算,又称与逻辑,通常可省略。

与运算的运算规则为:$0 \cdot 0 = 0, 0 \cdot 1 = 0, 1 \cdot 0 = 0, 1 \cdot 1 = 1$。可概括为:"**输入有0出0,全1出1**"。用来实现与逻辑的电路称为与门电路,简称与门,二输入的与逻辑符号如图5-4所示。

表5-2 与逻辑的真值表

A	B	Y
0	0	0
0	1	0
1	0	0
1	1	1

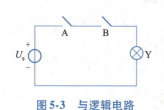

图5-3 与逻辑电路

图5-4 与逻辑符号

2. 或运算

在图5-5所示的电路中,只要两个并联开关A、B中的有一个闭合时,灯泡就会亮;只有两个开关全部断开,灯泡才会灭。图5-5所示的电路表示了:当决定某一种结果的所有条件中,只要有一个或一个以上条件得到满足,这个结果就会发生,这种逻辑关系称为或逻辑关系,简称或逻辑,又称或运算,也称逻辑加。或逻辑的真值表见表5-3。或运算的逻辑表达式为 $Y = A + B$。当有多个输入变量时,或运算的逻辑表达式为

$$Y = A + B + C + \cdots \tag{5-6}$$

式中,符号"+"读作"或"。用来实现"或逻辑"功能的电路称为或门。

或运算的运算规则为:$0 + 0 = 0, 0 + 1 = 1, 1 + 0 = 1, 1 + 1 = 1$。可概括为:"**输入有1出1,全0出0**"。

应注意的是,二进制运算规则和逻辑代数有本质的区别,二者不能混淆。二进制运算中的加法、乘法是数值的运算,所以有进位的问题,如 $1 + 1 = (10)_B$。而"逻辑或"研究的是"0"和"1"两种逻辑状态的逻辑加,没有进位问题,如 $1 + 1 = 1$。二输入的或逻辑符号如图5-6所示。

3. 非运算

在图5-7所示的电路中,如果开关闭合,灯泡就灭;开关断开,灯泡才亮。当条件不成立时,结果就会发生,条件成立时,结果反而不会发生。这种因果关系称为非逻辑。"非逻辑"又称非运算、反运算、逻辑否。非逻辑的真值表见表5-4,非运算的逻辑表达式为

$$Y = \overline{A} \quad (5\text{-}7)$$

式中,"－"表示"非逻辑",$\overline{A}$ 读作"A 的非"或"A 的反"。在逻辑运算中,通常将 A 称为原变量,而将 $\overline{A}$ 称为反变量或非变量。非运算的运算规则为:0 的非为 1,1 的非为 0。用来实现非逻辑功能的电路称为非门,又称反相器,其逻辑符号如图 5-8 所示。

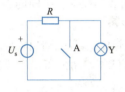

图 5-5　或逻辑电路

表 5-3　或逻辑的真值表

A	B	Y
0	0	0
0	1	1
1	0	1

图 5-6　或门逻辑符号

图 5-7　非逻辑电路

表 5-4　非逻辑的真值表

A	Y
0	1
1	0

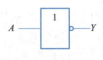

图 5-8　非逻辑符号

4. 复合运算

与、或、非运算是逻辑代数中最基本的 3 种运算。在实际应用中常将与门、或门、非门组合起来,形成复合门,如与非门、或非门、与或非门、异或门以及同或门等,这些门电路又称复合门电路,它们完成的运算称为复合逻辑运算。常见复合门的逻辑表达式、逻辑符号及真值表见表 5-5。

表 5-5　常见复合门的逻辑表达式、逻辑符号及真值表

逻辑名称	与非	或非	与或非	异或	同或
逻辑表达式	$Y = \overline{AB}$	$Y = \overline{A+B}$	$Y = \overline{AB+CD}$	$Y = A \oplus B$	$Y = A \odot B$
逻辑符号					
真值表 A B Y	0 0 1	0 0 1	0 0 0 0 1	0 0 0	0 0 1
	0 1 1	0 1 0	0 0 0 1 1	0 1 1	0 1 0
	1 0 1	1 0 0	… … … …	1 0 1	1 0 0
	1 1 0	1 1 0	1 1 1 1 0	1 1 0	1 1 1
逻辑运算规则	有 0 出 1 全 1 出 0	有 1 出 0 全 0 出 1	与项为 1 结果为 0 其余输出为 1	相异为 1 相同为 0	相同为 1 相异为 0

5. 逻辑函数及其表示方法

（1）逻辑函数。由前面讨论的逻辑关系可以得，逻辑变量分为输入逻辑变量和输出逻辑变量。当输入逻辑变量（用 A、B、C 等表示）的取值确定后，对应输出逻辑变量（用 Y 表示）的值也就被相应地确定了，输出逻辑变量与输入逻辑变量之间存在一定的对应关系，把这种对应的关系称为逻辑函数。由于逻辑变量是只取 0 或 1 的二值变量，所以逻辑函数也是二值逻辑函数。

（2）逻辑函数的表示方法及转换。逻辑函数可以用逻辑真值表、逻辑表达式、逻辑图、波形图、卡诺图等方法来表示。其中，真值表是描述逻辑函数各个输入变量的组合和输出逻辑函数值之间对应关系的表格。每一个输入变量有 0，1 两个取值，n 个输入变量就有 2^n 个不同的取值组合。将输入变量的全部取值组合和对应的输出函数值一一对应地列举出来，即可得到真值表。逻辑表达式是用与、或、非等逻辑运算表示逻辑变量之间关系的代数式。逻辑图是用逻辑符号连接构成的图形。不同的表示方法，相互间可以进行转换，下面通过例题说明它们之间的转换。

例 5-11 已知函数的逻辑表达式 $Y = B + \overline{A}C$。(1)试画出逻辑图，列出相应的真值表；(2)已知输入 A、B、C 的波形如图 5-9(a)所示，试画出输出 Y 的波形。

解 (1)根据逻辑表达式，画出逻辑图如图 5-10 所示。
(2)将 A、B、C 的所有组合代入表达式中进行计算，得到真值表见表 5-6。
(3)根据真值表，画出输出 Y 的波形，如图 5-9(b)所示。

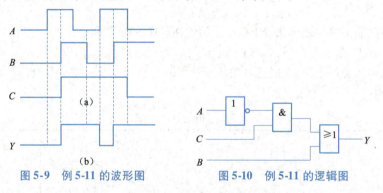

图 5-9 例 5-11 的波形图   图 5-10 例 5-11 的逻辑图

表 5-6 例 5-11 的真值表

A	B	C	Y
0	0	0	0
0	0	1	1
0	1	0	1
0	1	1	1
1	0	0	0
1	0	1	0
1	1	0	1
1	1	1	1

5.2.2 逻辑代数的基本定律、常用公式和基本运算规则

1. 逻辑代数的基本定律

基本定律反映了逻辑运算的一些基本规律，只有掌握了这些基本定律才能正确地分析和设计逻辑电路。逻辑代数基本定律见表 5-7，其中有的定律与普通代数相似，有的定律与普通代数不同，使用时切勿混淆。

表 5-7 逻辑代数基本定律

自等律	$A+0=A$	$A \cdot 1 = A$
0-1 律	$A+1=1$	$A \cdot 0 = 0$
互补律	$A+\bar{A}=1$	$A \cdot \bar{A}=0$
交换律	$A+B=B+A$	$A \cdot B = B \cdot A$
结合律	$(A+B)+C=A+(B+C)$	$(A \cdot B) \cdot C = A \cdot (B \cdot C)$
分配律	$A \cdot (B+C) = A \cdot B + A \cdot C$	$A + B \cdot C = (A+B) \cdot (A+C)$
重叠律	$A+A+\cdots+A=A$	$A \cdot A \cdot \cdots \cdot A = A$
还原律		$\bar{\bar{A}} = A$
反演律（摩根定律）	$\overline{A+B} = \bar{A} \cdot \bar{B}$	$\overline{A \cdot B} = \bar{A} + \bar{B}$

以上这些基本定律的正确性可以用真值表的方法加以证明。若将变量的所有取值代入等式两边，两边的结果相同，则等式成立。

2. 逻辑代数的常用公式

逻辑代数除表 5-7 中的基本定律外，还有一些常用的公式，这些公式对逻辑函数的化简是很有用的，逻辑代数常用的公式见表 5-8。

表 5-8 逻辑代数常用的公式

并项公式	$A \cdot B + A \cdot \bar{B} = A$	$(A+B) \cdot (A+\bar{B}) = A$
吸收公式	$A + A \cdot B = A$	
消去多余因子公式	$A + \bar{A} \cdot B = A + B$	$A \cdot (\bar{A} + B) = AB$
消去多余项公式	$A \cdot B + \bar{A} \cdot C + B \cdot C = A \cdot B + \bar{A} \cdot C$， $A \cdot B + \bar{A} \cdot C + B \cdot C \cdot D = A \cdot B + \bar{A} \cdot C$	

表 5-8 中的公式可以用逻辑代数基本定律或用真值表证明。

例如，证明 $AB + \bar{A}C + BC = AB + \bar{A}C$ 成立。

证明：$AB + \bar{A}C + BC = AB + \bar{A}C + (A + \bar{A})BC = AB + \bar{A}C + ABC + \bar{A}BC$
$= AB + \bar{A}C + ABC = AB(1+C) + \bar{A}C = AB + \bar{A}C$

3. 逻辑代数的运算规则

(1) 代入规则。在任何一个逻辑等式中，如果将等式两边所有出现某一变量的位置，都用某一个逻辑函数来代替，等式仍然成立，这个规则称为代入规则。例如，已知

等式 $\overline{A+B} = \overline{A} \cdot \overline{B}$ 成立，若用 $B+C$ 代替等式中的变量 B，根据代入规则等式仍然成立，即 $\overline{A+B+C} = \overline{A} \cdot \overline{B+C} = \overline{A} \cdot \overline{B} \cdot \overline{C}$。

可见，利用代入规则可以扩大等式的应用范围。根据代入规则可以推出反演律对任意多个变量都成立，即 $\overline{A+B+C+\cdots} = \overline{A} \cdot \overline{B} \cdot \overline{C} \cdots$；$\overline{A \cdot B \cdot C \cdots} = \overline{A} + \overline{B} + \overline{C} + \cdots$。

(2) 反演规则。对于任意一个逻辑函数 Y，如果将逻辑函数 Y 中所有的"·"换成"+"，"+"换成"·"；"1"换成"0"，"0"换成"1"；原变量换成反变量，反变量换成原变量，则得到的逻辑函数，称为原函数 Y 的反函数，用 $\overline{Y}$ 表示。利用反演规则可以很方便地求出一个函数的反函数。

在应用反演规则时，应注意以下两点：
① 必须遵守"先括号，然后与，最后或"的运算优先次序。
② 不属于单个变量上的非号应保持不变。

例 5-12 求下列逻辑函数的反函数：(1) $Y = \overline{AB + C\overline{D}}$；(2) $Y = A(B+C)$。

解 根据反演规则，可求得以上函数的反函数：

(1) $\overline{Y} = \overline{(A+\overline{B}) \cdot (\overline{C}+D)}$。

(2) $\overline{Y} = \overline{A} + \overline{B} \cdot \overline{C}$。

(3) 对偶规则。对于任意一个逻辑函数 Y，如果将其中所有的"·"换成"+"，"+"换成"·"，"1"换成"0"，"0"换成"1"；而变量保持不变，所得到的逻辑函数式，称为原函数 Y 的对偶函数，用 Y' 表示。若两逻辑函数式相等，则它们的对偶式也相等。

在应用对偶规则时，应**注意**以下两点：
① 要遵守运算符号的先与后或的优先次序，掌握好括号的使用。
② 所有的非号均应保持不变。

例 5-13 求下列逻辑函数的对偶函数：(1) $Y = A + B\overline{C}$；(2) $Y = AB + CD$。

解 根据对偶规则，可求得以上函数的对偶函数：

(1) $Y' = A(B + \overline{C})$。

(2) $Y' = (A + B)(C + D)$。

5.2.3 逻辑函数的代数化简法

在大多数情况下，由逻辑真值表写的逻辑函数式，以及由此画出的逻辑电路图往往是比较复杂的，因此，有必要对逻辑函数进行化简。经过化简后的逻辑函数对应的逻辑电路简单，所用器件减少，并且门电路输入端引线也少，使电路的可靠性得到提高。

1. 最简与或表达式

对于某一给定的逻辑函数，其真值表是唯一的，但是描述同一个逻辑函数的逻辑表达式却可以是多种多样的。常用的有 5 种形式：与或表达式、或与表达式、与或非表达式、与非与非表达式、或非或非表达式。例如，对逻辑函数 $Y = AC + B\overline{C}$ 利用逻辑代数的基本定律和公式进行变换，其对应的 5 种表达式形式见表 5-9。

表5-9 $Y = AC + B\bar{C}$ 的5种表达式形式

与或表达式	或与表达式	与或非表达式	与非与非表达式	或非或非表达式
$Y = AC + B\bar{C}$	$Y = (A + \bar{C}) \cdot (B + C)$	$Y = \overline{\bar{A}C + \bar{B} \cdot C}$	$Y = \overline{\overline{AC} + \overline{B\bar{C}}} = \overline{\overline{AC} \cdot \overline{B\bar{C}}}$	$Y = \overline{\overline{A + \bar{C}} + \overline{B + C}}$

在上述不同类型的逻辑表达式中,与或表达式是较常见的,它可较容易地同其他表达式进行相互转换,因此,化简时一般要求化为最简与或表达式。最简的与或表达式标准是:表达式中的乘积项最少,且每个乘积项中包含的变量个数也最少。

逻辑函数化简的方法有公式法和卡诺图法。

2. 逻辑函数的代数化简法

逻辑函数的代数化简法,就是利用逻辑代数的定律和公式,消去表达式中多余的乘积项或乘积项中多余的因子,求出函数的最简与或表达式。常用的代数化简法有并项法、吸收法、消去法和配项法。

(1)并项法。利用公式 $AB + A\bar{B} = A$,将两个乘积项合并成一项,并消去一个互补变量。

例5-14 化简函数 $Y = A\bar{B}C + A\bar{B} \cdot \bar{C}$。

解 $Y = A\bar{B}C + A\bar{B} \cdot \bar{C} = A\bar{B}(C + \bar{C}) = A\bar{B}$。

(2)吸收法。利用公式 $A + AB = A$,吸收多余的乘积项。

例5-15 化简函数 $Y = \bar{A}B + \bar{A}BCD(E + F)$。

解 $Y = \bar{A}B + \bar{A}BCD(E + F) = \bar{A}B[1 + CD(E + F)] = \bar{A}B$。

(3)消去法。利用公式 $A + \bar{A}B = A + B$,消去多余因子。

例5-16 化简函数 $Y = AB + \bar{A}C + \bar{B}C$。

解 $Y = AB + \bar{A}C + \bar{B}C = AB + (\bar{A} + \bar{B})C = AB + \overline{AB}C = AB + C$。

(4)配项法。利用公式 $A + \bar{A} = 1$,给某个不能直接化简的与项配项,增加必要的乘积项,或人为地增加必要的乘积项,然后再用公式进行化简。

例5-17 化简函数 $Y = A\bar{B} + B\bar{C} + \bar{A}B + AC$。

解 $Y = A\bar{B} + B\bar{C} + \bar{A}B + AC$
$= A\bar{B} + (A + \bar{A})B\bar{C} + \bar{A}B + AC(B + \bar{B})$
$= A\bar{B} + AB\bar{C} + \bar{A}B\bar{C} + \bar{A}B + ABC + A\bar{B}C$
$= A \cdot \bar{B} \cdot (1 + C) + A \cdot B \cdot (\bar{C} + C) + \bar{A} \cdot B \cdot (\bar{C} + 1)$
$= A \cdot \bar{B} + A \cdot B + \bar{A} \cdot B$
$= A + B$

实际解题时,往往需要综合运用上述几种方法进行化简,才能得到最简的结果。

利用代数化简法可使逻辑函数化成较简单的形式。但使用这种方法化简逻辑函数,不仅要求熟练地掌握逻辑代数的基本定律、公式和运算规则,而且要有一定的技巧。尤其是用代数化简法,化简后得到的逻辑表达式是否是最简式较难掌握。这就给使用代数化简法带来一定困难。

下面介绍卡诺图化简法。这是一种既直观又简便的化简方法,可以较方便地得到最简的逻辑函数表达式。

5.2.4 逻辑函数的卡诺图化简法

1. 逻辑函数的最小项

(1) 最小项的定义。在 n 个输入变量的逻辑函数中,如果一个乘积项包含 n 个变量,而且每个变量以原变量或反变量的形式出现且仅出现一次,那么该乘积项就称为该函数的一个最小项。具有 n 个输入变量的逻辑函数,有 2^n 个最小项。

例如,对 3 个变量的逻辑函数,有 8 个最小项,分别为 $\overline{A} \cdot \overline{B} \cdot \overline{C}$、$\overline{A} \cdot BC$、$\overline{A}B\overline{C}$、$\overline{A}BC$、$A\overline{B} \cdot \overline{C}$、$A\overline{B}C$、$AB\overline{C}$、$ABC$。

(2) 最小项的性质。表 5-10 列出的是三变量逻辑函数的所有最小项的真值表。由真值表可以看出,最小项具有下列性质:

①对输入变量任何一组取值,在所有最小项中,必有一个而且仅有一个最小项的值为 1。

②对于任意一种取值,所有最小项之和为 1。

③若两个最小项之间只有一个变量不同,其余各变量均相同,则称这两个最小项是逻辑相邻项。对于一个 n 输入变量的函数,每个最小项有 n 个最小项与之相邻。

表 5-10 三变量逻辑函数的所有最小项的真值表

A	B	C	$\overline{A} \cdot \overline{B} \cdot \overline{C}$	$\overline{A} \cdot \overline{B}C$	$\overline{A}B\overline{C}$	$\overline{A}BC$	$A\overline{B} \cdot \overline{C}$	$A\overline{B}C$	$AB\overline{C}$	ABC
0	0	0	1	0	0	0	0	0	0	0
0	0	1	0	1	0	0	0	0	0	0
0	1	0	0	0	1	0	0	0	0	0
0	1	1	0	0	0	1	0	0	0	0
1	0	0	0	0	0	0	1	0	0	0
1	0	1	0	0	0	0	0	1	0	0
1	1	0	0	0	0	0	0	0	1	0
1	1	1	0	0	0	0	0	0	0	1

(3) 最小项编号。n 个输入变量的逻辑函数有 2^n 个最小项。为了表达方便,对最小项进行编号,将最小项用 m_i 表示,下标 i 就是最小项的编号,用十进制数表示。编号的方法是先把最小项的原变量用 1、反变量用 0 表示,构成二进制数,然后将这个二进制数转换成对应的十进制数,这个对应的十进制数即为最小项的编号。按此原则,三变量最小项的编号见表 5-11。

表 5-11 三变量最小项的编号

A	B	C	对应的十进数 i	对应的最小项符号 m_i
0	0	0	0	$\overline{A} \cdot \overline{B} \cdot \overline{C} = m_0$
0	0	1	1	$\overline{A} \cdot \overline{B}C = m_1$

续上表

A	B	C	对应的十进数 i	对应的最小项符号 m_i
0	1	0	2	$\bar{A}B\bar{C} = m_2$
0	1	1	3	$\bar{A}BC = m_3$
1	0	0	4	$A\bar{B}\cdot\bar{C} = m_4$
1	0	1	5	$A\bar{B}C = m_5$
1	1	0	6	$AB\bar{C} = m_6$
1	1	1	7	$ABC = m_7$

(4)最小项表达式。任何一个逻辑函数都可以表示成若干个最小项之或的形式,这样的逻辑表达式称为最小项表达式。下面举例说明求逻辑函数的最小项表达式的方法。

①由真值表求。由真值表写逻辑表达式的方法是将真值表中 Y 为1的对应的输入变量相与,变量取值为1的用原变量,为0用反变量表示,将这些与项相或,就得到逻辑函数的最小项表达式。

例 5-18 已知函数 Y 的真值表见表5-12,求其最小项表达式。

解 由表5-12可知,使函数 $Y=1$ 的变量取值组合有001、100、101、111四项,与其相对应的最小项是 $\bar{A}\cdot\bar{B}C$、$A\bar{B}\cdot\bar{C}$、$A\bar{B}C$、ABC,则逻辑函数最小项表达式为

$$Y = \bar{A}\cdot\bar{B}C + A\bar{B}\cdot\bar{C} + A\bar{B}C + ABC = m_1 + m_4 + m_5 + m_7 = \sum m(1,4,5,7)$$

由此可见,由真值表求得的逻辑表达式就是最小项表达式。由于一个逻辑函数的真值表是唯一的,所以其最小项表达式也是唯一的。

表 5-12 例 5-17 的真值表

A	B	C	Y
0	0	0	0
0	0	1	1
0	1	0	0
0	1	1	0
1	0	0	1
1	0	1	1
1	1	0	0
1	1	1	1

②由逻辑表达式求最小项。

例 5-19 将逻辑函数 $Y = \bar{A}\cdot\bar{B} + BC$ 展开成最小项表达式。

解 利用配项法,将每个乘积项都变成包含 A、B、C 变量的项,则

$$Y = \bar{A}\cdot\bar{B} + BC = \bar{A}\cdot\bar{B}(C + \bar{C}) + (A + \bar{A})BC$$
$$= \bar{A}\cdot\bar{B}C + \bar{A}\cdot\bar{B}\cdot\bar{C} + ABC + \bar{A}\cdot BC$$

$$= m_1 + m_0 + m_7 + m_3$$
$$= \sum m(0,1,3,7)$$

2. 逻辑函数的卡诺图表示法

卡诺图是真值表的一种特定的图示形式,是根据真值表按一定规则画出的一种方格图,所以又称真值图。它是由若干个按一定规律排列起来的方格图组成的。每一个方格代表一个最小项,它用几何位置上的相邻,形象地表示了组成逻辑函数的各个最小项之间在逻辑上的相邻性,所以卡诺图又称最小项方格图。

(1)卡诺图。有 n 个输入变量的逻辑函数,有 2^n 个最小项,其卡诺图由 2^n 个小方格组成。每个方格和一个最小项相对应,每个方格所代表的最小项的编号,就是其左边和上边二进制码对应的十进制的数值。

卡诺图的组成特点是把具有逻辑相邻的最小项安排在位置相邻的方格中。图 5-11(a)、(b)、(c)所示分别为二、三、四变量的卡诺图,图中上下、左右之间的最小项都是逻辑相邻项。特别指出:卡诺图水平方向同一行左、右两端的方格是相邻项,同样垂直方向同一列上、下两端的方格也是相邻项,卡诺图中对称于水平和垂直中心线的四个外顶格也是相邻项。

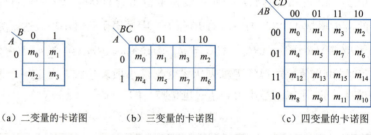

(a)二变量的卡诺图　　(b)三变量的卡诺图　　(c)四变量的卡诺图

图 5-11　逻辑变量的卡诺图

由图 5-11 可见,为了相邻的最小项具有逻辑相邻性,变量的取值不能按 00→01→10→11 的顺序排列,而要按 00→01→11→10 的循环码顺序排列。这样才能保证任何几何位置相邻的最小项也是逻辑相邻的。

由图 5-11 可以看出,逻辑变量的卡诺图随着输入逻辑变量个数的增加,图形变得越来越复杂。但是,对变量数少于 5 个的逻辑函数,利用卡诺图法化简就显得相当方便。对于 5 个及其以上变量的卡诺图比较复杂,不能体现卡诺图的直观、方便的特点,因此,一般不采用这种表达方式。画卡诺图时有以下几点规定:

①要求上下、左右、相对的边界四角等相邻格只允许一个因子发生变化(即相邻最小项只有一个因子不同)。

②左上角第一个小方格必须处于各变量的反变量区。

③变量位置是以高位到低位因子的次序,按先行后列的顺序排列。

这是逻辑变量因子在卡诺图中所处位置的 3 条规则。但后 2 条规则仅是习惯,目的是读图方便,也可以不按这种规则排列。

(2)用卡诺图表示逻辑函数。既然任何一个逻辑函数都能表示为若干最小项之或的与或表达式,而最小项在卡诺图中又都有相应的位置,那么就可以得到逻辑函数的卡诺图。逻辑函数的卡诺图画法是:先把逻辑函数化成最小项表达式,然后在逻辑变量的卡诺图上把式中各最小项所对应的小方格内填入1,其余的小方格内填入0或不填,这样就得到了表示该逻辑函数的卡诺图,即任何一个逻辑函数都等于它的卡诺图中填入1的那些最小项之或。逻辑函数的卡诺图可由真值表、最小项表达式和与或表达式画。

① 由真值表画卡诺图。先画出逻辑变量卡诺图,然后根据真值表来填写每一个小方格的值。由于函数真值表与最小项是对应的,即真值表中的每一行对应一个最小项,所以函数真值表中对应不同的输入变量组合。函数值为1的,就在相对应的小方格中填1;函数值为0的,就在相对应的小方格中填0或不填,即可得到函数的卡诺图。

例 5-20 三变量逻辑函数 Y 的真值表见表 5-13,画出函数的卡诺图。

解 先画出三变量的卡诺图,然后按每一个小方格所代表的变量取值组合,将与真值表相同变量取值时对应的函数值填入小方格中即可,如图 5-12 所示。

表 5-13 例 5-19 的真值表

A	B	C	Y
0	0	0	1
0	0	1	1
0	1	0	0
0	1	1	0
1	0	0	1
1	0	1	0
1	1	0	0
1	1	1	1

$A \backslash BC$	00	01	11	10
0	1	1	0	0
1	1	0	1	0

图 5-12 例 5-19 函数的卡诺图

② 由最小项表达式画卡诺图。先画出逻辑变量卡诺图,再根据逻辑函数最小项表达式,将逻辑函数中包含的最小项,在变量卡诺图相应的小方格中填1,不包含的最小项填0或不填,所得的图形就是逻辑函数卡诺图。

例 5-21 将函数 $Y = \overline{A}\overline{B}\overline{C}D + AB\overline{C} \cdot \overline{D} + \overline{A}BCD + A\overline{B}CD + ABCD + AB\overline{C}D$ 用卡诺图表示。

解 $Y = \overline{A}\overline{B}\overline{C}D + AB\overline{C} \cdot \overline{D} + \overline{A}BCD + A\overline{B}CD + ABCD + AB\overline{C}D$

$$= m_5 + m_{12} + m_7 + m_{11} + m_{15} + m_{13}$$
$$= \sum m(5,7,11,12,13,15)$$

先画出逻辑变量卡诺图,再根据逻辑函数最小项表达式,在其最小项对应的小方格中填1,没有最小项对应的小方格中填0,即得到函数的卡诺图,如图5-13所示。

③由与或表达式画卡诺图。下面通过例题说明具体的画法。

例5-22 画出函数 $Y = B\bar{C} + \bar{C}D + \bar{B}CD + \bar{A} \cdot \bar{C}D + ABCD$ 的卡诺图。

解 先逐项用卡诺图表示,然后再结合起来即可。

$B\bar{C}$:在 $B=1$、$C=0$ 所对应的方格(不管A、D取值)中填1,即 m_4、m_5、m_{12}、m_{13};

$\bar{C}D$:在 $C=0$、$D=1$ 所对应的方格中填1,即 m_1、m_5、m_9、m_{13};

$\bar{B}CD$:在 $B=0$、$C=1$、$D=1$ 所对应的方格中填1,即 m_3、m_{11};

$\bar{A} \cdot \bar{C}D$:在 $A=0$、$C=0$、$D=1$ 所对应的方格中填1,即 m_1、m_5;

$ABCD$,即 m_{15}。所得的卡诺图如图5-14所示。

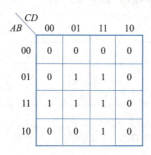
图5-13 例5-20的卡诺图

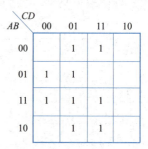
图5-14 例5-21的卡诺图

如果逻辑函数的表达式不是与或表达式,那么先将逻辑函数的表达式转换为与或表达式,再画出逻辑函数的卡诺图。

3. 用卡诺图化简逻辑函数

(1)化简的依据。卡诺图几何相邻的最小项在逻辑上也有相邻性,而逻辑相邻的两个最小项只有一个因子不同,根据互补律 $A + \bar{A} = 1$ 可知,将它们合并,可以消去互补因子,留下公共因子。

(2)合并最小项的规律。两个相邻项可合并为一项,消去一个取值不同的变量,保留相同变量;4个相邻项可合并为一项,消去2个取值不同的变量,保留相同变量。以此类推,2^n 个相邻项合并可消去 n 个取值不同的变量,保留相同变量。

(3)化简步骤:

①用卡诺图表示逻辑函数。

②对可以合并的相邻最小项(相邻的"1")画出包围圈(也叫卡诺圈)。

③消去互补因子,保留公共因子,写出每个包围圈所得的乘积项。

④将各卡诺圈所得的乘积项相或,得到化简后的逻辑表达式。

用卡诺图化简逻辑函数时,为保证结果的最简化和准确性,画卡诺圈时应遵循以

下几个原则:

a. 先把孤立的"1"圈起来,再将卡诺图中包括 2^n 个相邻为"1"的方格圈起来,形成矩形或方形的集合,注意不要遗漏边沿相邻和四角相邻项。

b. 每个圈尽可能大,这样可使化简后得到的乘积项包含的乘积项最少。

c. 同一个"1"方格可以被圈多次,但每画一个包围圈至少包含一个未被包围过的"1",以免出现多余项。

d. 要用最少的圈覆盖函数的全部最小项,这样化简后得到的乘积项最少,但所有的"1"方格都应被圈过,不得遗漏。

例 5-23 用卡诺图化简逻辑函数 $Y = \sum m(0,1,4,5,7)$。

解 (1)画逻辑函数的卡诺图,如图 5-15 所示。

(2)画包围圈合并最小项,得最简与或表达式为 $Y = \bar{B} + AC$。

例 5-24 用卡诺图化简逻辑函数 $Y = \bar{A} \cdot BCD + \bar{A}BC\bar{D} + ABCD + A\bar{B}D + \bar{B} \cdot \bar{D}$。

解 (1)画逻辑函数的卡诺图,如图 5-16 所示。

(2)画包围圈合并最小项,得最简与或表达式为 $Y = A\bar{B} + ACD + \bar{B} \cdot \bar{D} + \bar{A}BCD$。

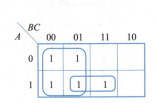

图 5-15 例 5-22 的卡诺图

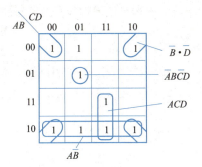

图 5-16 例 5-23 的卡诺图

注意:①用卡诺图化简逻辑函数时,由于合并最小项的方式不同(即包围圈的取法不同),得到的最简与或表达式也是不同的。②前面所介绍的卡诺图化简法是将最小项取值为 1 的最小项合并,得到的是逻辑函数 Y 的表达式。此外,也可将最小项取值为 0 的最小项合并,得到的是反函数 $\bar{Y}$ 的表达式。

4. 用卡诺图化简具有约束项的逻辑函数

(1)约束项。在实际的逻辑问题中,有时对应于变量的某些取值下,函数的值可以是任意的(可能是"0",也可能是"1");或者这些变量的取值是不允许、不应该或根本不会出现的,这些变量取值所对应的最小项称为约束项,有时又称禁止项、无关项、任意项,在卡诺图或真值表中用 × 或 ϕ 来表示。

约束项的意义在于,它的值可以取"0"或取"1",具体取什么值,可以根据使函数尽量得到简化来定。逻辑函数中的约束项表示方法如下:如一个三变量逻辑函数的约束项是 $\bar{A} \cdot \bar{B} \cdot \bar{C}$ 和 ABC,则可以写成:$\bar{A} \cdot \bar{B} \cdot \bar{C} + ABC = 0$ 或 $\sum d(0,7) = 0$。

(2)化简步骤:

①将函数式中的最小项在卡诺图对应的方格内填 1,约束项在对应的方格内填

×,其余方格填 0 或空着。

② 画包围圈时,约束项究竟是看成 1 还是看成 0,以使包围圈的个数最少、圈最大为原则。

③ 写出化简结果。

例 5-25 化简逻辑函数 $Y(A,B,C,D) = \sum m(3,4,5,10,11,12) + \sum d(0,1,2,13,14,15)$。

解 将最小项和约束项填入卡诺图中,如图 5-17 所示。取约束项 d_2、d_{13} 为 1,其余无关项取 0。合并最小项时,并不一定要把所有的"×"都圈起来,需要时就圈,不需要就不圈。合并化简得

$$Y = B\bar{C} + \bar{B}C$$

例 5-26 已知 $Y = \bar{A} \cdot \bar{C} \cdot \bar{D} + AC\bar{D} + \bar{A}BC\bar{D}$,约束条件为 $\bar{A}BD + CD = 0$,求最简的逻辑函数表达式。

解 将约束项 $\bar{A}BD + CD = 0$,配项展开为 $\bar{A}BCD + \bar{A}B\bar{C}D + \bar{A} \cdot \bar{B}CD + ABCD + A\bar{B}CD = 0$。根据与或表达式和约束条件画卡诺图,如图 5-18 所示。

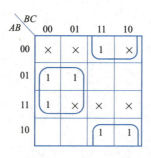

图 5-17 例 5-24 的卡诺图

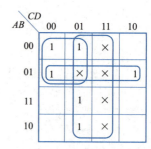

图 5-18 例 5-25 的卡诺图

圈卡诺圈如图 5-18 所示。从卡诺图看,约束项全"1"时得到最简的逻辑函数表达式为

$$Y = D + \bar{A}B + \bar{A} \cdot \bar{C}$$

思考题

(1) 列出具有三变量的与或非 $Y = \overline{AB + C}$ 和四变量的与或非 $Y = \overline{AB + CD}$ 的真值表。

(2) 逻辑函数最简与或表达式的标准是什么?

(3) 反演规则和对偶规则有什么不同?

(4) 逻辑函数的代数化简法有哪些常用的方法?各是利用什么公式进行化简的?

(5) 什么是最小项?什么是约束项?

(6) 用卡诺图法化简逻辑函数时应注意什么?

习 题

一、填空题

1. 数字信号的特点是在_____和_____上都是断续变化的,其高电平和低电平常用_____和_____来表示。

2. $(110010111)_B = ($ $)_D = ($ $)_H = ($ $)_O$。

3. $(45)_D = ($ $)_B = ($ $)_H = ($ $)_O$。

4. $(010000000111)_{8421} = ($ $)_D$。

5. 将某二进制数的小数点向右移 1 位其值_____,左移 1 位其值_____。

6. 逻辑代数中 $1+1=$ _____,二进制数中 $1+1=$ _____。

7. 数字电路中,最基本的逻辑关系有_____、_____、_____。

8. 化简逻辑函数的方法有_____、_____。

9. A、B 两个输入变量中,只要一个为"1",输出就为"1",当 A、B 均为"0"时,输出才为"0",则该逻辑运算为_____运算。

10. 最简与或表达式是指表达式中的乘积项_____,且每个乘积项中包含的变量个数_____。

11. $1+0+\overline{1}\cdot 0 =$ _____;$\overline{1\cdot 0}+\overline{1\cdot \overline{0}}+1\cdot 1 =$ _____;$\overline{1\cdot 1}+0+\overline{0} =$ _____。

二、选择题

1. 数字电路主要研究的对象是( )。
   A. 时间和数值都离散的数字信号　　B. 电路的输入和输出之间的逻辑关系
   C. 三极管的开关特性　　　　　　　D. 数字信号传输、转换的过程

2. 二进制数字系统中,对码制叙述不正确的是( )。
   A. 码制实际上是"编码"结束后的结果
   B. 码制是二进制组合被赋予固定含义的具体体现
   C. 采用不同编码方案时,可以得到不同形式的码制
   D. 码制和数制一样,都是表示数值大小的

3. 以下表达式中符合逻辑运算法则的是( )。
   A. $C \cdot C = C^2$　　B. $1+1=10$　　C. $0<1$　　D. $A+1=1$

4. 逻辑变量的取值 1 和 0 可以表示( )。
   A. 开关的闭合、断开　　　B. 电位的高、低
   C. 真与假　　　　　　　　D. 电流的有、无

5. 当逻辑函数有 n 个变量时,其有( )个变量取值组合。
   A. n　　B. $2n$　　C. n^2　　D. 2^n

6. 逻辑函数的表示方法中,具有唯一性的是( )。
   A. 真值表　　B. 表达式　　C. 逻辑图　　D. 卡诺图

7. $\overline{A}+0\cdot A+1\cdot \overline{A} = ($)。
   A. 0　　B. 1　　C. A　　D. $\overline{A}$

8. $A \oplus 1 = ($　　$)$。

A. 0　　　　B. 1　　　　C. A　　　　D. $\bar{A}$

9. 逻辑函数 $Y = A \oplus (A \oplus B) = ($　　$)$。

A. B　　　　B. A　　　　C. $A \oplus B$　　　　D. $\overline{A \oplus B}$

三、判断题

1. 数字电路在所有电路结构中是最复杂的,因为它有"1"和"0"两种取值。（　　）
2. 逻辑变量的取值,1比0大。（　　）
3. 数字信号比模拟信号更易于存储、加密、压缩和再现。（　　）
4. 利用数字电路不仅可以实现数值运算,还可以实现逻辑运算和判断。（　　）
5. 基数和各位数的权是进位计数制中表示数值的两个基本要素。（　　）
6. 若两个函数具有不同的真值表,则两个逻辑函数必然不相等。（　　）
7. 若两个函数具有不同的逻辑函数式,则两个逻辑函数必然不相等。（　　）
8. 卡诺图在几何位置上的相邻正好对应逻辑关系的相邻,所以可用于逻辑函数的化简。（　　）
9. 因为 $A + AB = A$,所以 $AB = 0$。（　　）
10. 因为 $A(A+B) = A$,所以 $A + B = 1$。（　　）
11. 当奇数个1相异或时,其值为0;当偶数个1相异或时,其值为1。（　　）

四、综合题

1. 已知真值表见表5-14(a)、(b),试写出对应的逻辑函数表达式。

表 5-14

(a)

A	B	C	Y	A	B	C	Y
0	0	0	0	1	0	0	1
0	0	1	1	1	0	1	0
0	1	0	1	1	1	0	0
0	1	1	0	1	1	1	1

(b)

A	B	C	D	Y	A	B	C	D	Y
0	0	0	0	0	1	0	0	0	0
0	0	0	1	0	1	0	0	1	0
0	0	1	0	0	1	0	1	0	1
0	0	1	1	0	1	0	1	1	1
0	1	0	0	1	1	1	0	0	0
0	1	0	1	0	1	1	0	1	1
0	1	1	0	1	1	1	1	0	1
0	1	1	1	1	1	1	1	1	1

2. 用公式法化简下列逻辑函数。

(1) $Y = A\bar{B} + B + \bar{A}B$。

(2) $Y = \overline{ABC} + A + \overline{B} + C$。

(3) $Y = \overline{A + B + C} + A\overline{B} \cdot \overline{C}$。

(4) $Y = A\overline{B}CD + ABD + A\overline{C}D$。

(5) $Y = A\overline{C} + ABC + AC\overline{D} + CD$。

(6) $Y = \overline{A} \cdot \overline{B} \cdot \overline{C} + A + B + C$。

(7) $Y = AD + A\overline{D} + \overline{A}B + \overline{A}C + BFE + CEFG$。

3. 用卡诺图法化简下列逻辑函数。

(1) $Y(A,B,C) = \sum m(0,2,4,7)$。

(2) $Y(A,B,C) = \sum m(1,3,4,5,7)$。

(3) $Y(A,B,C,D) = \sum m(2,6,7,8,9,10,11,13,14,15)$。

(4) $Y(A,B,C,D) = \sum m(1,5,6,7,11,12,13,15)$。

(5) $Y = \overline{A} \cdot \overline{B} \cdot \overline{C} + \overline{A}B\overline{C} + \overline{A}C$。

(6) $Y = \overline{\overline{A}BC + A\overline{B}C + AB\overline{C}}$。

(7) $Y(A,B,C) = \sum m(0,1,2,3,4) + \sum d(5,7)$。

(8) $Y(A,B,C,D) = \sum m(2,3,5,7,8,9) + \sum d(10,11,12,13,14,15)$。

4. 已知与门的输入 A、B 的波形如图 5-19 所示，画出其输出 Y 的波形。

5. 已知或门的输入 A、B 的波形如图 5-20 所示，画出其输出 Y 的波形。

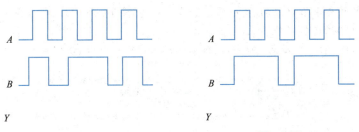

图 5-19　　　　　　　　　　图 5-20

6. 试画出图 5-21(a)、(b)、(c)中各个电路输出 Y 的波形，输入 A、B 的波形如图 5-21(d)所示。

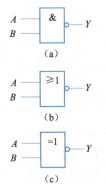

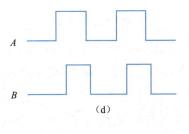

(d)

图 5-21

第6章

组合逻辑电路

📖 **学习内容**

- 集成逻辑门电路的工作特性、主要参数和功能。
- 组合逻辑电路的基本概念和特点,组合逻辑电路的分析方法和设计方法。
- 常用中规模集成组合逻辑电路的功能及应用。

📝 **学习目标**

- 了解 TTL 与非门的工作原理,掌握常用逻辑门电路的逻辑功能、符号及其使用方法。
- 了解组合逻辑电路的特点,掌握组合逻辑电路的分析方法,能熟练地分析常见组合逻辑电路的逻辑功能。
- 掌握编码器、译码器、加法器、数据选择器的逻辑符号、功能及其应用。

6.1 集成逻辑门

目前各种数字电路中都广泛采用了集成电路,构成集成电路的半导体器件主要有双极型晶体管和单极型 MOS 管。常用的集成门电路有 TTL 门电路和 CMOS 门电路。

6.1.1 TTL 集成逻辑门

TTL 集成逻辑门是双极型晶体管集成电路的典型代表,它的优点是开关速度快、抗静电能力强,缺点是集成度低、功耗较大。

1. TTL 集成与非门

(1)典型 TTL 集成与非门的电路组成。典型 TTL 集成与非门的电路组成如图 6-1 所示,A、B、C 为输入端,Y 为输出端。它由输入级、中间级、输出级 3 部分组成。

输入级:由多发射极三极管 VT_1 和电阻 R_1 组成,其作用是对输入变量 A、B、C 实现逻辑与,所以它相当于一个与门。

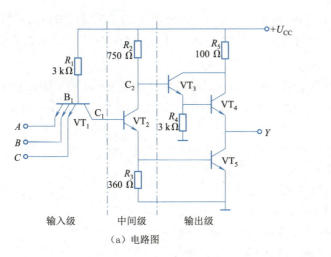

(a) 电路图　　　　　　　　　(b) 逻辑符号

图 6-1　TTL 与非门的电路图及逻辑符号

中间级：由 VT_2、R_2、R_3 组成，在 VT_2 的集电极与发射极分别可以得到两个相位相反的电压，作为 VT_3、VT_5 的驱动信号，使 VT_4、VT_5 始终处于一管导通而另一管截止的工作状态。

输出级：由 VT_3、VT_4、VT_5 和 R_4、R_5 组成，这种电路形式称为推拉式电路。当输出低电平时，VT_5 饱和、VT_4 截止，输出电阻 R_o 值很小。当输出为高电平时，VT_5 截止、VT_4 导通，VT_4 工作为射极跟随器，输出电阻 R_o 的值很小。由此可见，无论输出是高电平还是低电平，输出 R_o 都较小。因此，电路带负载能力强，而且可以提高工作速度。

(2) 工作原理。当输入端全部为高电位 3.6 V 时，由于 VT_1 的基极电位 V_{B1} 最多不能超过 2.1 V（$V_{B1} = U_{BC1} + U_{BE2} + U_{BE5}$），所以 VT_1 所有的发射结反偏；这时 VT_1 的集电结正偏，VT_1 的基极电流 I_{B1} 流向集电极并注入 VT_2 的基极，此时的 VT_1 是处于倒置（反向）运用状态（把实际的集电极用作发射极，而实际的发射极用作集电极），其电流放大系数 $\beta_反$ 很小（$\beta_反 < 0.05$），因此 $I_{B2} = I_{C1} = (1 + \beta_反)I_{B1} \approx I_{B1}$，由于 I_{B1} 较大，足以使 VT_2 饱和，且 VT_2 发射极向 VT_5 提供基极电流，使 VT_5 饱和导通，这时 VT_2 的集电极压降为 $U_{C2} = U_{CES2} + U_{BE5} \approx (0.3 + 0.7) V = 1 V$。$U_{C2}$ 加至 VT_3 基极，可以使 VT_3 导通。此时 VT_3 的射极电位 $V_{E3} = U_{C2} - U_{BE3} \approx 0.3 V$，它不能驱动 VT_4，所以 VT_4 截止。VT_5 由 VT_2 提供足够的基极电流，处于饱和状态，因此输出为低电平，$u_o = U_{OL} \approx U_{CES5} \approx 0.3 V$。

当输入端至少有一个为低电平（0.3 V）时，相应低电平的发射结正偏，VT_1 的基极电位 V_{B1} 被钳制在 1 V，因而使 VT_1 其余的发射结反偏截止。此时 VT_1 的基极电流 I_{B1} 经过导通的发射结流向低电位输入端，而 VT_2 的基极只可能有很小的反向基极电流进入 VT_1 的集电极，所以 $I_{C1} \approx 0$，但 VT_1 的基极电流 I_{B1} 很大，因此这时 VT_1 处于深饱和状态：$U_{CES1} \approx 0$，$U_{C1} \approx 0.3 V$。所以 VT_2、VT_5 均截止。此时 VT_2 的集电极电压 $U_{C2} \approx U_{CC} = 5 V$，足以使 VT_3、VT_4 导通，因此输出 $u_o = U_{OH} = U_{C2} - U_{BE3} - U_{BE4} \approx (5 - 0.7 - 0.7) V = 3.6 V$，此时输出为高电平。

综上所述，当输入端全部为高电平（3.6 V）时，输出为低电平（0.3 V），这时 VT_5

饱和,电路处于开门状态;当输入端至少有一个为低电平(0.3 V)时,输出为高电平(3.6 V),这时VT₅截止,电路处于关门状态。由此可见,电路的输出和输入之间满足与非逻辑关系,即 $Y = \overline{ABC}$。

(3)TTL与非门的电压传输特性。电压传输特性是指输出电压跟随输入电压变化的关系曲线,即 $u_o = f(u_i)$ 函数关系,可以用图6-2所示的曲线表示。由图可见,曲线大致分为四段:

AB段(截止区):当 $u_i \leq 0.6$ V时,VT₁工作在深度饱和状态,$U_{CES1} < 0.1$ V,$U_{BE2} < 0.7$ V,故VT₂、VT₅截止,VT₃、VT₄均导通,输出高电平 $U_{OH} = 3.6$ V。

BC段(线性区):当 0.6 V $\leq u_i < 1.3$ V时,0.7 V $\leq U_{B2} < 1.4$ V,VT₂开始导通,VT₅尚未导通。此时VT₂处于放大状态,其集电极电压 U_{C2} 随着 u_i 的增加而下降,并通过VT₃、VT₄射极跟随器使输出电压 u_o 也下降。

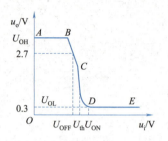

图6-2 TTL与非门的电压传输特性

CD段(转折区):1.3 V $\leq u_i < 1.4$ V,当 U_I 略大于1.3 V时,VT₅开始导通,并随 u_i 的增加趋于饱和,使输出为低电平。所以,把CD段称为转折区或过渡区。

DE段(饱和区):当 $u_i \geq 1.4$ V时,随着 u_i 增加,VT₁进入倒置工作状态,VT₃导通,VT₄截止,VT₂、VT₅饱和,因而输出低电平 $U_{OL} = 0.3$ V。

(4)TTL与非门的主要参数:

①输出高电平 U_{OH} 和输出低电平 U_{OL}。电压传输特性曲线的截止区的输出电平为 U_{OH},饱和区的输出电平为 U_{OL}。一般产品规定,$U_{OH} \geq 2.4$ V、$U_{OL} \leq 0.4$ V时,即为合格。

②阈值电压 U_{th}。阈值电压又称门槛电压。电压传输特性曲线上转折区的中点所对应的输入电压称为阈值电压 U_{th}。一般TTL与非门的 $U_{th} \approx 1.4$ V。

③开门电平 U_{ON} 和关门电平 U_{OFF}。开门电平 U_{ON} 是保证输出电平达到额定低电平(0.3 V)时,所允许输入高电平的最低值,即只有当 $U_I > U_{ON}$ 时,输出才为低电平。通常 $U_{ON} = 1.4$ V,一般产品规定 $U_{ON} \leq 1.8$ V。

关门电平 U_{OFF} 是保证输出电平为额定高电平(2.7 V左右)时,允许输入低电平的最大值,即只有当 $U_I \leq U_{OFF}$ 时,输出才为高电平。通常 $U_{OFF} \approx 1$ V,一般产品要求 $U_{OFF} \geq 0.8$ V。

④扇出系数 N_O。在实际应用中,一个门的输出往往需要驱动若干个负载门。一个驱动门的负载能力大小,是在不破坏输出逻辑电平的前提下,能带同类门的数目,称为扇出系数,用 N_O 表示,通常 $N_O \geq 8$。

⑤平均延迟时间 t_{pd}。平均延迟时间是衡量门电路速度的重要指标,它表示输出信号滞后于输入信号的时间。通常,TTL与非门的 t_{pd} 在3~40 ns之间。

⑥平均功耗 P。是指与非门输出低电平时的空载导通功耗和输高电平时的空载截止功耗的平均值。

2. 常用的 TTL 集成逻辑门

根据 TTL 集成逻辑门芯片内包含门电路的个数、同一门输入端个数、电路的工作速度、功耗等,又可分为多种型号。TTL 集成门电路的型号由 5 部分组成,其符号及意义见表 6-1。

表 6-1 TTL 集成门电路型号组成的符号及意义

第 1 部分		第 2 部分		第 3 部分		第 4 部分		第 5 部分	
型号前缀		工作温度符号范围		器件系列		器件品种		封装形式	
符号	意义	符号	意义	符号	意义	符号	意义	符号	意义
CT	中国制造的 TTL 类	54	−55 ~ +125 ℃		标准	阿拉伯数字	功能	W	陶瓷扁平
SN	美国 TEXAS 公司产品	74	0 ~ +70 ℃	H	高速			B	塑封扁平
				S	肖特基			F	全密封扁平
				LS	低功耗肖特基			D	陶瓷双列直插
				AS	先进肖特基			P	塑料双列直插
				ALS	先进低功耗肖特基			J	黑陶瓷双列直插
				FAS	快捷肖特基				

例如,CT74H10F 中的 CT 表示中国制造,TTL 器件;74 表示工作温度范围为 0 ~ +70 ℃;H 表示器件系列为高速;10 表示器件品种,三-3 输入与非门;F 表示封装形式,全密封扁平封装。

同一系列中有不同功能的产品,同一功能又根据实际要求生产不同的系列。

(1)集成与非门。如 74LS00 是四-2 输入与非门,实现与非运算 $Y = \overline{AB}$,其引脚排列图如图 6-3(a)所示。

(2)集成或非门。如 74LS02 是四-2 输入或非门,实现或非运算 $Y = \overline{A + B}$,其引脚排列图如图 6-3(b)所示。

(3)集成非门。如 74LS04 含 6 个非门(反相器),实现非运算 $Y = \overline{A}$,其引脚排列图如图 6-3(c)所示。

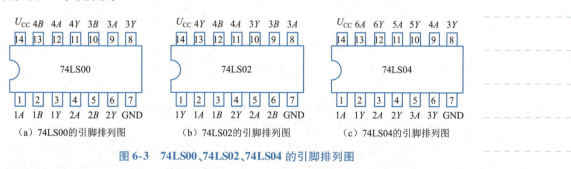

(a) 74LS00的引脚排列图　　(b) 74LS02的引脚排列图　　(c) 74LS04的引脚排列图

图 6-3 74LS00、74LS02、74LS04 的引脚排列图

(4)与或非门。如 74LS51 引脚排列图如图 6-4(a)所示,其中 $Y_1 = \overline{A_1 B_1 C_1 + D_1 E_1 F_1}$,$Y_2 = \overline{A_2 B_2 + C_2 D_2}$。

(5)异或门。常用的 TTL 集成异或门芯片 74LS86 为四异或门,其引脚排列图如

图 6-4(b)所示,实现异或运算 $Y = A \oplus B$。

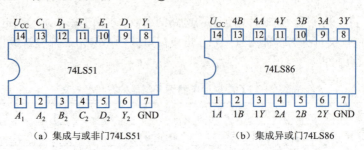

(a) 集成与或非门 74LS51   (b) 集成异或门 74LS86

图 6-4　常用的 TTL 集成逻辑门引脚排列图

3. 其他类型的 TTL 集成逻辑门

(1) 集电极开路门(OC 门)。在工程实践中,往往需要将两个门的输出端并联,以实现与的逻辑功能,称为**线与**。但普通的 TTL 与非门的输出端是不允许直接相连的,因为当两输出端直接相连时,若一个门输出为高电平,另一个门输出为低电平,就会有一个很大的电流从截止门的 VT_4 流到导通门的 VT_5。这个电流不仅会使导通门的输出低电平抬高,而且会使它因功耗过大而损坏。为了解决这个问题,制成了集电极开路的门电路,简称 OC(open collector)门。OC 与非门电路结构和逻辑符号分别如图 6-5(a)、(b)所示,在使用时必须在电源和输出端之间外接一个电阻 R_L,作为 VT_5 的上拉电阻。图 6-5(c)是用 OC 门实现线与逻辑功能的,其逻辑表达式为 $Y = \overline{AB} \cdot \overline{CD}$。

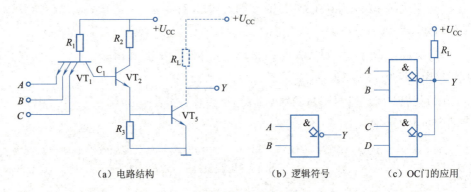

(a) 电路结构　　　　(b) 逻辑符号　　　(c) OC 门的应用

图 6-5　集电极开路的与非门

此外,OC 门还能实现逻辑电平的转换,用作接口电路;能实现总线传输等功能。各类 OC 门在计算机中都有着广泛的应用。

(2) 三态输出门。三态输出门简称三态门,它的输出除有高、低电平两种状态外,还有第三种状态——高阻状态(或称为禁止状态),简记为 TSL 门。它是在计算机中得以广泛应用的特殊门电路。三态门有 3 种输出状态:高电平、低电平工作状态和高阻状态。三态门的逻辑符号如图 6-6 所示。其中,图 6-6(a)所示为低电平有效的三态门,$\overline{EN} = 0$ 时为正常工作状态,$\overline{EN} = 1$ 时为高阻状态;图 6-6(b)所示为高电平有效的三态门，$EN=1$ 时为正常工作状态，$EN=0$ 时为高阻状态。

三态门电路主要用于计算机或微处理器系统中信号的分时总线传送，其连接形式如图 6-7 所示。

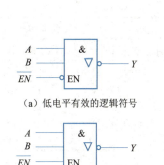

(a) 低电平有效的逻辑符号

(b) 高电平有效的逻辑符号

图 6-6　三态门的逻辑符号

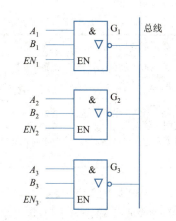

图 6-7　用三态门实现数据总线传输

4. TTL 集成逻辑门的使用注意事项

(1) 电源电压(U_{CC})应满足在标准值 $5×(1±10\%)$V 的范围内。

(2) TTL 集成逻辑门电路的输出端所接负载，不能超过规定的扇出系数。

(3) TTL 集成逻辑门电路的输出端不能直接与地线或直接与电源(+5 V)相连，否则会损坏器件。

(4) TTL 集成逻辑门电路的输出端不能并联使用(OC 门、TSL 门除外)，否则会损坏器件。

(5) 多余输入端的处理方法。对于与门、与非门电路的多余输入端的处理方法：在干扰很小的情况下，可以悬空(表示逻辑"1")；直接或通过电阻(1~3 kΩ)接电源 U_{CC}，或与使用的输入端并联使用。对于或门、或非门电路的多余输入端，直接接地或接低电平，或与使用的输入端并联。

6.1.2　CMOS 集成逻辑门

1. CMOS 集成逻辑门简介

以单极型器件 MOS 管制成的逻辑门称为 MOS 逻辑门，由 PMOS 管和 NMOS 管构成的互补 MOS 逻辑门，简称 CMOS 门。CMOS 集成逻辑门具有静态功耗极低；电源电压范围宽；输入阻抗高；扇出能力强；抗干扰能力强；逻辑摆幅大等优点，目前已进入超大规模集成电路行列。

CMOS 集成逻辑门中常用的有：非门、与非门、或非门、异或门、漏极开路门、三态门等，其功能和逻辑符号与 TTL 的对应相同。

CMOS 集成逻辑门的系列有：标准 COMS400B 系列和 4500B 系列；高速 CMOS40H 系列；新型高速型 CMOS74HC 系列、74HC400 系列、74HC4500 系列、74HCT 系列以及超高速 CMOS74AC 系列和 74ACT 系列。它们的传输延迟时间已接近标准 TTL 器件，引脚排列和逻辑功能已和同型号的 54/74TTL 集成电路一致。54/74HCT 系列更是在电平上和 54/74TTL 集成电路兼容，从而使两者互换使用更为方便。表 6-2 列出了 4000 系列 CMOS 器件型号组成符号及意义。

表 6-2 CMOS 器件型号组成符号及意义

第 1 部分		第 2 部分		第 3 部分		第 4 部分	
产品制造单位		器件系列		器件品种		工作温度范围	
符号	意义	符号	意义	符号	意义	符号	意义
CC	中国制造的 CMOS 器件	40	系列符号	阿拉伯数字	器件功能	C	0 ~ +70 ℃
CD	美国无线电公司产品	45				E	−40 ~ +85 ℃
TC	日本东芝公司产品	145				R	−55 ~ +85 ℃
						M	−55 ~ +125 ℃

例如，CC4030R 中的 CC 表示中国制造的 CMOS 器件，40 表示器件系列代号，30 表示器件品种为四-2 输入异或门，R 表示温度范围为 −55~85 ℃。

常用 CMOS 集成门器件名称和引脚排列图，如图 6-8 所示。

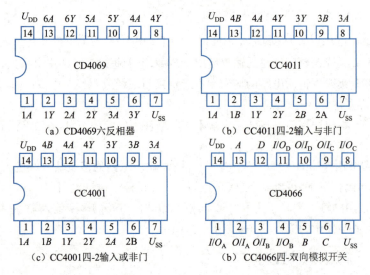

(a) CD4069 六反相器　　　(b) CC4011 四-2 输入与非门

(c) CC4001 四-2 输入或非门　　　(b) CC4066 四-双向模拟开关

图 6-8　常用 CMOS 集成门器件名称和引脚排列图

2. CMOS 集成逻辑门的使用注意事项

TTL 集成逻辑门电路的使用注意事项一般对 CMOS 集成逻辑门电路也是适用的。但 CMOS 集成逻辑门电路由于容易产生栅极击穿问题，所以要特别注意以下几点：

(1) CMOS 集成逻辑门电路的工作电压范围较宽 3~18 V，但不允许超过规定的范围。

(2) 避免静电损坏。存放 CMOS 集成电路时要屏蔽，一般放在金属容器中，也可以用金属箔将引脚短路。

(3) 输出端不允许直接接电源或与地相连，否则将导致器件损坏。

(4)多余输入端的处理方法。CMOS 集成逻辑门电路的输入阻抗高,易受外界干扰,所以 CMOS 集成逻辑门电路多余输入端不允许悬空。对与门和与非门接电源 U_{DD},对或门和或非门接地。

实验与技能训练——集成逻辑门功能及应用的测试

1. 与非门逻辑功能的测试

选 74LS00 中的其中一个与非门进行测试。如将 $1A$、$1B$ 端分别通过逻辑开关置成 4 种不同的状态组合,把 $1Y$ 端接入 LED 显示电路,观察 4 种输入状态下的输出结果,将测试的结果填入表 6-3 中。

表 6-3 与非门功能的测试

A	B	Y	A	B	Y
0	0		1	0	
0	1		1	1	

2. 或非门逻辑功能的测试

选 74LS02 中的其中一个或非门进行测试。如将 $1A$、$1B$ 端分别通过逻辑开关置成 4 种不同的状态组合,把 $1Y$ 端接入 LED 显示电路,观察 4 种输入状态下的输出结果,将测试的结果填入表 6-4 中。

表 6-4 或非门功能的测试

A	B	Y	A	B	Y
0	0		1	0	
0	1		1	1	

3. 异或门逻辑功能的测试

选 74LS86 中的其中一个异或门进行测试。如将 $1A$、$1B$ 端分别通过逻辑开关置成 4 种不同的状态组合,把 $1Y$ 端接入 LED 显示电路,观察 4 种输入状态下的输出结果,将测试的结果填入表 6-5 中。

表 6-5 异或门功能的测试

A	B	Y	A	B	Y
0	0		1	0	
0	1		1	1	

4. 与非门的应用

用 74LS00 分别构成两输入端的与门、或门和异或门,画出连接图,然后进行功能测试,将测试的结果填入表 6-6 中。

表 6-6 用与非门构成与门功能的测试

A	B	$Y_{与}$	$Y_{或}$	$Y_{异或}$	A	B	$Y_{与}$	$Y_{或}$	$Y_{异或}$
0	0				1	0			
0	1				1	1			

注意:集成芯片插入插座的方向是引脚朝下,缺口在左方,不能弄错。74LS 系列 TTL 集成芯片,要注意其使用规则并严格遵守,否则将影响实验结果,甚至损坏集成芯片。

思考题

(1) TTL 集成逻辑门有哪些主要特点和系列产品?
(2) 什么是"线与"? 普通 TTL 集成逻辑门电路为什么不能进行"线与"?
(3) 三态门输出有哪 3 种状态?
(4) 使用 TTL 集成逻辑门时,应注意哪些事项?
(5) 使用 CMOS 集成逻辑门时,应注意哪些事项?

6.2 组合逻辑电路的分析与设计方法

数字电路可分为两种类型:一类是组合逻辑电路(简称组合电路),另一类是时序逻辑电路(简称时序电路)。组合逻辑电路是指电路在任意一时刻的输出状态只与同一时刻各输入状态的组合有关,而与前一时刻的输出状态无关。

6.2.1 组合逻辑电路的分析方法

1. 组合逻辑电路的特点

在逻辑功能上,输出变量 Y 是输入变量 X 的组合函数,输出状态不影响输入状态,过去的状态不影响现时的输出状态;在电路结构上,输出和输入之间无反馈延时通路,电路由逻辑门组成,不含记忆单元。

2. 组合逻辑电路的一般分析方法

组合逻辑电路分析的目的是确定已知逻辑电路的逻辑功能。由逻辑门组成的组合逻辑电路的分析方法和步骤如下:

(1) 由给定的逻辑电路图,从输入到输出逐级向后递推,写出逻辑函数表达式。
(2) 化简或变换所写出的逻辑函数表达式,求得最简逻辑函数表达式。
(3) 根据最简逻辑函数表达式,列出相应的真值表。
(4) 根据真值表找出电路可实现的逻辑功能,并加以说明,以理解电路的作用。

例 6-1 分析图 6-9 所示逻辑电路的功能。

解 （1）根据图 6-9 所示的逻辑电路图，写出逻辑函数表达式为

$$Y_1 = \overline{AB},\ Y_2 = \overline{A\ \overline{AB}},\ Y_3 = \overline{B\ \overline{AB}},\ Y = \overline{Y_2 Y_3} = \overline{\overline{A\ \overline{AB}} \cdot \overline{B\ \overline{AB}}}$$

（2）变换可得最简与或表达式为

$$Y = \overline{\overline{A \cdot \overline{AB}} \cdot \overline{B \cdot \overline{AB}}} = A \cdot \overline{AB} + B \cdot \overline{AB}$$

$$= A \cdot \overline{AB} + B \cdot \overline{AB}$$

$$= \overline{AB}(A + B)$$

$$= (\overline{A} + \overline{B}) \cdot (A + B)$$

$$= \overline{A}B + A\overline{B}$$

（3）列出真值表，见表 6-7。

表 6-7 例 6-1 的真值表

A	B	Y
0	0	0
0	1	1
1	0	1
1	1	0

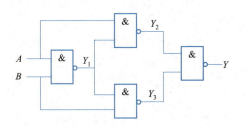

图 6-9 例 6-1 的逻辑电路图

（4）确定逻辑功能。由真值表可见，当输入变量的取值相异时，输出为"1"；当输入变量的取值相同时，输出为"0"。因此，该电路实现了"异或"功能。

6.2.2 组合逻辑电路的设计方法

根据给定的逻辑功能，写出最简逻辑函数表达式，并根据逻辑函数表达式构成相应的组合逻辑电路的过程称为组合逻辑电路的设计。显然设计与分析互为逆过程。设计由小规模集成电路构成的组合逻辑电路时，强调的基本原则是获得最简的电路，即所用的门电路最少以及每个门的输入端数最少。组合逻辑电路设计的一般步骤如下：

（1）首先分析实际问题要求的逻辑功能。确定输入变量和输出变量以及它们之间的相互关系，并对它们进行逻辑赋值，即确定什么情况下为逻辑"1"，什么情况下为逻辑"0"；这是设计组合逻辑电路过程中建立逻辑函数的关键。

（2）列出满足输入输出逻辑关系的真值表。

（3）根据真值表写出相应的逻辑函数表达式，对逻辑函数表达式进行化简并转换成命题或芯片所要求的逻辑函数表达式形式。

（4）根据最简逻辑函数表达式画出相应的逻辑电路图。

例 6-2 试用与非门设计 3 人表决电路。

解 （1）确定输入变量和输出变量，并进行逻辑赋值。设 A、B、C 分别表示参加表决的 3 人，Y 为表决结果。输入为"1"时，表示赞成，反之为不赞成；输出为"1"时，表示表决通过，反之表示未通过。

(2) 列真值表。表决的原则（即功能）是"少数服从多数"，列出真值表见表6-8。

表 6-8　例 6-2 的真值表

A	B	C	Y	A	B	C	Y
0	0	0	0	1	0	0	0
0	0	1	0	1	0	1	1
0	1	0	0	1	1	0	1
0	1	1	1	1	1	1	1

(3) 利用卡诺图化简逻辑函数（卡诺图如图6-10所示），并转换成与非-与非形式为

$$Y = AB + BC + AC = \overline{\overline{AB + BC + AC}} = \overline{\overline{AB} \cdot \overline{BC} \cdot \overline{AC}}$$

(4) 画出逻辑电路图，如图6-11所示。

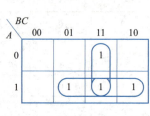
图 6-10　例 6-2 的卡诺图

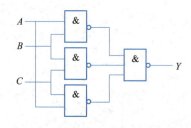
图 6-11　例 6-2 的逻辑电路图

由于中、大规模集成电路的出现，组合逻辑电路在设计概念上也随之发生了很大变化，现在已经有了逻辑功能很强的组合逻辑器件，灵活地应用它们，将会使组合逻辑电路在设计时事半功倍。

实验与技能训练——3位判奇电路的设计与测试

1. 电路的设计

3位判奇电路，又称3位奇偶校验电路，即当输入变量 A、B、C 中有奇数个同时为"1"时，输出变量 Y 为"1"，否则 Y 为"0"。可用异或门实现，也可用与非门实现。

2. 电路组装与测试

在线路板上组装所设计的电路，并进行测试，验证电路的功能。

注意：组装电路时，注意门电路的使用（注意事项如前面所述）。

思考题

(1) 组合逻辑电路有哪些特点？
(2) 分析组合逻辑电路的方法步骤有哪些？
(3) 设计组合逻辑电路的方法步骤有哪些？

6.3 编码器和译码器

实际应用中有一些组合逻辑电路在各类数字系统中经常大量地被使用。为了方便,目前已将这些电路的设计标准化,并已制成了中、小规模单片集成电路产品,其中包括编码器、译码器、数据选择器、加法器和数值比较器等。由于这些集成电路具有通用性强、兼容性好、功耗小、工作稳定等优点,所以得到了广泛应用。

6.3.1 编码器及应用

一般地说,用文字、符号或者数码表示特定对象的过程,都可以称为编码。例如,给运动员编号,就是编码,不过他们用的是汉字或十进制数。汉字或十进制数用电路难以实现,在数字电路中一般采用二进制编码。所谓二进制编码是用二进制代码表示有关对象(信号)的过程。一般地说,n 位二进制代码有 2^n 种状态,可以表示 2^n 个信号。所以,对 N 个信号进行编码时,可用公式 $2^n \geq N$ 来确定需要使用的二进制代码的位数 n。

编码器是实现编码操作的电路。按照编码方式的不同,编码器可分为普通编码器和优先编码器;按照输出代码种类的不同,编码器可分为二进制编码器和二-十进制编码器。

1. 普通编码器

(1)二进制编码器。用 n 位二进制代码对 $N=2^n$ 个信号进行编码的电路,称为二进制编码器。例如 $n=3$,可以对 8 个一般信号进行编码。这种编码器有一个特点:任何时刻只允许输入一个有效信号,不允许同时出现 2 个或 2 个以上的有效信号,因而其输入是一组有约束(互相排斥)的变量,它属于普通编码器。若编码器输入为 4 个信号,输出为 2 位代码,则称为 4 线-2 线编码器(或 4/2 线编码器)。若编码器输入为 8 个信号,输出为 3 位代码,则称为 8 线-3 线编码器(或 8/3 线编码器)。

(2)二-十进制(BCD)编码器。在数字电子系统中,所处理的数据都是二进制的,而在实际生活中常用十进制数,将十进制数 0~9 转换成一组二进制代码的逻辑电路称为二-十进制编码器。它的输入是代表 0~9 这 10 个数符的状态信号,有效信号为 1(即某信号为 1 时,则表示要对它进行编码),输出是相应的 BCD 码,因此又称 10 线-4 线编码器。它和二进制编码器特点一样,任何时刻只允许输入一个有效信号。

2. 优先编码器

上述编码器在同一时刻内只允许对一个信号进行编码,否则输出的代码会发生混乱,而实际应用中常出现多个输入信号端同时有效的情况。例如计算机有许多输入设备,可能多台设备同时向主机发出编码请求,希望输入数据,为了避免在同时出现 2 个以上输入信号(均为有效)时输出产生错误,这就要求采用优先编码器。

优先编码器是指在同一时间内,当有多个输入信号请求编码时,只对优先级别高的信号进行编码的逻辑电路。优先编码器常用的有 10 线-4 线优先编码器(如

74LS147)、8 线-3 线优先编码器(如 74LS148)。

(1)集成优编码器 74LS148 及应用:

①集成优先编码器 74LS148。74LS148 是 8 线-3 线优先编码器,其引脚排列图和逻辑符号,如图 6-12 所示。图中,$\overline{I_0} \sim \overline{I_7}$ 为输入信号端,$\overline{S}$ 是使能输入端,$\overline{Y_0} \sim \overline{Y_2}$ 是 3 个输出端,$\overline{Y_{EX}}$ 和 $\overline{Y_S}$ 是用于扩展功能的输出端。74LS148 的功能表见表 6-9。

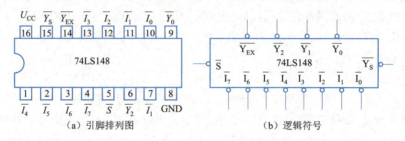

图 6-12 优先编码器 74LS148 的引脚排列图和逻辑符号

在表 6-9 中,输入 $\overline{I_0} \sim \overline{I_7}$ 低电平有效,$\overline{I_7}$ 为最高优先级,$\overline{I_0}$ 为最低优先级。只要 $\overline{I_7} = 0$,不管其他输入端是 0 还是 1,输出只对 $\overline{I_7}$ 编码,且对应的输出为反码有效,即 $\overline{Y_2} = 0$,$\overline{Y_1} = 0$,$\overline{Y_0} = 0$。$\overline{S}$ 为使能输入端,只有 $\overline{S} = 0$ 时编码器工作,$\overline{S} = 1$ 时编码器不工作。$\overline{Y_S}$ 为使能输出端。当 $\overline{I_1}$ 允许工作时,如果 $\overline{I_0} \sim \overline{I_7}$ 端有信号输入,$\overline{Y_S} = 1$;若 $\overline{I_0} \sim \overline{I_7}$ 端无信号输入时,$\overline{Y_S} = 0$。$\overline{Y_{EX}}$ 为扩展输出端,当 $\overline{S} = 0$ 时,$\overline{Y_{EX}}$ 只要有编码信号,其输出就是低电平。

表 6-9 优先编码器 74LS148 的功能表

输入									输出				
$\overline{S}$	$\overline{I_0}$	$\overline{I_1}$	$\overline{I_2}$	$\overline{I_3}$	$\overline{I_4}$	$\overline{I_5}$	$\overline{I_6}$	$\overline{I_7}$	$\overline{Y_2}$	$\overline{Y_1}$	$\overline{Y_0}$	$\overline{Y_{EX}}$	$\overline{Y_S}$
1	×	×	×	×	×	×	×	×	1	1	1	1	1
0	1	1	1	1	1	1	1	1	1	1	1	1	0
0	×	×	×	×	×	×	×	0	0	0	0	0	1
0	×	×	×	×	×	×	0	1	0	0	1	0	1
0	×	×	×	×	×	0	1	1	0	1	0	0	1
0	×	×	×	×	0	1	1	1	0	1	1	0	1
0	×	×	×	0	1	1	1	1	1	0	0	0	1
0	×	×	0	1	1	1	1	1	1	0	1	0	1
0	×	0	1	1	1	1	1	1	1	1	0	0	1
0	0	1	1	1	1	1	1	1	1	1	1	0	1

②集成优先编码器 74LS148 功能的扩展。用 74LS148 优先编码器可以多级连接进行扩展功能,如用两片 74LS148 级联,扩展成为一个 16 线-4 线优先编码器,如图 6-13 所示。图中高位片的 $\overline{S} = 0$,允许高位片对输入 $\overline{I_8} \sim \overline{I_{15}}$ 编码 $\overline{Y_S} = 1$。低位片

的 $\overline{S}=1$,则低位片禁止编码。但若 $\overline{I_8} \sim \overline{I_{15}}$ 都是高电平,即均无编码请求,则低位片的 $\overline{S}=0$,允许低位片对输入 $\overline{I_0} \sim \overline{I_7}$ 编码。显然,高位片的编码级别优先于低位片。

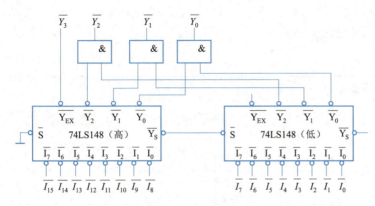

图 6-13　用优先编码器 74LS148 构成 16 线-4 线优先编码器

(2)集成优先编码器 74LS147。74LS147 是 10 线-4 线 8421BCD 优先编码器,它有 10 个输入端和 4 个输出端,能把十进制转换为 8421BCD 码。其引脚排列图、逻辑符号及功能表请查阅有关资料。

6.3.2　译码器及应用

译码是编码的逆过程,即将每一组输入二进制代码"翻译"成为一个特定的输出信号。实现译码功能的数字电路称为译码器。假设译码器有 n 个输入信号和 N 个输出信号,如果 $N=2^n$,称为全译码器,常用的全译码器有 2 线-4 线译码器、3 线-8 线译码器、4 线-16 线译码器等。如果 $N<2^n$,称为部分译码器,如二-十进制译码器(又称 4 线-10 线译码器)等。译码器的种类很多,可归纳为二进制译码器、二-十进制译码器和显示译码器等。

1. 集成二进制译码器

集成二进制译码器的种类很多。下面以常用的 74LS138 为例,介绍二进制译码的功能及扩展。

(1)集成二进制译码器 74LS138。74LS138 的引脚排列图和逻辑符号,如图 6-14 所示,其功能表见表 6-10。

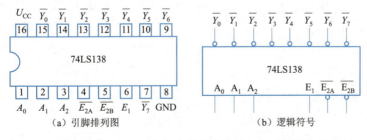

图 6-14　译码器 74LS138 的引脚排列图和逻辑符号

由 74LS138 的引脚排列图和功能表可知,它有 3 个输入端 A_2、A_1、A_0,8 个输出端 $\overline{Y_0} \sim \overline{Y_7}$,所以常称为 3 线-8 线译码器,属于全译码器。输出为低电平有效,E_1、$\overline{E_{2A}}$ 和 $\overline{E_{2B}}$ 为使能输入端。当 $E_1=0$ 时,译码器停止工作,输出全部为高电平;当 $\overline{E_{2A}}+\overline{E_{2B}}=1$ 时,译码器也不工作。只有当 $E_1=1$,$\overline{E_{2A}}+\overline{E_{2B}}=0$ 时,译码器才工作。

表 6-10　译码器 74LS138 的功能表

输入					输出							
E_1	$\overline{E_{2A}}+\overline{E_{2B}}$	A_2	A_1	A_0	$\overline{Y_0}$	$\overline{Y_1}$	$\overline{Y_2}$	$\overline{Y_3}$	$\overline{Y_4}$	$\overline{Y_5}$	$\overline{Y_6}$	$\overline{Y_7}$
×	1	×	×	×	1	1	1	1	1	1	1	1
0	×	×	×	×	1	1	1	1	1	1	1	1
1	0	0	0	0	0	1	1	1	1	1	1	1
1	0	0	0	1	1	0	1	1	1	1	1	1
1	0	0	1	0	1	1	0	1	1	1	1	1
1	0	0	1	1	1	1	1	0	1	1	1	1
1	0	1	0	0	1	1	1	1	0	1	1	1
1	0	1	0	1	1	1	1	1	1	0	1	1
1	0	1	1	0	1	1	1	1	1	1	0	1
1	0	1	1	1	1	1	1	1	1	1	1	0

(2)集成二进制译码器 74LS138 的应用:

①译码器的扩展。利用译码器的使能端可以方便地扩展译码器的容量。如用两片 74LS138 级联,扩展为 4 线-16 线译码器,如图 6-15 所示。图中利用译码器的使能端作为高位输入端 A_3,由表 6-10 可知,当 $A_3=0$ 时,低位片 74LS138 工作,高位片禁止工作,对输入 A_2、A_1、A_0 进行译码,译码器输出 $\overline{Y_0} \sim \overline{Y_7}$;当 $A_3=1$ 时,高位片 74LS138 工作,低位片禁止工作,译码输出 $\overline{Y_8} \sim \overline{Y_{15}}$,从而实现了 4 线-16 线译码器功能。

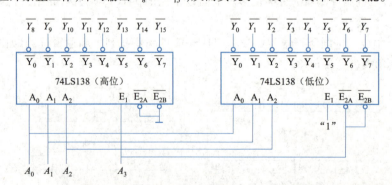

图 6-15　将两片 74LS138 扩展为 4 线-16 线译码器

②用译码器实现逻辑函数。由变量译码器可知,它的每个输出端都表示一个最

小项,而任何一个逻辑函数都可写成最小项表达式,利用这个特点,可以用来实现逻辑函数。

例 6-3 用 74LS138 译码器和门电路实现逻辑函数 $Y = AB + BC + AC$。

解 (1)由表 6-10 可知,当 $E_1 = 1$,$\overline{E_{2A}} + \overline{E_{2B}} = 0$ 时,译码器工作,输出与输入的关系为

$$\overline{Y_0} = \overline{\overline{A_2} \cdot \overline{A_1} \cdot \overline{A_0}},\ \overline{Y_1} = \overline{\overline{A_2} \cdot \overline{A_1} A_0},\ \overline{Y_2} = \overline{\overline{A_2} A_1 \overline{A_0}},\ \overline{Y_3} = \overline{\overline{A_2} A_1 A_0},$$

$$\overline{Y_4} = \overline{A_2 \overline{A_1} \cdot \overline{A_0}},\ \overline{Y_5} = \overline{A_2 \overline{A_1} A_0},\ \overline{Y_6} = \overline{A_2 A_1 \overline{A_0}},\ \overline{Y_7} = \overline{A_2 A_1 A_0}$$

(2)将逻辑函数转换成最小项表达式为

$$Y = AB + BC + AC = \overline{A}BC + A\overline{B}C + AB\overline{C} + ABC$$

(3)将输入变量 A、B、C 分别用 74LS138 的输入 A_2、A_1、A_0 代替,并变换为与非形式,即

$$Y = \overline{A}BC + A\overline{B}C + AB\overline{C} + ABC$$

$$= \overline{A_2}A_1A_0 + A_2\overline{A_1}A_0 + A_2A_1\overline{A_0} + A_2A_1A_0$$

$$= \overline{\overline{\overline{A_2}A_1A_0} \cdot \overline{A_2\overline{A_1}A_0} \cdot \overline{A_2A_1\overline{A_0}} \cdot \overline{A_2A_1A_0}}$$

$$= \overline{\overline{Y_3} \cdot \overline{Y_5} \cdot \overline{Y_6} \cdot \overline{Y_7}}$$

在 74LS138 的输出端加一个与非门即可实现给定的逻辑函数,如图 6-16 所示。

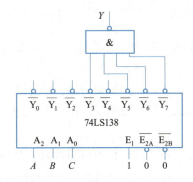

图 6-16 例 6-3 的逻辑电路图

2. 集成非二进制译码器

非二进制译码器种类很多,其中二-十进制译码器应用广泛。二-十进制译码器常用的有 TTL 系列的 74LS42 和 CMOS 系列的 74HCT42 等。74LS42/74HCT42 的输入为 8421BCD 码,有 10 路输出,输出为低电平有效。该译码器有拒绝伪码输入功能,没有使能输入端。

3. 集成显示译码器

在数字系统中,常常需要将数字、字母、符号等直观地显示出来,供人们读取或监视系统的工作情况。数字显示电路通常由译码驱动器和显示器等部分组成。

在数字电路中,数字量都是以一定的代码形式出现的,所以这些数字量要先经过译码,才能送到数字显示器中显示。这种能把数字量"翻译"成数码显示器所能识别的信号的译码器称为显示译码器。

常用的数码显示器是由7个发光二极管构成的7段数码显示器,称为LED显示器,又称LED数码管。LED显示器的优点是工作电压较低(1.5~3 V)、体积小、寿命长、亮度高、响应速度快、工作可靠性高。缺点是工作电流大,每个字段的工作电流约为10 mA。

(1)LED显示器。7段LED显示器就是将7个发光二极管(加小数点为8个)按一定的方式排列起来,7段a、b、c、d、e、f、g及小数点DP各对应一个发光二极管,利用不同发光段的组合,显示不同的阿拉伯数字,如图6-17所示。7段数码显示器有共阴极和共阳极两种连接方式。

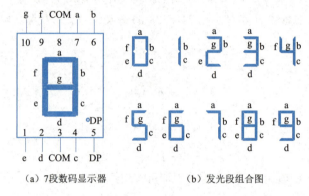

(a) 7段数码显示器　　　　　(b) 发光段组合图

图6-17　7段数码显示器及发光段组合图

(2)集成7段显示译码器74LS48。常用的集成7段显示译码器有两类:一类是输出高电平有效信号,用来驱动共阴极显示器,典型的产品有74LS48、74LS248等;另一类是输出低电平有效信号,以驱动共阳极显示器,典型的产品有74LS47、74LS247等。这些产品一般都带有驱动器,可以直接驱动7段LED数码管进行数字显示。下面介绍常用的显示译码器74LS48。

集成7段显示译码器74LS48是一种与共阴极数码显示器配合使用的集成译码器,它的功能是将输入的4位二进制代码转换成显示器所需要的7个字段信号$a \sim g$,其引脚排列图和逻辑符号如图6-18所示,表6-11为74LS48的功能表。

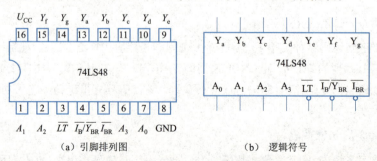

(a) 引脚排列图　　　　　(b) 逻辑符号

图6-18　74LS48引脚排列图和逻辑符号

表6-11 74LS48的功能表

十进制数或功能	输入						输入/输出	输出							显示字形
	$\overline{LT}$	$\overline{I_{BR}}$	A_3	A_2	A_1	A_0	$\overline{I_B}/\overline{Y_{BR}}$	Y_a	Y_b	Y_c	Y_d	Y_e	Y_f	Y_g	
0	1	1	0	0	0	0	1	1	1	1	1	1	1	0	0
1	1	×	0	0	0	1	1	0	1	1	0	0	0	0	1
2	1	×	0	0	1	0	1	1	1	0	1	1	0	1	2
3	1	×	0	0	1	1	1	1	1	1	1	0	0	1	3
4	1	×	0	1	0	0	1	0	1	1	0	0	1	1	4
5	1	×	0	1	0	1	1	1	0	1	1	0	1	1	5
6	1	×	0	1	1	0	1	0	0	1	1	1	1	1	6
7	1	×	0	1	1	1	1	1	1	1	0	0	0	0	7
8	1	×	1	0	0	0	1	1	1	1	1	1	1	1	8
9	1	×	1	0	0	1	1	1	1	1	0	0	1	1	9
	1	×	1	0	1	0	1	0	0	0	1	1	0	1	⊑
	1	×	1	0	1	1	1	0	0	1	1	0	0	1	⊐
	1	×	1	1	0	0	1	0	1	0	0	0	1	1	∪
	1	×	1	1	0	1	1	1	0	0	1	0	1	1	∊
	1	×	1	1	1	0	1	0	0	0	1	1	1	1	t
	1	×	1	1	1	1	1	0	0	0	0	0	0	0	全暗
灭灯	×	×	×	×	×	×	0	0	0	0	0	0	0	0	全暗
灭零	1	0	0	0	0	0	0	0	0	0	0	0	0	0	全暗
试灯	0	×	×	×	×	×	1	1	1	1	1	1	1	1	8

从74LS48的功能表可以看出,当输入信号 $A_3 A_2 A_1 A_0$ 为0000~1001时,分别显示数字信号0~9;而当输入1010~1110时,显示稳定的非数字信号;当输入1111时,7个显示段全暗。从显示段出现非0~9数字符号或各段全暗,可以推出输入已出错,即可检查输入情况。

74LS48除基本输入端和基本输出端外,为了增强器件的功能,在74LS48中还设置了一些辅助端。这些辅助端的功能如下:

试灯输入端 $\overline{LT}$:低电平有效。在 $\overline{I_B}/\overline{Y_{BR}}$ 作为输出端(不加输入信号)的前提下,当 $\overline{LT}=0$ 时,无论 $\overline{I_{BR}}$、$A_3 A_2 A_1 A_0$ 是什么状态,$\overline{I_B}/\overline{Y_{BR}}$ 为1,a~g全为1,数码管的7段全亮。可以利用试灯输入信号来测试数码管的好坏。

灭零输入端 $\overline{I_{BR}}$:低电平有效。用来动态灭零,$\overline{I_B}/\overline{Y_{BR}}$ 作为输出端,当 $\overline{LT}=1$ 且 $\overline{I_{BR}}=0$ 时,输入 $A_3 A_2 A_1 A_0=0000$,a~g均为0,译码器输出的"0"字即被熄灭,实现灭零功能。同时,$\overline{I_B}/\overline{Y_{BR}}$ 输出为低电平,表示译码器处于灭零状态。而对非0000数码输入,则正常显示,$\overline{I_B}/\overline{Y_{BR}}$ 输出为高电平。因此,灭零输入用于输入数字零而又不需要显示零的场合。

灭灯输入/灭零输出端 $\overline{I_B}/\overline{Y_{BR}}$：这是一个特殊的端子，有时用作输入，有时用作输出。当 $\overline{I_B}/\overline{Y_{BR}}$ 作为输入使用时，称为灭灯输入端，这时只要 $\overline{I_B}=0$，无论 $A_3 A_2 A_1 A_0$ 的状态是什么，数码管全灭。当 $\overline{I_B}/\overline{Y_{BR}}$ 作为输出使用时，称为灭零输出端，这时只要 $\overline{LT}=1$ 且 $\overline{I_{BR}}=0$、输入 $A_3 A_2 A_1 A_0=0000$ 时，$\overline{Y_{BR}}$ 才会输出低电平，因此 $\overline{Y_{BR}}=0$ 表示译码器已将本该显示的零熄灭了。

由于 74LS48 的内部已设置了 2 kΩ 左右的限流电阻，所以在与共阴极数码管配合使用时，数码管的阴极端可以直接接地。如果还需要减小 LED 的电流，则必须在 74LS48 的各输出端均串联 1 个限流电阻。对于共阴极接法的数码管，还可以采用 CD4511 等 7 段锁存译码驱动器。

对于共阳极接法的数码管，可以采用共阳字形译码器，如 74LS47 等，在相同的输入条件下，其输出电平与 74LS48 相反，但在共阳极数码管上显示的结果一致。

实验与技能训练——集成编码器和译码器的应用与测试

（1）用 74LS148 及 74LS00 构成 16 线-4 线优先编码器，连接逻辑电路并进行测试。

（2）将 74LS138 扩展成 4 线-16 线译码器，连接逻辑电路并进行测试。

（3）用译码器 74LS138 和与非门 74LS20 构成三人表决电路，对所设计的电路进行功能测试，检测所设计电路能否实现三人表决功能。

 思考题

（1）二进制编码器、二-十进制编码器输入信号的个数与输出变量的位数之间的关系如何？

（2）如何进行优先编码器的扩展？

（3）在用 74LS138 扩展为 4 线-16 线译码器时，E_1、$\overline{E_{2A}}$、$\overline{E_{2B}}$ 如何连接？

（4）译码器 74LS48 的 $\overline{LT}$、$\overline{I_{BR}}$、$\overline{I_B}/\overline{Y_{BR}}$ 端的功能是什么？

6.4 数据选择器和数据分配器

数据选择器

6.4.1 数据选择器及应用

1. 数据选择器的概念

数据选择器是根据地址选择码从多路输入数据中选择一路数据，送到输出端，它的作用与图 6-19 所示的单刀多掷开关相似。

2. 集成数据选择器

常用的数据选择器有 4 选 1、8 选 1、16 选 1 等多种类型。

(1) 4 选 1 数据选择器 74LS153。数据选择器 74LS153 芯片含有 2 个 4 选 1 数据选择器，公用地址控制端 A_1、A_0，其引脚排列图如图 6-20 所示，其功能表见表 6-12。

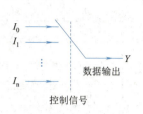

图 6-19　数据选择器的功能示意图

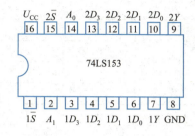

图 6-20　4 选 1 数据选择器 74LS153 的引脚排列图

其中，A_1、A_0 为控制数据准确传送的地址输入信号，$D_0 \sim D_3$ 为供选择的电路并行输入信号，$\overline{S}$ 为选通端或称使能端，低电平有效。当 $\overline{S} = 1$ 时，数据选择器不工作，禁止数据输入，输出 $Y = 0$；当 $\overline{S} = 0$ 时，数据选择器正常工作，允许数据选通。

表 6-12　4 选 1 数据选择器 74LS153 的功能表

使能端 $\overline{S}$	地址输入		输出 Y
	A_1	A_0	
1	×	×	0
0	0	0	D_0
0	0	1	D_1
0	1	0	D_2
0	1	1	D_3

由表 6-12 可以写出在 $\overline{S} = 0$ 数据选择器工作时，4 选 1 数据选择器输出逻辑表达式为

$$Y = \overline{A_1} \cdot \overline{A_0} D_0 + \overline{A_1} A_0 D_1 + A_1 \overline{A_0} D_2 + A_1 A_0 D_3$$

(2) 8 选 1 数据选择器 74LS151。74LS151 这是一种典型集成 8 选 1 数据选择器，其引脚排列图和逻辑符号，如图 6-21 所示。它有 8 个数据输入端 $D_0 \sim D_7$，3 个地址输入端 A_2、A_1、A_0，2 个互补输出端 Y 和 $\overline{Y}$，1 个使能端 $\overline{S}$，使能端 $\overline{S}$ 为低电平有效。74LS151 的功能表见表 6-13。

(a) 引脚排列图

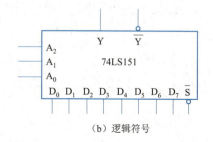

(b) 逻辑符号

图 6-21　8 选 1 数据选择器 74LS151 引脚排列图和逻辑符号

表 6-13　8 选 1 数据选择器 74LS151 的功能表

使能端 $\bar{S}$	地址输入			输出	
	A_2	A_1	A_0	Y	$\bar{Y}$
1	×	×	×	0	1
0	0	0	0	D_0	$\overline{D_0}$
0	0	0	1	D_1	$\overline{D_1}$
0	0	1	0	D_2	$\overline{D_2}$
0	0	1	1	D_3	$\overline{D_3}$
0	1	0	0	D_4	$\overline{D_4}$
0	1	0	1	D_5	$\overline{D_5}$
0	1	1	0	D_6	$\overline{D_6}$
0	1	1	1	D_7	$\overline{D_7}$

由表 6-13 写出在 $\bar{S}=0$ 数据选择器工作时，8 选 1 数据选择器输出逻辑表达式为

$$Y = \overline{A_2} \cdot \overline{A_1} \cdot \overline{A_0} D_0 + \overline{A_2} \cdot \overline{A_1} \cdot A_0 D_1 + \overline{A_2} \cdot A_1 \cdot \overline{A_0} D_2 + \overline{A_2} \cdot A_1 \cdot A_0 D_3 +$$
$$A_2 \cdot \overline{A_1} \cdot \overline{A_0} D_4 + A_2 \cdot \overline{A_1} \cdot A_0 D_5 + A_2 \cdot A_1 \cdot \overline{A_0} D_6 + A_2 \cdot A_1 \cdot A_0 D_7$$

3. 数据选择器的应用

（1）数据选择器的通道扩展。如用 2 片 74LS151 和 3 个门电路可以构成 16 选 1 的数据选择器，逻辑电路如图 6-22 所示。16 选 1 的数据选择器地址输入最高位 A_3 可由 2 片 8 选 1 数据选择器的使能端接非门来实现，低 3 位地址输入端由 2 片 74LS151 的地址输入端相连而成。当 $A_3=0$ 时，由表 6-13 可知，低位片 74LS151 工作，高位片 74LS151 不工作，根据地址控制信号 $A_3 A_2 A_1 A_0$ 选择数据 $D_0 \sim D_7$ 输出；当 $A_3=1$ 时，高位片 74LS151 工作，低位片 74LS151 不工作，选择数据 $D_8 \sim D_{15}$ 输出。

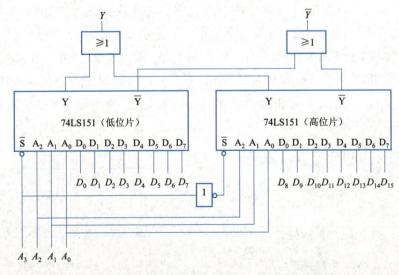

图 6-22　用 2 片 74LS151 组成的 16 选 1 数据选择器

（2）实现组合逻辑函数：

①当逻辑函数的变量个数和数据选择器的地址输入变量个数相同时，可直接用数据选择器来实现逻辑函数。

例 6-4 试用 8 选 1 数据选择器 74LS151 实现逻辑函数 $Y = AB + BC + AC$。

解 将逻辑函数转换成最小项表达式为

$$Y = AB + BC + AC = \overline{A}BC + A\overline{B}C + AB\overline{C} + ABC$$

若将 74LS151 中的 A_2、A_1、A_0 分别用 A、B、C 来代替，与 8 选 1 数据选择器的输出逻辑函数表达式比较，在 $D_3 = D_5 = D_6 = D_7 = 1$，$D_0 = D_1 = D_2 = D_4 = 0$ 时，8 选 1 数据选择器的输出逻辑函数与 $Y = AB + BC + AC$ 相同。因此，画出实现该逻辑函数的逻辑电路图，如图 6-23 所示。

②当逻辑函数输入变量的个数多于数据选择器的地址输入变量个数时，不能用前述的简单办法，应分离出多余的变量，把分离出的变量接到数据选择器的数据输入端。

例 6-5 用 4 选 1 数据选择器实现逻辑函数 $Y = AB + BC + A\overline{C}$。

解 逻辑函数 Y 有 3 个输入信号 A、B、C，多于 4 选 1 数据选择器的 2 个地址端 A_1 和 A_0，因此需要将逻辑函数的输入变量进行分离。

将逻辑函数表达式化为最小项表达式为 $Y = AB + BC + A\overline{C} = AB\overline{C} + \overline{A}BC + A\overline{B} \cdot \overline{C} + ABC$。

4 选 1 数据选择器的输出逻辑表达式为

$$Y_{(4选1)} = \overline{A}_1 \cdot \overline{A}_0 D_0 + \overline{A}_1 A_0 D_1 + A_1 \overline{A}_0 D_2 + A_1 A_0 D_3$$

若将 A、B 接到 4 选 1 数据选择器的地址输入端，且令 $A = A_1$，$B = A_0$，令 $D_0 = 0$，$D_3 = 1$，$D_1 = C$，$D_2 = \overline{C}$，则此时数据选择器的输出表达式为

$$Y_{(4选1)} = \overline{A}_1 A_0 C + A_1 \overline{A}_0 \cdot \overline{C} + A_1 A_0 = \overline{A}BC + A\overline{B} \cdot \overline{C} + AB = AB + BC + A\overline{C}$$

即此时 4 选 1 数据选择器实现了逻辑函数 $Y = AB + BC + A\overline{C}$，其逻辑电路图如图 6-24 所示。

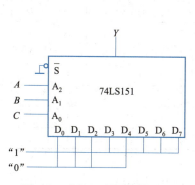

图 6-23 例 6-4 的逻辑电路图

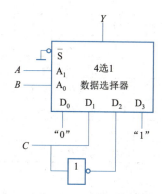

图 6-24 例 6-5 的逻辑电路图

6.4.2 数据分配器

数据分配器是数据选择器的逆过程，即将一路输入变为多路输出的电路，但在同

一时刻只能把输入的数据送到一个特定的输出端,而这个输出端是由选择输入控制信号的不同组合所控制的。它的功能类似于一个单刀多掷开关。数据分配器示意图如图 6-25 所示。

根据输出信号的个数不同,数据分配器可分为 4 路数据分配器、8 路数据分配器等。数据分配器实际上是译码器的特殊应用。图 6-26 所示是用 3 线-8 线译码 74LS138 构成的 8 路数据分配器。

在图 6-26 中,译码器的 $E_1=1$,$\overline{E_{2B}}=0$,$\overline{E_{2A}}=D$ 作为数据输入端。A_2、A_1、A_0 作为地址输入信号,$Y_0 \sim Y_7$ 为输出端,分别接 74LS138 的 $\overline{Y_0} \sim \overline{Y_7}$ 端。当 $D=0$ 时,译码器译码,与地址输入信号对应的输出端为 0,等于 D;当 $D=1$ 时,译码器不译码,所有输出全为 1,与地址输入信号对应的输出端为 1,也等于 D。所以,不论什么情况,与地址输入信号对应的输出端都等于 D。例如,当 $A_2A_1A_0=110$ 时,$Y_6=D$。8 路数据分配器的功能表见表 6-14。

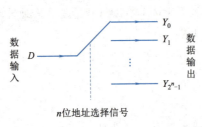
图 6-25 数据分配器示意图

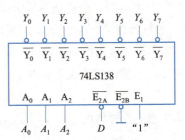
图 6-26 用译码器构成数据分配器

表 6-14 8 路数据分配器的功能表

输 入			数据输入	输 出							
A_2	A_1	A_0	D	Y_7	Y_6	Y_5	Y_4	Y_3	Y_2	Y_1	Y_0
0	0	0	D	1	1	1	1	1	1	1	D
0	0	1	D	1	1	1	1	1	1	D	1
0	1	0	D	1	1	1	1	1	D	1	1
0	1	1	D	1	1	1	1	D	1	1	1
1	0	0	D	1	1	1	D	1	1	1	1
1	0	1	D	1	1	D	1	1	1	1	1
1	1	0	D	1	D	1	1	1	1	1	1
1	1	1	D	D	1	1	1	1	1	1	1

实验与技能训练——数据选择器的应用与测试

(1)用数据选择器 74LS153 构成 8 选 1 数据选择器,连接逻辑电路并进行测试。

(2)用数据选择器 74LS151 构成 3 人表决电路,对所设计的电路进行功能测试,检测所设计电路能否实现 3 人表决功能。

思考题

(1) 什么译码器可以作为数据分配器使用?为什么?
(2) 能否用译码器和与或非门组成数据选择器?
(3) 若函数变量与数据选择器地址控制端数量不同时,如何实现逻辑函数?

6.5 加法器和数值比较器

6.5.1 加法器及应用

数字系统的基本任务之一是进行算术运算。在系统中加、减、乘、除均可利用加法来实现,所以加法器便成为数字系统中最基本的运算单元。加法器按功能可分为半加器和全加器。

1. 半加器

能够完成 2 个 1 位二进制数 A 和 B 相加的组合逻辑电路称为半加器。半加器是只考虑 2 个加数本身,而不考虑来自低位进位的逻辑电路。根据 2 个 1 位二进制数 A 和 B 相加的运算规律可得半加器的真值表,见表 6-15。

表 6-15 半加器的真值表

输入		输出	
A	B	S	C
0	0	0	0
0	1	1	0
1	0	1	0
1	1	0	1

表 6-15 中的 A 和 B 分别表示加数和被加数,S 表示本位的和输出,C 表示向相邻高位的进位输出。由真值表可得 S、C 的表达式分别为

$$S = \overline{A}B + A\overline{B} = A \oplus B$$
$$C = AB$$

图 6-27 是用一个异或门和一个与门组成的半加器的逻辑电路图,也可以用与非门实现。图 6-28 是半加器的逻辑符号。

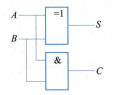

图 6-27 半加器的逻辑电路图

图 6-28 半加器的逻辑符号

2. 全加器

在多位数加法运算时，除最低位外，其他各位都需要考虑低位送来的进位。这时要用到全加器。所谓全加，是指 2 个多位二进制数相加时，第 i 位的被加数 A_i 和加数 B_i 以及来自相邻低位的进位数 C_{i-1} 三者相加，其结果得到本位和 S_i 及向相邻高位的进位数 C_i。全加器的真值表见表 6-16。

仿真

全加器

表 6-16 全加器的真值表

输入			输出	
A_i	B_i	C_{i-1}	S_i	C_i
0	0	0	0	0
0	0	1	1	0
0	1	0	1	0
0	1	1	0	1
1	0	0	1	0
1	0	1	0	1
1	1	0	0	1
1	1	1	1	1

由真值表可得本位和 S_i 和进位数 C_i 的表达式为

$$S_i = \overline{A_i} \cdot \overline{B_i} \cdot C_{i-1} + \overline{A_i} \cdot B_i \cdot \overline{C_{i-1}} + A_i B_i C_{i-1}$$
$$= (A_i \oplus B_i) \cdot \overline{C_{i-1}} + \overline{A_i \oplus B_i} \cdot C_{i-1}$$
$$= A_i \oplus B_i \oplus C_{i-1}$$
$$C_i = \overline{A_i} \cdot B_i \cdot C_{i-1} + A_i \cdot \overline{B_i} \cdot C_{i-1} + A_i B_i \overline{C_{i-1}} + A_i B_i C_{i-1}$$
$$= (A_i \oplus B_i) \cdot C_{i-1} + A_i \cdot B_i$$

根据 S_i 和 C_i 的表达式画出全加器的逻辑电路图，如图 6-29 所示。图 6-30 为全加器的逻辑符号。

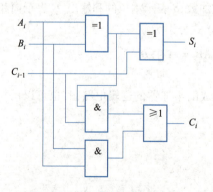

图 6-29 全加器的逻辑电路图

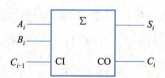

图 6-30 全加器的逻辑符号

3. 集成全加器

（1）集成全加器 74LS183。它内部集成了 2 个 1 位全加器，其引脚排列图和逻辑符号如图 6-31 所示。

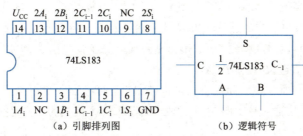

图 6-31　集成全加器 74LS183 引脚排列图和逻辑符号

$1A_i$、$1B_i$、$2A_i$、$2B_i$ 为运算数据输入端；$1C_{i-1}$、$2C_{i-1}$ 为进位输入端；$1C_i$、$2C_i$ 为进位输出端；$1S_i$、$2S_i$ 为和输出端。

（2）集成全加器 74LS283。它是超前进位的 4 位全加器。超前进位加法器在做加法运算的同时，把各位的进位也算出来，从而加快了运算速度。集成全加器 74LS283 引脚排列图和逻辑符号如图 6-32 所示。

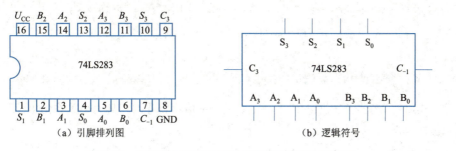

图 6-32　集成全加器 74LS283 引脚排列图和逻辑符号

$A_0 \sim A_3$、$B_0 \sim B_3$ 为 4 位二进制运算数据输入端；C_{-1} 为进位输入端；C_3 为进位输出端；$S_0 \sim S_3$ 为和输出端。

4. 多位加法器

实现 2 个多位二进制数相加的电路称为多位加法器。多位加法器有串行进位加法器和超前进位加法器两种。

（1）串行进位加法器。将多个全加器用级联的方法构成的加法器，称为串行进位加法器。4 位串行进位加法器的逻辑电路图，如图 6-33 所示。从图中可见，2 个 4 位相加数 $A_3A_2A_1A_0$ 和 $B_3B_2B_1B_0$ 的各位同时送到相应全加器的输入端，进位数串行传送，全加器的个数等于相加数的位数，最低位全加器的 C_{i-1} 端应接 0。

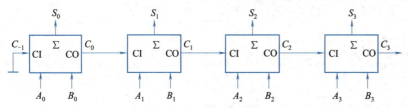

图 6-33　4 位串行进位加法器的逻辑电路图

串行进位加法器的优点是电路比较简单,缺点是速度比较慢。因为进位信号是串行传递的,最高位的运算一定要等到所有低位的运算完成,并将进位送到后才能进行。图 6-33 中最后一位的进位输出 C_3 要经过 4 位全加器传递之后才能形成。如果位数增加,传输延迟时间将更长,工作速度更慢。为了提高速度,可以采用多位数快速进位(又称超前进位)的加法器。

(2)超前进位加法器。超前进位是指在加法运算过程中,各级进位信号同时送到各位全加器的进位输入端。图 6-34 为用 2 片 74LS283 构成的 8 位超前进位加法器。

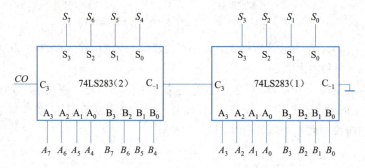

图 6-34 用 2 片 74LS283 构成的 8 位超前进位加法器

6.5.2 数值比较器及应用

用以对 2 个位数相同的二进制整数进行数值比较并判定其大小关系的电路称为数值比较器。

1.1 位数值比较器

1 位数值比较器的功能是比较 2 个 1 位二进制数 A 和 B 的大小,比较的结果有 $A>B$、$A<B$ 和 $A=B$ 3 种情况。

1 位数值比较器的输入变量是 2 个比较数 A 和 B,输出变量 $Y_{A>B}$、$Y_{A<B}$、$Y_{A=B}$ 分别表示 $A>B$、$A<B$ 和 $A=B$ 这 3 种比较结果,1 位数值比较器的真值表见表 6-17。

根据真值表写出逻辑表达式为

$$Y_{A>B} = A\overline{B}, \quad Y_{A<B} = \overline{A}B, \quad Y_{A=B} = AB + \overline{A} \cdot \overline{B} = \overline{A \oplus B} = \overline{A\overline{B} + \overline{A}B}$$

由逻辑表达式画出逻辑电路图如图 6-35 所示。

表 6-17 1 位数值比较器的真值表

输入		输出		
A	B	$Y_{A>B}$	$Y_{A<B}$	$Y_{A=B}$
0	0	0	0	1
0	1	0	1	0
1	0	1	0	0
1	1	0	0	1

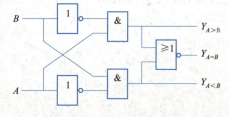

图 6-35 1 位数值比较器的逻辑电路图

2. 集成数值比较器

74LS85 是典型的集成 4 位二进制数值比较器。其引脚排列图和逻辑符号,如图 6-36 所示。A、B 为数据输入端;它有 3 个级联输入端 $I_{A<B}$、$I_{A>B}$、$I_{A=B}$,表示低 4 位比较的结果输入;它有 3 个级联输出端 $Y_{A<B}$、$Y_{A>B}$、$Y_{A=B}$,表示末级比较结果的输出。

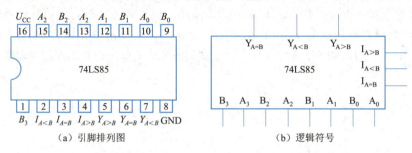

图 6-36　74LS85 引脚排列图和逻辑符号

数值比较器 74LS85 的功能表见表 6-18。从表中可以看出,若比较 2 个 4 位二进制数 $A(A_3A_2A_1A_0)$ 和 $B(B_3B_2B_1B_0)$ 的大小,从最高位开始进行比较,如果 $A_3 > B_3$,则 A 一定大于 B;反之,若 $A_3 < B_3$,则一定有 A 小于 B;若 $A_3 = B_3$,则比较次高位 A_2 和 B_2,依次类推,直到比较到最低位,若各位均相等,则 $A = B$。

表 6-18　数值比较器 74LS85 的功能表

输 入							输 出		
A_3B_3	A_2B_2	A_1B_1	A_0B_0	$I_{A>B}$	$I_{A<B}$	$I_{A=B}$	$Y_{A>B}$	$Y_{A<B}$	$Y_{A=B}$
$A_3 > B_3$	×	×	×	×	×	×	1	0	0
$A_3 < B_3$	×	×	×	×	×	×	0	1	0
$A_3 = B_3$	$A_2 > B_2$	×	×	×	×	×	1	0	0
$A_3 = B_3$	$A_2 < B_2$	×	×	×	×	×	0	1	0
$A_3 = B_3$	$A_2 = B_2$	$A_1 > B_1$	×	×	×	×	1	0	0
$A_3 = B_3$	$A_2 = B_2$	$A_1 < B_1$	×	×	×	×	0	1	0
$A_3 = B_3$	$A_2 = B_2$	$A_1 = B_1$	$A_0 > B_0$	×	×	×	1	0	0
$A_3 = B_3$	$A_2 = B_2$	$A_1 = B_1$	$A_0 < B_0$	×	×	×	0	1	0
$A_3 = B_3$	$A_2 = B_2$	$A_1 = B_1$	$A_0 = B_0$	1	0	0	1	0	0
$A_3 = B_3$	$A_2 = B_2$	$A_1 = B_1$	$A_0 = B_0$	0	1	0	0	1	0
$A_3 = B_3$	$A_2 = B_2$	$A_1 = B_1$	$A_0 = B_0$	0	0	1	0	0	1

3. 集成数值比较器的应用

数值比较器 74LS85 的级联输入端 $I_{A<B}$、$I_{A>B}$、$I_{A=B}$,是为了扩大比较器功能设置的。当不需要扩大比较位数时 $I_{A<B}$、$I_{A>B}$ 接低电平,$I_{A=B}$ 接高电平;若需要扩大比较器的位数时,只要将低位的 $Y_{A<B}$、$Y_{A>B}$、$Y_{A=B}$ 分别接高位相应的串接输入端 $I_{A<B}$、$I_{A>B}$、$I_{A=B}$ 即可。

(1) 单片应用。1 片 74LS85 可以对 2 个 4 位二进制数进行比较,此时级联输入端

$I_{A>B}$、$I_{A<B}$ 接低电平，$I_{A=B}$ 接高电平。当参与比较的二进制数少于 4 位时，高位多余输入端可同时接 0 或 1。

(2) 数值比较器的位数扩展。数值比较器位数扩展时，可采用串联扩展方式和并联扩展方式。

① 串联扩展方式。数值比较器 74LS85 采用串联扩展方式进行数值比较器的位数扩展时，只要将低位的 $Y_{A<B}$、$Y_{A>B}$、$Y_{A=B}$ 分别接高位相应的串接输入端 $I_{A<B}$、$I_{A>B}$、$I_{A=B}$ 即可。用 2 片 74LS85 采用串联扩展方式组成 8 位数值比较器的连接图如图 6-37 所示。

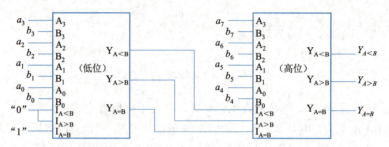

图 6-37　用 2 片 74LS85 采用串联扩展方式组成 8 位数值比较器的连接图

原则上讲，按照上述级联方式可以扩展成任何位数的二进制数值比较器。但是，由于这种级联方式中比较结果是逐级进位的，工作速度较慢。级联芯片数越多，传递时间越长，工作速度越慢。因此，当扩展位数较多时，常采用并联扩展方式。

② 并联扩展方式。图 6-38 所示是采用并联扩展方式用 5 片 74LS85 组成的 16 位数值比较器。将 16 位二进制数按高低位次序分成 4 组，每组用 1 片 74LS85 进行比较，各组的比较是并行的。将每组的比较结果再经 1 片 74LS85 进行比较后得出比较结果。这样总的传递时间为 2 倍的 74LS85 的延迟时间。若用串联扩展方式，则需要 4 倍的 74LS85 的延迟时间。

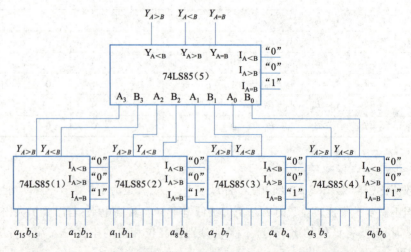

图 6-38　用 5 片 74LS85 采用并联扩展方式组成的 16 位数值比较器

实验与技能训练——集成加法器和数值比较器的应用与测试

(1)验证集成数值比较器74LS85的逻辑功能,用74LS85实现8位数值比较器并进行测试。

(2)验证集成全加器74LS183的逻辑功能,用74LS183构成4位加法器并进行测试。

思考题

(1)什么是半加器?什么是全加器?
(2)串行进位加法器和超前进位加法器各有何特点?
(3)74LS85的3个级联输入端$I_{A<B}$、$I_{A>B}$、$I_{A=B}$的作用是什么?
(4)分析图6-37和图6-38的工作过程,比较它们的优缺点。

习 题

一、填空题

1. 组合逻辑电路的特点是:任意时刻的_____状态仅取决于该时刻_____的状态,而与信号作用前电路的_____。
2. 组合逻辑电路的分析是_____。
3. 组合逻辑电路设计是根据_____要求来实现某种逻辑功能,画出实现该功能的_____电路。
4. 常用的组合逻辑电路有_____、_____、_____、_____、_____等。
5. 优先编码器只对优先级别_____的输入信号编码,而对_____的输入信号不予以编码。
6. 译码器的逻辑功能是将某一时刻的_____输入信号译成_____输出信号。
7. 数据选择器又称_____,它是一种_____输入端_____输出端的逻辑器件。控制信号端实现对_____的选择。
8. 数据分配器的功能与_____相反,它是一种_____输入端_____输出端的逻辑器件。从哪一路输出取决于_____端的状态。
9. 数值比较器的逻辑功能是对输入的_____数据进行比较,它有_____、_____、_____ 3个输出端。

二、选择题(可多选)

1. 组合逻辑电路通常由( )组合而成。
   A. 门电路   B. 触发器   C. 计数器   D. 寄存器
2. 在下列逻辑电路中,不是组合逻辑电路的是( )。
   A. 译码器   B. 编码器   C. 全加器   D. 寄存器

3. A_1、A_2、A_3 是 3 个开关,设它们闭合时为逻辑 1,断开时为逻辑 0,灯泡 $Y=1$ 时表示灯亮,$Y=0$ 时表示灯灭。若在 3 个不同的地方控制同一个灯泡的亮灭,逻辑函数 Y 的表达式是( )。

  A. $A_1A_2A_3$ B. $A_1+A_2+A_3$ C. $A_1 \oplus A_2 \oplus A_3$ D. $A_1 \odot A_2 \odot A_3$

4. 16 路数据选择器,其地址输入(选择控制输入)端有( )个。

  A. 16   B. 2   C. 4   D. 8

5. 8 路数据分配器,其地址输入(选择控制输入)端有( )个。

  A. 8   B. 4   C. 3   D. 6

6. 3 集成译码器 74LS138 的输出有效电平是( )电平。

  A. 高   B. 低   C. 三态   D. 任意

7. 1 位 8421BCD 码译码器的数据输入线与译码输出线的关系是( )。

  A. 4 线-16 线   B. 1 线-10 线   C. 4 线-10 线   D. 2 线-4 线

8. 用集成数值比较器 74LS85 对 2 个 4 位数比较时,先比较( )位。

  A. 最低   B. 次高   C. 次低   D. 最高

三、综合题

1. 试分析图 6-39 所示各逻辑电路的逻辑功能。

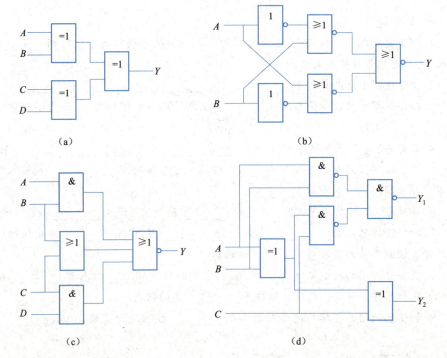

图 6-39

2. 采用与非门设计下列逻辑电路。

(1) 三变量非一致电路。

(2) 三变量判奇电路(含 1 的个数)。

(3) 四变量多数表决电路。

3. 设计用单刀双掷开关来控制楼梯照明灯的电路。要求在楼下开灯后,可在楼上关灯;同样也可在楼上开灯,而在楼下关灯。用与非门实现上述逻辑功能。

4. 用 8 线-3 线优先编码器 74LS148 和门电路组成二-十进制编码器。

5. 用 74LS138 扩展为 6 线-64 线译码器(提示:用 1 片 74LS138 作为片选,可能比较方便)。

6. 用 74LS138 实现下列逻辑函数(允许附加门电路)。

(1) $Y_1 = A\bar{C}$。

(2) $Y_2 = AB\bar{C} + \bar{A}C$。

(3) $Y_3(A,B,C) = \sum m(3,4,5,6)$。

(4) $Y_4(A,B,C,D) = \sum m(1,3,5,9,11)$。

7. 用译码器和门电路设计一个 8 选 1 数据选择器。

8. 试用 74LS151 数据选择器实现以下逻辑函数。

(1) $Y_1 = A + BC$。

(2) $Y_2(A,B,C) = \sum m(1,3,5,7)$。

(3) $Y_3(A,B,C) = \bar{A} \cdot \bar{B}C + \bar{A}BC + AB\bar{C} + ABC$。

9. 用 4 选 1 数据选择器和译码器,组成 16 选 1 的数据选择器。

10. 仿照半加器和全加器的设计方法,试设计一个半减器和一个全减器。

第7章

时序逻辑电路

📝 **学习笔记**

📖 **学习内容**

- RS、JK、D 触发器的逻辑符号、功能及触发器使用常识。
- 集成同步计数器、集成异步计数器及应用。
- 数码寄存器、移位寄存器及应用。
- 集成 555 定时器及应用。

🎯 **学习目标**

- 了解时序逻辑电路与组合逻辑电路的区别。
- 了解触发器的概念；熟悉基本 RS 触发器的组成；理解基本 RS 触发器的工作原理；掌握基本 RS、JK、D 触发器的逻辑符号、逻辑功能。
- 理解计数器的概念；掌握集成计数器的逻辑功能，能利用集成计数器构成任意进制计数器。
- 理解寄存器的概念；掌握寄存器的功能及应用。
- 掌握集成 555 定时器的功能；理解用 555 定时器构成多谐振荡器、单稳态触发器和施密特触发器的工作原理。
- 能正确地使用触发器、寄存器、计数器等典型逻辑器件。

时序逻辑电路简称时序电路，它由存储电路和组合逻辑电路两部分组成。与组合逻辑电路不同之处在于，组合逻辑电路任一时刻的输出状态只与此刻的输入信号有关；时序逻辑电路任一时刻的输出状态不仅取决于该时刻的输入信号，而且还与电路的原来状态有关。因此，组合逻辑电路不具有记忆性，而时序逻辑电路具有记忆功能。时序逻辑电路的状态是由存储电路来记忆的，存储电路的组成单元是触发器。

7.1 触发器

在数字电路中,将能够存储 1 位二进制信息的逻辑电路称为触发器(flip-flop,FF),每个触发器都有两个互补的输出端 Q 和 $\bar{Q}$。触发器是构成时序逻辑电路的基本逻辑单元,是具有记忆功能的逻辑器件。

双稳态触发器的基本性质有:

(1) 触发器有 0 和 1 两个稳定的工作状态,一般定义 Q 端的状态为触发器的输出状态。在没有外加信号作用时,触发器维持原来的稳定状态不变。

(2) 触发器在一定外加信号作用下,可以从一个稳态转变为另一个稳态,称为触发器的状态翻转。

(3) 当输入信号撤销以后,电路能保持更新后的状态不变。

触发器的分类。触发器按逻辑功能分为 RS 触发器、D 触发器、JK 触发器、T 触发器等;按结构分为主从型、维持阻塞型和边沿型触发器等;按有无统一动作的时间节拍分为基本触发器和时钟触发器。

7.1.1 RS 触发器

1. 基本 RS 触发器

(1) 电路组成。基本 RS 触发器是一种最简单的触发器,是构成其他触发器的基础。它由两个与非门(也可用或非门构成)的输入和输出交叉连接而成,如图 7-1(a)所示,图 7-1(b)是它的逻辑符号。它有两个输入端 $\bar{R}$ 和 $\bar{S}$。$\bar{R}$ 为复位端,即当 $\bar{R}$ 有效时,Q 变为 0,故也称为置"0"端;$\bar{S}$ 为置位端,当 $\bar{S}$ 有效时,Q 变为 1,也称为置"1"端。两个互补输出端 Q 和 $\bar{Q}$:当 $Q=1$ 时,$\bar{Q}=0$;当 $Q=0$ 时,$\bar{Q}=1$。

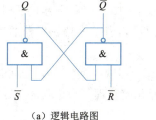
(a) 逻辑电路图

(b) 逻辑符号

图 7-1 基本 RS 触发器的逻辑电路图和逻辑符号

(2) 工作原理。由与非门组成的基本 RS 触发器的工作原理分析如下:

当 $\bar{R}=1$,$\bar{S}=1$ 时,即 $\bar{R}$、$\bar{S}$ 均为高电平,触发器保持原状态不变,也就是触发器将原有的状态存储起来,即通常所说的触发器具有记忆功能。

当 $\bar{R}=1$,$\bar{S}=0$ 时,即在 $\bar{S}$ 端输入负脉冲时,不论原有 Q 为何状态,触发器都置 1 (即 $Q=1$,$\bar{Q}=0$)。

学习笔记

当 $\bar{R}=0$,$\bar{S}=1$ 时,即在 $\bar{R}$ 端输入负脉冲时,不论原有 Q 为何状态,触发器都置 0(即 $Q=0$,$\bar{Q}=1$)。

当 $\bar{R}=0$,$\bar{S}=0$ 时,即在 $\bar{R}$、$\bar{S}$ 端同时输入负脉冲时,两个与非门输出端 Q 和 $\bar{Q}$ 全为 1,而当两输入端的负脉冲同时消失时,由于与非门的延迟时间的差异,触发器的输出状态是 1 还是 0 将不能确定,即状态不定,因此应当避免这种情况。

(3)触发器的功能描述。触发器的功能可采用特性表、特性方程、状态图以及时序图(又称波形图)来描述。

① 特性表。在触发器中,把触发器输入信号变化前的状态称为现态(即原来的状态、初态),用 Q^n 表示。把触发器输入信号变化后的状态称为次态(即新的状态),用 Q^{n+1} 表示。

触发器的次态 Q^{n+1} 与输入信号和电路原有状态 Q^n(现态)之间关系的真值表称为特性表。图 7-1 所示的基本 RS 触发器特性表,见表 7-1。

表 7-1 与非门组成的基本 RS 触发器的特性表

输入			输出	功能
$\bar{R}$	$\bar{S}$	Q^n	Q^{n+1}	
0	1	0	0	置 0
0	1	1	0	置 0
1	0	0	1	置 1
1	0	1	1	置 1
1	1	0	0	保持
1	1	1	1	保持
0	0	0	×	不定
0	0	1	×	不定

由表 7-1 可知:基本 RS 触发器具有置"0"、置"1"功能。$\bar{R}$、$\bar{S}$ 均在低电平有效,可使触发器的输出状态转换为相应的 0 或 1。图 7-1(b)所示的逻辑符号中,$\bar{R}$、$\bar{S}$ 字母符号上的"非号"和输入端上的"小圆圈"均表示这种触发器的触发信号是低电平有效。

② 特性方程。表示触发器的次态 Q^{n+1} 与输入及现态 Q^n 之间关系的逻辑表达式,称为触发器的特性方程。由表 7-1 并经化简整理可得由与非门组成的基本 RS 触发器的特性方程为

$$\begin{cases} Q^{n+1} = S + \bar{R}Q^n \\ \bar{R} + \bar{S} = 1(\text{约束条件}) \end{cases} \tag{7-1}$$

③ 时序图。反映触发器输入信号取值和状态之间对应关系的图形称为时序图,又称波形图。基本 RS 触发器的时序图如图 7-2 所示,画图时应根据功能表来确定各个时间段 Q 与 $\bar{Q}$ 的状态。

(4)特点。基本 RS 触发器电路简单,具有 1 和 0 两个稳定状态(称为双稳态触发

器),具有记忆功能,输出状态直接受输入信号的控制(也称其为直接复位-置位触发器)。基本 RS 触发器是构成其他功能触发器的基本单元。

基本 RS 触发器的主要缺点是 R、S 之间存在约束,当 $\bar{R}=\bar{S}=0$ 时,$Q=\bar{Q}=1$,这样既违反了两输出端的互补关系,又当 $\bar{R}$ 和 $\bar{S}$ 从 00 变为 11 时,输出可能是 $Q=1$、$\bar{Q}=0$,也可能是 $Q=0$、$\bar{Q}=1$,即输出状态不能确定,如图 7-2 所示。

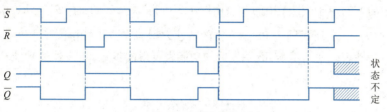

图 7-2　基本 RS 触发器的时序图

由与非门构成的基本 RS 触发器的特性表,可简化为表 7-2 所示的功能真值表。

表 7-2　基本 RS 触发器的功能真值表

$\bar{R}$	$\bar{S}$	Q^{n+1}	功能
0	1	0	置 0
1	0	1	置 1
1	1	Q^n	保持
0	0	×	不定

2. 同步 RS 触发器

对于基本 RS 触发器,只要 $\bar{R}$ 或 $\bar{S}$ 产生变化,就可能引起状态的翻转,因此,基本 RS 触发器的抗干扰能力较差。另外,在数字系统中,为了协调各部分电路的工作,任何操作均应按预定的时间完成。因此产生了由时钟 CP 控制接收 R、S 信号的时钟型触发器,称为钟控触发器,又称同步触发器。

(1)电路组成。同步 RS 触发器由一个基本 RS 触发器加两个控制门组成,其逻辑电路图和逻辑符号如图 7-3 所示。其中,门 G_1、G_2 组成基本 RS 触发器,门 G_3、G_4 为控制门,$\bar{R}_d$、$\bar{S}_d$ 是直接置 0、置 1 端(不受 CP 脉冲的限制,又称异步置位端和异步复位端),用来设置触发器的初始状态,CP 是时钟脉冲的输入控制信号。

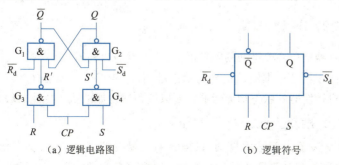

(a) 逻辑电路图　　　　(b) 逻辑符号

图 7-3　钟控 RS 触发器逻辑电路图和逻辑符号

(2) 工作原理：

当 $CP=0$ 时，G_3、G_4 均被封锁，输出均为 1，即 $R'=S'=1$，Q 和 $\bar{Q}$ 保持不变。

当 $CP=1$ 时，G_3、G_4 打开，输入信号 R、S 通 G_3、G_4，使基本 RS 触发器动作，输出状态仍由 R、S 状态和 Q^n 决定。

(3) 特性方程。比较图 7-3 和图 7-1 可知，图 7-3 中的 R' 对应于图 7-1 中的 $\bar{R}$，图 7-3 中的 S' 对应于图 7-1 中的 $\bar{S}$。由图 7-3 可得：在 $CP=1$ 时，$R'=\overline{R\cdot CP}=\bar{R}$，$S'=\overline{S\cdot CP}=\bar{S}$，所以同步 RS 触发器的特性方程与式(7-1)相同。

(4) 特性表。利用基本 RS 触发器的功能表可得同步 RS 触发器的功能真值表见表 7-3。

表 7-3 同步 RS 触发器的功能真值表

CP	R	S	Q^{n+1}	功能
0	×	×	Q^n	保持
1	0	0	Q^n	保持
1	0	1	1	置 1
1	1	0	0	置 0
1	1	1	×	不定

同步 RS 触发器的 CP 脉冲、R、S 均为高电平有效，触发器状态才能改变。与基本 RS 触发器相比，对触发器增加了时间控制，但其输出的不定状态直接影响触发器的工作质量。

3. 钟控触发器的空翻问题

时序逻辑电路增加时钟脉冲的目的是统一电路动作的节拍。对触发器而言，在一个时钟脉冲作用下，要求触发器的状态只能翻转一次。而钟控触发器在一个时钟脉冲作用下（即 $CP=1$ 期间），如果 R、S 端输入信号多次发生变化，可能引起输出端 Q 状态翻转两次或两次以上，时钟失去控制作用，这种现象称为"空翻"。要避免"空翻"现象，则要求在时钟脉冲作用期间，不允许输入信号（R、S）发生变化；另外，必须要求 CP 的脉冲宽度不能太大，显然，这种要求是较为苛刻的。

由于钟控触发器存在空翻问题，限制了其在实际中的使用。为了克服该现象，对触发器电路进行了进一步改进，进而产生了主从型、边沿型等各类触发器。

7.1.2 边沿 JK 触发器

边沿触发器是一种改进型的触发器，它的特点是只在 CP 脉冲的上升沿（或下降沿）的瞬间，触发器才根据输入信号的状态翻转，而在 $CP=0$ 或是 $CP=1$ 期间，输入信号的变化对触发器的状态均无影响。所以这种触发器的抗干扰能力较强。

1. 边沿 JK 触发器的逻辑符号和功能

边沿 JK 触发器内部结构复杂，只需掌握其触发特点和功能，会灵活应用即可。边沿 JK 触发器的逻辑符号如图 7-4 所示。逻辑符号中 CP 是时钟脉冲输入端，用来控制触发器状态改变的时刻。CP 引线上端的"∧"符号表示边沿触发,无"∧"符号表示电平触发;CP 引线端既有"∧"符号又有小圆圈时,表示触发器状态变化发生在脉冲下降沿到来时刻;只有"∧"符号而没有小圆圈时,表示触发器状态变化发生在脉冲上升沿到来时刻。$\overline{S_d}$ 和 $\overline{R_d}$ 分别是直接置位端和直接复位端,当 $\overline{S_d}=0$ 时,触发器被置位为 1 状态;当 $\overline{R_d}=0$ 时,触发器复位为 0 状态;它们不受时钟脉冲 CP 的控制,主要用于触发器工作前或工作过程中强制置位和复位,不用时让它们处于 1 状态(高电平或悬空)。Q 和 $\overline{Q}$ 是两个互补输出端。J、K 是两个输入端。下降沿触发的 JK 触发器的功能真值表见表 7-4。

表 7-4 下降沿触发的 JK 触发器的功能真值表

CP	J	K	Q^{n+1}	功能
×	×	×	Q^n	保持
↓	0	0	原状态	保持
↓	0	1	0	置 0
↓	1	0	1	置 1
↓	1	1	$\overline{Q}$	翻转

图 7-4 边沿 JK 触发器的逻辑符号

2. 边沿 JK 触发器的特性方程

由边沿 JK 触发器的功能真值表可得其特性方程为

$$Q^{n+1} = J\overline{Q^n} + \overline{K}Q^n \tag{7-2}$$

如当输入信号 J、K 波形如图 7-5 所示时,画出触发器的输出波形(设触发器的初态均为 0 态)如图 7-5 所示。

3. 集成边沿 JK 触发器

实际应用中大多采用集成边沿 JK 触发器,如集成边沿 JK 触发器 74LS112,为下降边沿触发的双 JK 触发器。74LS112 双 JK 触发器每芯片包含两个具有复位、置位端的下降沿触发的 JK 触发器,通常用于缓冲触发器、计数器和移位寄存器电路中。74LS112 的引脚排列图如图 7-6 所示。

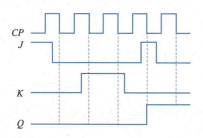

图 7-5 边沿 JK 触发器的工作波形

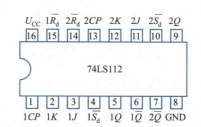

图 7-6 集成边沿 JK 触发器 74LS112 的引脚排列图

集成 JK 触发器 74LS112

7.1.3 D 触发器

1. D 触发器的逻辑符号和功能

维持阻塞型 D 触发器为只有一个输入端的边沿触发方式的触发器,其次态只取决于时钟脉冲触发边沿到来前输入端(D 端)的状态。逻辑符号如图 7-7 所示,其功能真值表见表 7-5。

图 7-7 D 触发器的逻辑符号

表 7-5 上升沿触发的 D 触发器的功能真值表

CP	D	Q^{n+1}	功能
×	×	Q^n	保持
↑	0	0	置 0
↑	1	1	置 1

D 触发器的特性方程为

$$Q^{n+1} = D^n \qquad (7\text{-}3)$$

当输入信号 D 波形如图 7-8 所示时,触发器的输出波形(设触发器的初态均为 1 态)如图 7-8 所示。

2. 集成 D 触发器

国产的 D 触发器主要是维持阻塞型,是在时钟脉冲的上升沿触发的。常用的集成 D 触发器型号有 74LS74(带预置和清除端双 D 触发器)、74LS75(四 D 触发器)等。74LS74 的引脚排列图如图 7-9 所示,其中,$\overline{S_d}$ 和 $\overline{R_d}$ 分别是直接置位端和直接复位端,不用时让它们处于 1 状态(高电平或悬空)。Q 和 $\overline{Q}$ 是两个互补输出端;D 是输入端;CP 是时钟脉冲输入端,用来控制触发器状态改变的时刻;GND 端是电源地端;U_{CC} 端是电源正极端,接 +5 V 电压。

仿真

集成D触发器 74LS74

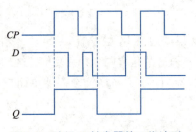

图 7-8 边沿 D 触发器的工作波形

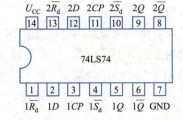

图 7-9 集成 D 触发器 74LS74 的引脚排列图

7.1.4 其他类型的触发器及触发器的相互转换

1. 其他类型的触发器

(1)T 触发器。在数字电路中,凡在 CP 时钟脉冲控制下,根据输入信号的取值不同,只具有"保持"和"翻转"功能的电路称为 T 触发器。显然,把一个 JK 触发器的 J 和 K 连接在一起即可构成一个 T 触发器。当 $T=0$ 时,相当于 $J=K=0$,触发器为"保持"功能;当 $T=1$ 时,相当于 $J=K=1$,触发器为"翻转"功能。

(2)T′触发器。在数字电路中,凡每来一个时钟脉冲就翻转一次的电路,都称为T′触发器。显然,让T触发器恒输入"1"时就构成了一个T′触发器。

需要说明的是,CMOS触发器与TTL触发器一样,种类繁多,常用的集成触发器有74HC74(D触发器)和CC4027(JK触发器)等。

2. 触发器的相互转换

触发器的相互转换,就是把一种已有的触发器,通过加入逻辑转换电路之后,成为另一种逻辑功能的触发器。转换的方法是:首先写出已有的触发器的特性方程和待求触发器的特性方程,并把待求触发器的特性方程转换成已有触发器的特性方程形式;然后比较已有触发器和待求触发器的特性方程,求得已有触发器的驱动方程(即已有触发器的输入信号逻辑表达式);最后画出逻辑转换图。

(1)将JK触发器转换为D、T触发器。

已有的JK触发器的特性方程为 $Q^{n+1} = J\overline{Q^n} + \overline{K}Q^n$。

待求的D触发器的特性方程为 $Q^{n+1} = D = D\overline{Q^n} + DQ^n$。

待求的T触发器的特性方程为 $Q^{n+1} = T\overline{Q^n} + \overline{T}Q^n$。

比较JK触发器与D触发器的特性方程、JK触发器与T触发器的特性方程可得

JK触发器转换为D触发器时,$J = D, K = \overline{D}$。

JK触发器转换为T触发器时,$J = K = T$。

JK触发器转换为D、T触发器的连接图如图7-10所示。

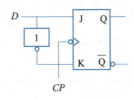 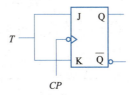

(a)JK触发器转换为D触发器　　(b)JK触发器转换为T触发器

图7-10　JK触发器转换为D、T触发器的逻辑电路图

(2)将D触发器转换为JK、T触发器。

D触发器转换为JK触发器时,$D = J\overline{Q^n} + \overline{K}Q^n = \overline{\overline{J\overline{Q^n}} \cdot \overline{\overline{K} \cdot Q^n}}$。

D触发器转换为T触发器时,$D = T\overline{Q^n} + \overline{T}Q^n = T \oplus Q^n$。

D触发器转换为JK、T触发器的逻辑电路图如图7-11所示。

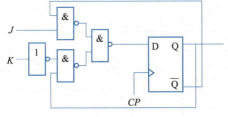 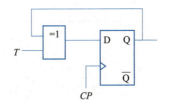

(a)D触发器转换为JK触发器　　(b)D触发器转换为T触发器

图7-11　D触发器转换为JK、T触发器的逻辑电路图

实验与技能训练——触发器功能的测试

1. 基本 RS 触发器功能的测试

在实验线路板上连接图 7-1 所示的用与非门(可选用 74LS00)构成的基本 RS 触发器。$\overline{R}$、$\overline{S}$ 端接逻辑开关置数开关，Q、$\overline{Q}$ 端接发光二极管。按表 7-1 的要求改变 $\overline{R}$、$\overline{S}$ 的状态,观察 Q、$\overline{Q}$ 的状态是否与表 7-1 一致。

2. JK 触发器功能的测试

(1)测试 $\overline{R_d}$、$\overline{S_d}$ 的复位、置位功能。选取 74LS112 中的一只 JK 触发器,$\overline{R_d}$、$\overline{S_d}$、J、K 端接置数开关输出插口,CP 端接单次脉冲源,Q、$\overline{Q}$ 端接至逻辑电平显示器的输入插口。要求改变 $\overline{R_d}$、$\overline{S_d}$(J、K 和 CP 处于任意状态),并在 $\overline{R_d}=0$、$\overline{S_d}=1$ 或 $\overline{R_d}=1$、$\overline{S_d}=0$ 作用期间任意改变 J、K 及 CP 的状态,观察 Q、$\overline{Q}$ 状态,将结果填入表 7-6 中。

(2)测试 JK 触发器的逻辑功能。按表 7-6 的要求改变 J、K、CP 端状态,观察 Q、$\overline{Q}$ 状态变化,将结果填入表 7-6 中。

表 7-6 JK 触发器功能测试

$\overline{R_d}$	$\overline{S_d}$	J	K	CP	Q^{n+1}	
					$Q^n=0$	$Q^n=1$
0	1	×	×	×		
1	0	×	×	×		
1	1	0	0	↓		
1	1	0	1	↓		
1	1	1	0	↓		
1	1	1	1	↓		

3. D 触发器功能的测试

(1)测试 $\overline{R_d}$、$\overline{S_d}$ 的复位、置位功能。选取 74LS74 中的一只 D 触发器,$\overline{R_d}$、$\overline{S_d}$、D 端接置数开关输出插口,CP 端接单次脉冲源,Q、$\overline{Q}$ 端接至逻辑电平显示输入插口。要求改变 $\overline{R_d}$、$\overline{S_d}$(D、CP 处于任意状态),并在 $\overline{R_d}=0$、$\overline{S_d}=1$ 或 $\overline{R_d}=1$、$\overline{S_d}=0$ 作用期间任意改变 D 及 CP 的状态,观察 Q、$\overline{Q}$ 状态,将结果填入表 7-7 中。

(2)测试 D 触发器的逻辑功能。按表 7-7 的要求改变 D、CP 端状态,观察 Q、$\overline{Q}$ 状态变化,将结果填入表 7-7 中。

表 7-7 D 触发器功能测试

$\overline{R_d}$	$\overline{S_d}$	D	CP	Q^{n+1}	
				$Q^n=0$	$Q^n=1$
0	1	×	×		
1	0	×	×		
1	1	0	↑		
1	1	1	↑		

思考题

(1) 简述基本 RS 触发器、JK 触发器和 D 触发器的逻辑功能。
(2) 什么是触发器的"空翻"现象?"空翻"和"不定"状态有什么区别?
(3) 分别写出 JK 触发器、D 触发器的特性方程和功能真值表。
(4) 如何根据逻辑符号来判别触发器的触发方式?
(5) 如何进行触发器的转换?

7.2 集成计数器

计数器是用来实现累计输入的计数脉冲 CP 个数功能的时序电路。在计数功能的基础上,计数器还可以实现计时、定时、分频和自动控制等功能,应用十分广泛。

计数器的种类很多,按计数脉冲的输入方式可分为同步计数器和异步计数器;按计数规律可分为加法计数器、减法计数器和可逆计数器;按计数的进位制可分为二进制计数器($N=2^n$)和非二进制计数器($N \neq 2^n$),其中,N 代表计数器的进制数,n 代表计数器中触发器的个数。计数器中的"数"是用触发器的状态组合来表示的。在计数脉冲(一般采用时钟脉冲 CP)作用下,使用一组触发器的状态逐个转换成不同的状态组合,以此表示数的增加或减少来达到计数目的。

7.2.1 集成同步计数器

1. 集成同步计数器 74LS161 简介

74LS160~74LS163 是一组可预置数的集成同步计数器,在计数脉冲的上升沿作用下进行加法计数,它们的引脚排列图完全相同。其中,74LS161 和 74LS163 是 4 位同步二进制加法计数器,所不同的是在清零方式上。74LS161 是异步清零,74LS163 是同步清零。74LS160 和 74LS162 是十进制加法计数器,也在清零方式上有所不同,74LS160 是异步清零,74LS162 是同步清零。

74LS161 是 4 位同步二进制加法集成计数器,其引脚排列图如图 7-12 所示。其中,$\overline{CR}$ 端为低电平有效的异步清零端(即复位端);CP 端为计数时钟脉冲输入端;D_3、D_2、D_1、D_0 端为并行数据输入端;CT_P、CT_T 端为使能端;$\overline{LD}$ 端为低电平有效的同步并行预置数控制端;Q_D、Q_C、Q_B、Q_A 端为计数器的状态输出端;CO 端为进位输出端,并且 $CO = CT_T \cdot Q_D^n \cdot Q_C^n \cdot Q_B^n \cdot Q_A^n$。其功能真值表见表 7-8。

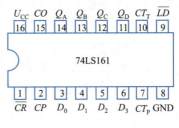

图 7-12 集成计数器 74LS161 的引脚排列图

学习笔记

表 7-8 74LS161 功能真值表

$\overline{CR}$	$\overline{LD}$	CT_T	CT_P	CP	D_3	D_2	D_1	D_0	Q_D^{n+1}	Q_C^{n+1}	Q_B^{n+1}	Q_A^{n+1}	工作模式
0	×	×	×	×	×	×	×	×	0	0	0	0	异步清零
1	0	×	×	↑	d_3	d_2	d_1	d_0	d_3	d_2	d_1	d_0	同步置数
1	1	1	1	↑	×	×	×	×	计		数		加法计数
1	1	0	×	×	×	×	×	×	保		持		数据保持
1	1	×	0	×	×	×	×	×	保		持		数据保持

注:进位输出 $CO = CT_T \cdot Q_D^n \cdot Q_C^n \cdot Q_B^n \cdot Q_A^n$,表明仅当 $CT_T = 1$ 且 $Q_D Q_C Q_B Q_A = 1111$ 时,$CO = 1$。

2. 用 74LS161 构成其他进制计数器

利用集成同步计数器 74LS161 可以构成任意(N)进制计数器,通常采用以下一些方法。

(1)反馈清零法。反馈清零法(又称反馈归零法)是利用 74LS161 芯片的清零端 $\overline{CR}$ 和门电路,跳越 $M-N$ 个状态,从而获得 N 进制计数器。这是一种经常使用的将模为 M 的计数器构成模为 N 的计数器的方法。

反馈清零法的基本原理是:设原有的计数器为 M 进制,为了获得任意(N)进制($2 \leq N \leq M$),从全零初始状态开始计数,在第 N 个脉冲作用时,将第 N 个状态 S_N 中所有输出状态为 1 的触发器的输出端通过一个与非门译码后,产生一个反馈脉冲来控制其异步清零端,迫使计数器清零(复位),即强制回到 0 状态。这样就使得 M 进制计数器在顺序计数过程中跨越了 $M-N$ 个状态,获得了 $0 \sim (N-1)$ 个有效状态的 N 进制计数器。

具体方法是:首先令 74LS161 的 $\overline{LD} = CT_P = CT_T = 1$,然后将任意进制计数器的模 N,转换为 4 位二进制代码 S_N,把 S_N 中为"1"的对应 74LS161 输出端接到与非门的输入端,把与非门的输出端接到集成计数器 74LS161 的清零端 $\overline{CR}$。

微课
集成计数器 74LS161

仿真
用74LS161构成十进制计数器

例 7-1 用 74LS161 芯片,采用反馈清零法构成十进制计数器。

解 令 $\overline{LD} = CT_P = CT_T = 1$,将 $N = 10$ 转换为 4 位二进制代码为 1010,把 74LS161 的 Q_D 和 Q_B 端接到与非门的输入端,与非门的输出接至 74LS161 的清零端 $\overline{CR}$,即可构成十进制计数器,如图 7-13 所示。

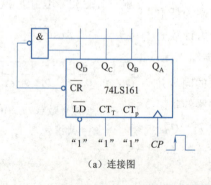

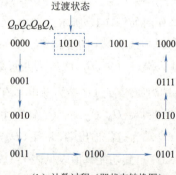

(a)连接图   (b)计数过程(即状态转换图)

图 7-13 采用反馈清零法构成十进制计数器

由图7-13可知:当 $Q_DQ_CQ_BQ_A = 0000 \sim 1001$ 时,Q_D 和 Q_B 至少有一个为0,所以 $\overline{CR} = \overline{Q_DQ_B} = 1$,计数器进行加法计数。当第10个 CP 脉冲输入时,$Q_DQ_CQ_BQ_A = 1010$,与非门的输出为"0",即 $\overline{CR} = 0$,使计数器复位清零,即 $Q_DQ_CQ_BQ_A = 0000$。此时与非门的输出变为"1",即 $\overline{CR} = 1$ 时,计数器又开始重新计数。

因为这种构成任意(N)进制计数器的方法简单易行,所以应用广泛。但是它存在两个问题:一是有过渡状态,在图7-13(b)所示的十进制计数器中输出1010就是过渡状态,其出现时间很短暂,并且是非常必要的,否则就不可能将计数器复位;二是清零方式复位的可靠性问题,因为信号在通过门电路或触发器时会有时间延迟,使计数器不能可靠清零。为了提高复位的可靠性,可以在图7-13中利用一个基本RS触发器,把反馈复位脉冲锁存起来,保证复位脉冲有足够的作用时间直到下一个计数脉冲到时才将复位信号撤销,并重新开始计数。具体做法请参阅其他资料。

(2)反馈预置位法。反馈预置位法(又称反馈预置数法)是利用集成计数器74LS161的预置数控制端 $\overline{LD}$ 和预置数输入端 $D_3D_2D_1D_0$ 来获得任意进制计数器的一种方法。这种方法不存在过渡状态。反馈预置位法又分为置全0法、置最小数法和置最大数法等。

①置全0法(又称置0复位法)。利用同步预置数控制端 $\overline{LD}$ 和预置数输入端 $D_3D_2D_1D_0$,并使 $D_3D_2D_1D_0 = 0000$,这种方法只能采用 $N-1$ 值反馈。

例7-2 用74LS161,采用置全0法构成七进制计数器。

解 令 $\overline{CR} = CT_P = CT_T = 1$,$D_3D_2D_1D_0 = 0000$(即预置数"0"),以此为初态进行计数,从"0"到"6"共有7种状态,"6"对应的二进制代码为0110,把74LS161 的 Q_C、Q_B 端接到与非门的输入端,与非门的输出接至74LS161 的 $\overline{LD}$ 端,即构成了七进制计数器,如图7-14所示。

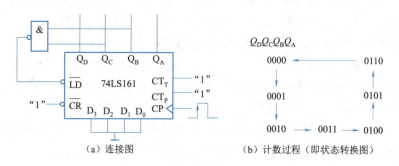

图7-14 采用反馈预置数法构成七进制计数器

由图7-14可知:当 $Q_DQ_CQ_BQ_A = 0000 \sim 0101$ 时,Q_C 和 Q_B 至少有一个为0,所以 $\overline{LD} = \overline{Q_CQ_B} = 1$,计数器进行加法计数。当第6个 CP 脉冲输入时,$Q_DQ_CQ_BQ_A = 0110$,与非门的输出为"0",即 $\overline{LD} = $ "0",当下一个 CP 脉冲上升沿到来时,计数器进行同步预置数,使 $Q_DQ_CQ_BQ_A = D_3D_2D_1D_0 = 0000$,随即 $\overline{LD} = \overline{Q_CQ_B} = 1$,计数器又开始重新计

数,计数过程如图7-14(b)所示。

②置最小数法。置最小数法即进位输出置最小数法。进位输出最小数法是利用芯片的预置数控制端$\overline{LD}$和进位输出端CO,将CO端输出经非门送到$\overline{LD}$端,并令预置数输入端$D_3D_2D_1D_0$输入最小数M对应的二进制数,最小数$M=2^4-N$。

例7-3 用74LS161采用置最小数法构成九进制计数器。

解 $N=9$对应的最小数$M=16-9=7,(7)_{10}=(0111)_2$,相应的预置输入端$D_3D_2D_1D_0=0111$,并且令$\overline{CR}=CT_P=CT_T=$"1",即构成了九进制计数器,如图7-15所示,图7-15(b)为对应的状态转换图,从0111~1111共九个有效状态。

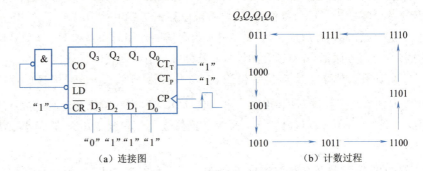

(a) 连接图　　　　　　　　(b) 计数过程

图7-15　用进位输出置最小数法构成九进制计数器

同样,可以采用置最大数法构成N进制计数器,在此不再叙述,请参阅其他资料。

(3)级联法。用1片74LS161可构成从二进制到十六进制之间任意进制的计数器。用2片74LS161可构成从十七进制到二百五十六进制之间任意进制的计数器。依次类推,可根据计数需要选取芯片数量。当计数器容量需要采用2片及以上的同步集成计数器芯片时,则需要采用级联法。其方法是:将低位芯片的进位输出端CO端和高位芯片的计数控制端CT_T或CT_P连接,外部计数脉冲同时从每片芯片的CP端输入,再根据要求选取上述构成任意进制的方法之一,完成对应电路。

例7-4 用74LS161芯片构成二十四进制计数器。

解 因$16<N=24<256$,所以构成二十四进制计数器,需要2片74LS161。将每片芯片的计数时钟CP输入端均接同一个CP信号,利用芯片的计数控制端CT_P、CT_T和进位输出端CO,采用直接清零法实现二十四进制计数,即将低位芯片的CO与高位芯片的CT_P相连,24÷16的商为1,余数为8,把商作为高位输出,余数作为低位输出,对应产生的清零信号同时送到每片芯片的复位端$\overline{CR}$,如图7-16所示。

7.2.2　集成异步计数器

常见的集成异步计数器芯片型号有74LS191、74LS196、74LS290、74LS293等几种,它们的功能和应用方法基本相同,区别在于其具体的引脚排列顺序不同和具体参数存在差异。本节以集成异步计数器74LS290为例介绍其引脚排列图、功能和典型应用。

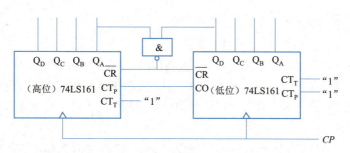

图 7-16 用级联法构成二十四进制计数器

1. 集成异步计数器 74LS290 简介

集成异步计数器 74LS290 的引脚排列图,如图 7-17 所示。其中,$S_{9(1)}$、$S_{9(2)}$ 端为置"9"端,$R_{0(1)}$、$R_{0(2)}$ 端为置"0"端;CP_0、CP_1 端为计数时钟输入端,Q_D、Q_C、Q_B、Q_A 为计数器输出端,NC 表示空脚。其功能真值表,见表 7-9。

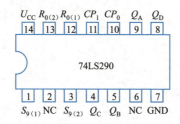

图 7-17 集成异步计数器 74LS290 的引脚排列图

由功能真值表可看出,74LS290 的控制输入端与电路功能之间的关系如下:

(1) 置"9"功能。当 $S_{9(1)} = S_{9(2)} = 1$ 时,不论其他输入端状态如何,计数器输出 $Q_D Q_C Q_B Q_A = 1001$,而 $(1001)_2 = (9)_{10}$,又称异步置数功能。

(2) 置"0"功能。当 $S_{9(1)}$ 和 $S_{9(2)}$ 不全为 1,并且 $R_{0(1)} = R_{0(2)} = 1$ 时,不论其他输入端状态如何,计数器的输出 $Q_D Q_C Q_B Q_A = 0000$,实现异步清零功能。

(3) 计数功能。当 $S_{9(1)}$ 和 $S_{9(2)}$ 不全为 1,并且 $R_{0(1)}$ 和 $R_{0(2)}$ 也不全为 1,输入计数脉冲 CP 时,进行计数。

表 7-9 74LS290 的功能真值表

$S_{9(1)}$	$S_{9(2)}$	$R_{0(1)}$	$R_{0(2)}$	CP_0	CP_1	Q_D	Q_C	Q_B	Q_A
1	1	×	×	×	×	1	0	0	1
0	×	1	1	×	×	0	0	0	0
×	0	1	1	×	×	0	0	0	0
$S_{9(1)} \cdot S_{9(2)} = 0$ $R_{0(1)} \cdot R_{0(2)} = 0$				CP	0	二进制			
				0	CP	五进制			
				CP	Q_A	8421 十进制			
				Q_D	CP	5421 十进制			

2. 集成异步计数器 74LS290 的应用

(1) 构成十进制以内的任意计数器：

二进制计数器。CP 由 CP_0 端输入，Q_A 端输出，如图 7-18(a) 所示。

五进制计数器。CP 由 CP_1 端输入，Q_D、Q_C、Q_B 端输出，如图 7-18(b) 所示。

十进制计数器（8421 码）。将 Q_A 和 CP_1 相连，以 CP_0 为计数脉冲输入端，Q_D、Q_C、Q_B、Q_A 端输出，如图 7-18(c) 所示。

十进制计数器（5421 码）。将 Q_D 和 CP_0 相连，以 CP_1 为计数脉冲输入端，Q_D、Q_C、Q_B、Q_A 端输出，如图 7-18(d) 所示。

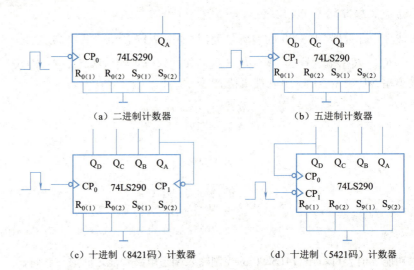

图 7-18 用 74LS290 构成二进制、五进制和十进制计数器

若构成十进制以内其他进制计数器，可以采用反馈清零法来实现。例如，用反馈清零法构成六进制计数器的连接图，如图 7-19 所示。反馈清零法是利用芯片的置"0"端和与门，将 N 值所对应的二进制代码中等于"1"的输出反馈到置"0"端 $R_{0(1)}$ 和 $R_{0(2)}$ 来实现 N 进制计数器的，其计数过程中也会出现过渡状态。

用74LS290构成六进制计数器

图 7-19 用 74LS290 采用反馈清零法构成六进制计数器的连接图

(2) 构成大于十进制的计数器。在用 74LS290 构成大于十进制计数器时，要用多片 74LS290 来实现。由于集成异步计数器一般没有专门的进位信号输出端，通常可

以用本级的高位输出信号驱动下一级计数器计数,即采用串行进位方式来扩展容量。

例 7-5 用 74LS290 构成八十四进制计数器。

解 构成八十四进制计数器需要用 2 片 74LS290。先将每片 74LS290 均连接成 8421 码十进制计数器,把低位芯片的输出端 Q_D 和高位芯片的输入端 CP_0 相连,然后采用反馈清零法构成。将 84 的十位的 8 化成对应 8421 码为 $(1000)_{8421}$,个位对应 8421 码为 $(0100)_{8421}$,把将高位芯片的 Q_D 和低位芯片的 Q_C 送与门的输入端,与门的输出端同时与高位芯片和低位芯片的 $R_{0(1)}$、$R_{0(2)}$ 端相连,即构成了八十四进制计数器,如图 7-20 所示。

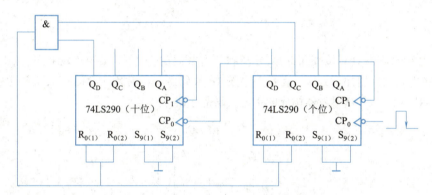

图 7-20 用 2 片 74LS290 构成八十四进制计数器

实验与技能训练——计数器的功能及应用电路的测试

1. 集成同步计数器 74LS161 功能及应用电路的测试

(1)验证集成同步计数器 74LS161 的逻辑功能。

(2)集成同步计数器 74LS161 的应用。用 74LS161 集成芯片,分别采用反馈清零法和反馈置全 0 法构成六进制计数器,画出连接图,并测试验证。

2. 集成异步计数器 74LS290 功能及应用电路的测试

(1)验证集成异步计数器 74LS290 的逻辑功能。

(2)集成异步计数器 74LS290 的应用。用 74LS290 集成芯片,采用清零法构成七进制计数器,画出连接图,并测试验证。

思考题

(1)74LS161 的 $\overline{CR}$ 与 $\overline{LD}$ 有什么不同?

(2)用 74LS161 集成芯片,分别采用清零法、置全 0 法构成其他进制计数器,在方法上和计数过程中有什么不同?

(3)用 74LS290 集成芯片,用清零法构成其他进制计数器与用 74LS161 清零法构成其他进制计数器有什么不同?

7.3 寄存器

寄存器是用来暂时存入数据、指令等数字信号的时序逻辑器件。对寄存器的基本要求是数码存得进、存得住、取得出,因此,寄存器由具有保存和记忆功能的触发器构成。由于一个触发器能存储 1 位二进制代码,所以要存放 n 位二进制代码的寄存器,就需要用 n 个触发器。寄存器按照功能的不同分为数码寄存器和移位寄存器两大类。

7.3.1 数码寄存器

数码寄存器具有接收和寄存,并清除原有数码的功能,其结构比较简单,数据输入、输出只能采用并行方式。在数字系统中,数码寄存器常用于暂时存放某些数据。图 7-21 为由 4 个 D 触发器构成的 4 位数码寄存器。

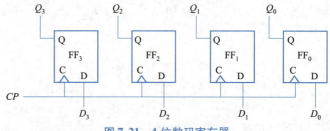

图 7-21 4 位数码寄存器

4 个触发器的触发输入端 $D_0 \sim D_3$ 作为寄存器的数码输入端,$Q_0 \sim Q_3$ 为数据输出端,时钟输入端接在一起作为送数脉冲(CP)的控制端。这样,在 CP 的上升作用下,可以将 4 位数码寄存到 4 个触发器中。

需要注意的是,由于图中的 D 触发器是边沿触发器,故在送数脉冲 CP 的触发沿到来之前,输入的数码一定要预先准备好,以保证触发器的正常寄存。

集成数码寄存器种类较多,常见的有 74LS175、74LS174、74LS374 等。

7.3.2 移位寄存器

移位寄存器不但可以寄存数码,而且在一个移位脉冲的作用下,寄存器中的数码可根据需要向左或向右移动 1 位。移位寄存器是数字系统和计算机中应用很广泛的基本数字逻辑部件。移位寄存器有单向和双向移位寄存器之分。

1. 单向移位寄存器

单向移位寄存器只能将寄存的数据在相邻位之间单方向移动。按移动方向分为左移移位寄存器和右移移位寄存器两种类型。用 D 触发器构成的 4 位单向右移移位寄存器,如图 7-22 所示。

假定电路初态为零,输入数据 D 在第一、二、三和四个 CP 脉冲时依次为 1、0、1、1,分析图 7-22 可得到对应数码移动情况,见表 7-10,时序图如图 7-23 所示。

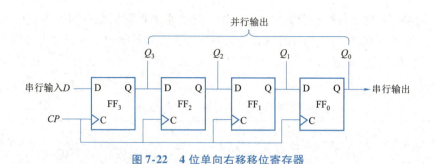

图 7-22 4 位单向右移移位寄存器

表 7-10 右移移位寄存器中数码的移动情况

移位脉冲 CP	输入数据 D	输出			
		Q_3	Q_2	Q_1	Q_0
0	0	0	0	0	0
1	1	1	0	0	0
2	0	0	1	0	0
3	1	1	0	1	0
4	1	1	1	0	1

由表 7-10 和图 7-23 可知：在右移移位寄存器电路中，随着 CP 脉冲的递增，触发器输入端依次输入数据 D，称为串行输入，每输入一个 CP 脉冲，数据就向右移动 1 位。输出有两种方式：一种是数据从最右端 Q_0 依次输出，这种输出称为串行输出；另一种是由 $Q_3Q_2Q_1Q_0$ 端同时输出，这种输出称为并行输出。串行输出需要经过 8 个 CP 脉冲才能将输入的 4 个数据全部输出，而并行输出只需 4 个 CP 脉冲。

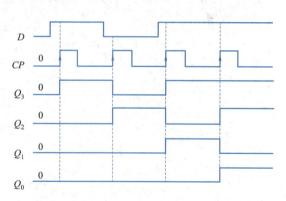

图 7-23 4 位右移移位寄存器的时序图

移位寄存器也可以进行左移，其原理和右移移位寄存器无本质区别，只是在连线上将每个触发器的输出端依次接到相邻左侧触发器的 D 端，数据输入接在最右边 D 触发器的 D 端。

2. 双向移位寄存器

若适当加入一些控制电路和控制信号，就可以将右移移位寄存器和左移移位寄存器组合在一起，构成双向移位寄存器。以集成双向移位寄存器 74LS194 为例介绍双向移位寄存器及应用。

（1）集成移位寄存器 74LS194 是典型的 4 位集成双向移位寄存器，它具有双向移位、并行输入、保持数据和清除数据等功能。其引脚排列图如图 7-24 所示，图中 $\overline{CR}$ 端为异步清零端，$D_0 \sim D_3$ 为并行数据输入端，D_{SL} 为左移数据输入端，D_{SR} 为右移数据输入端，$Q_0 \sim Q_3$ 为并行数据输出端，M_1、M_0 为工作方式的控制端。其功能表见表 7-11。

表 7-11　74LS194 的功能表

CP	$\overline{CR}$	控制端		输 入						输 出				功能说明
		M_1	M_0	D_{SR}	D_{SL}	D_0	D_1	D_2	D_3	Q_0^{n+1}	Q_1^{n+1}	Q_2^{n+1}	Q_3^{n+1}	
×	0	×	×	×	×	×	×	×	×	0	0	0	0	清零
×	1	0	0	×	×	×	×	×	×	Q_0^n	Q_1^n	Q_2^n	Q_3^n	保持
0	1	×	×	×	×	×	×	×	×	Q_0^n	Q_1^n	Q_2^n	Q_3^n	保持
↑	1	1	1	×	×	D_0	D_1	D_2	D_3	D_0	D_1	D_2	D_3	并行输入
↑	1	0	1	D_{SR}	×	×	×	×	×	D_{SR}	Q_0^n	Q_1^n	Q_2^n	右移输入
↑	1	1	0	×	D_{SL}	×	×	×	×	Q_1^n	Q_2^n	Q_3^n	D_{SL}	左移输入

（2）集成移位寄存器 74LS194 的应用。移位寄存器应用很广，实现数据传送方式的转换、可构成环形和扭环形计数器、序列脉冲发生器等。

①实现数据传送方式的转换。用 74LS194 实现数据的串行输入-并行输出转换，如图 7-25 所示。

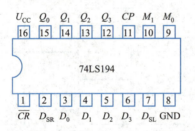
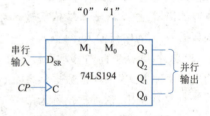

图 7-24　集成移位寄存器 74LS194 引脚排列图　　图 7-25　用 74LS194 实现串行输入-并行输出转换

②构成环形计数器。用寄存器 74LS194 构成环形计数器逻辑电路，如图 7-26 所示。由于这样连接使 74LS194 内部的触发器构成了环形，故称为环形计数器。构成环形计数器时，在工作之前应使 $M_1M_0=11$，假设计数器被并行置数为 $Q_0Q_1Q_1Q_3=0001$ 状态，随后 $M_1M_0=01$，在 CP 脉冲上升沿作用下，实现右循环。在图 7-26(a) 中，M_1 端的正脉冲为预置脉冲。

注意：构成环形计数器时，必须设置适当的初态，且输出 $Q_3Q_2Q_1Q_0$ 端初始状态不能完全一致（即不能全为"1"或"0"），这样电路才能实现计数。否则，若全为"1"或全为"0"，则电路进入死循环。环形计数器的进制数 N 与移位寄存器内的触发器个数 n 相等，即 $N=n$。

③构成扭环形计数器。用寄存器 74LS194 构成扭环形计数器逻辑电路，如图 7-27 所示。在构成扭环形计数器时，在工作之前应先清零，在 $\overline{CR}$ 端加负脉冲进行

清零预置状态(0000)。图中的 $M_1M_0=01$，实现右循环。

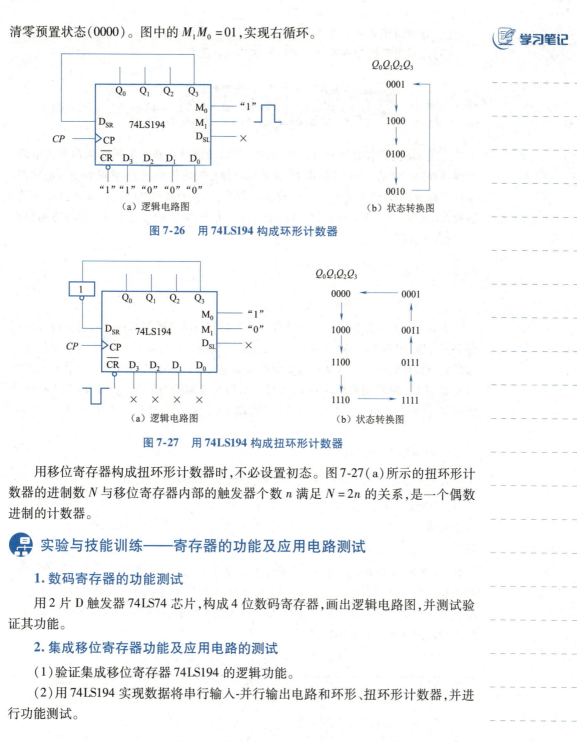

图 7-26　用 74LS194 构成环形计数器

图 7-27　用 74LS194 构成扭环形计数器

用移位寄存器构成扭环形计数器时，不必设置初态。图 7-27(a)所示的扭环形计数器的进制数 N 与移位寄存器内部的触发器个数 n 满足 $N=2n$ 的关系，是一个偶数进制的计数器。

实验与技能训练——寄存器的功能及应用电路测试

1. 数码寄存器的功能测试

用 2 片 D 触发器 74LS74 芯片，构成 4 位数码寄存器，画出逻辑电路图，并测试验证其功能。

2. 集成移位寄存器功能及应用电路的测试

(1) 验证集成移位寄存器 74LS194 的逻辑功能。

(2) 用 74LS194 实现数据将串行输入-并行输出电路和环形、扭环形计数器，并进行功能测试。

思考题

(1) 数码寄存器和移位寄存器有什么区别？

(2)分别简述寄存器的并行输入、串行输入、并行输出、串行输出的含义。
(3)怎样用移位寄存器构成环形和扭环形计数器?

7.4 集成 555 定时器

集成 555 定时器是一种将模拟和数字逻辑功能结合在一起的中规模集成电路,只要在外部配上适当的电阻、电容,就可以方便地构成脉冲产生、整形和变换电路,如单稳态触发器、多谐振荡器及施密特触发器等。由于它的性能优良,使用灵活方便,因而在波形的产生与变换、测量与控制、定时、仿声、电子乐器及防盗报警等方面得到了广泛的应用。

7.4.1 集成 555 定时器简介

1. 集成 555 定时器的分类

集成 555 定时器按照内部元件可划分为双极型和单极型两种。双极型内部采用的是晶体管,单极型内部采用的是场效应管。集成 555 定时器按单片电路中包含定时器的个数可划分为单时基定时器和双时基定时器。常用的单时基定时器有双极型定时器 5G555 和单极型定时器 CC7555。双时基定时器有双极型定时器 5G556 和单极型定时器 CC7556。下面以 5G555 单时基定时器为例,介绍 555 定时器的功能及应用。

2. 集成 555 定时器的功能

集成 555 定时器 5G555 的引脚排列图如图 7-28 所示。图中,$\overline{TR}$(2 引脚)为置位控制输入端(触发输入端);TH(6 引脚)为复位控制输入端(门限输入端);CO(5 引脚)为外加电压控制端,通过其输入不同的电压来改变内部比较器的基准电压,不用时要经 $0.01~\mu F$ 的电容器接地;$\overline{R_d}$(4 引脚)为直接复位端(低电平有效),DIS(7 引脚)为放电端(与内部放电三极管的集电极相连),OUT(3 引脚)为电压输出端。当 CO 端不接控制电压时,5G555 定时器的功能真值表见表 7-12。

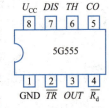

图 7-28 5G555 的引脚排列图

表 7-12 5G555 定时器的功能真值表

$\overline{R_d}$	U_{TH}	$U_{\overline{TR}}$	u_O	放电管
0	×	×	0	导通
1	$> \frac{2}{3}U_{CC}$	$> \frac{1}{3}U_{CC}$	0	导通
1	$< \frac{2}{3}U_{CC}$	$> \frac{1}{3}U_{CC}$	保持原态不变	原态
1	$< \frac{2}{3}U_{CC}$	$< \frac{1}{3}U_{CC}$	1	截止

当控制端(CO 端)外接控制电压 U_S,复位端 $\overline{R_d}$ 接高电平时,功能为:当 $U_{TH} > U_S$ 且 $U_{\overline{TR}} > \frac{1}{2}U_S$ 时,u_O = "0",放电管导通;当 $U_{TH} < U_S$ 且 $U_{\overline{TR}} > \frac{1}{2}U_S$ 时,u_O 和放电管的状态不变;当 $U_{TH} < U_S$ 且 $U_{\overline{TR}} < \frac{1}{2}U_S$ 时,u_O = "1",放电管截止。

7.4.2 集成 555 定时器的应用

1. 用 555 定时器构成施密特触发器

施密特触发器是具有滞后电压传输特性的电路。它有两个稳定状态,但与其他触发器不同的是这两个稳定状态之间的转换和状态的维持都依赖于外加的触发信号,有两个不同的阈值电压。施密特触发器具有较强的抗干扰能力,主要用于波形的转换、整形及幅值鉴别等。

(1)电路组成。把 555 定时器的 TH 端与 $\overline{TR}$ 端连接在一起作为信号输入端,便构成了施密特触发器,如图 7-29(a)所示。设输入信号 u_I 为图 7-29(b)所示的三角波。

(2)工作原理:

① 输入电压 u_I 由 0 逐渐升高的工作过程。当 $0 < u_I < \frac{1}{3}U_{CC}$ 时,$U_{TH} = U_{\overline{TR}} < \frac{1}{3}U_{CC}$,由表 7-12 得,$u_O$ = "1"(高电平 U_{OH});当 $\frac{1}{3}U_{CC} < u_I < \frac{2}{3}U_{CC}$ 时,$U_{CC} < U_{TH} = U_{\overline{TR}} < \frac{2}{3}U_{CC}$,$u_O$ 保持原态"1"不变;当 $u_I \geq \frac{2}{3}U_{CC}$ 时,$U_{TH} = U_{\overline{TR}} \geq \frac{2}{3}U_{CC}$,$u_O$ 由"1"状态变为"0"(低电平 U_{OL})状态。由此可知,输出电压 u_O 由 U_{OH} 变化到 U_{OL} 发生在 $U_I = \frac{2}{3}U_{CC}$ 时,因此,其正向阈值电压为 $U_{T+} = \frac{2}{3}U_{CC}$。

② u_I 从高于 $\frac{2}{3}U_{CC}$ 开始下降的工作过程。当 $\frac{1}{3}U_{CC} < u_I < \frac{2}{3}U_{CC}$ 时,$U_{CC} < U_{TH} = U_{\overline{TR}} < \frac{2}{3}U_{CC}$,$u_O$ 保持原态"0"不变;当 $u_I \leq \frac{1}{3}U_{CC}$ 时,$U_{TH} = U_{\overline{TR}} \leq \frac{1}{3}U_{CC}$,$u_O$ 由"0"状态变为"1"状态。由此可知,输出电压 u_O 由 U_{OL} 变化到 U_{OH} 发生在 $U_I = \frac{1}{3}U_{CC}$ 时,因此,其负向阈值电压 $U_{T-} = \frac{1}{3}U_{CC}$。

由此可得该施密特触发器的回差电压为

$$\Delta U_T = U_{T+} - U_{T-} = \frac{1}{3}U_{CC} \tag{7-4}$$

根据以上分析,在施密特触发器的输入图 7-29(b)所示的 u_I 波形时,可得输出电压 u_O 的波形如图 7-29(b)所示。

如果在控制端(CO 端)外接控制直流电压 U_{CO},则 $U_{T+} = U_{CO}$,$U_{T-} = \frac{1}{2}U_{CO}$,回差

集成555定时器

用555定时器构成施密特触发器

电压为

$$\Delta U_T = U_{T+} - U_{T-} = \frac{1}{2}U_{CO} \tag{7-5}$$

可见只要改变 U_{CO} 的值,就能调节回差电压的大小。

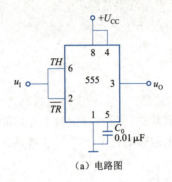
(a) 电路图

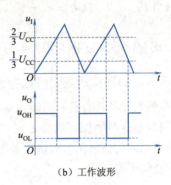
(b) 工作波形

图 7-29 用 555 定时器组成的施密特触发器

(3) 施密特触发器的应用:

①波形变换。如图 7-29 所示,可将三角波变换为矩形波。

②脉冲鉴幅。如将一系列幅度各异的脉冲加到施密特触发器的输入端时,只有那些幅度大于 U_{T+} 的脉冲才会产生输出信号,如图 7-30 所示。因此,施密特触发器能将幅度大于 U_{T+} 的脉冲选出,具有脉冲鉴幅的能力。

③脉冲整形。脉冲信号在传输过程中,如果受到干扰,其波形会产生变形,这时可利用施密特触发器进行整形,将不规则的波形变为规则的矩形波,如图 7-31 所示。

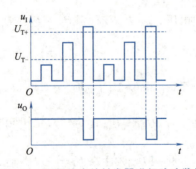

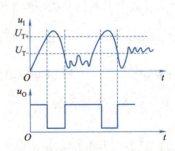

图 7-30 利用施密特触发器进行脉冲鉴幅　　图 7-31 利用施密特触发器进行脉冲整形

2. 用 555 定时器构成单稳态触发器

单稳态触发器具有一个稳态和一个暂稳态,无外加触发脉冲时,电路处于稳态;在外加触发脉冲作用下,电路由稳态进入暂稳态。暂稳态维持一段时间后,电路又自动返回到稳态,其中暂稳态维持时间的长短取决于电路中所用的定时元器件的参数,而与外加触发脉冲无关。

(1) 电路组成。用集成 555 定时器构成的单稳态触发器,如图 7-32(a) 所示。输入负触发脉冲加在低电平触发端($\overline{TR}$ 端)。R、C 是外接的定时元件。

(2)工作原理。设在接通电源瞬间 $u_O = 0$。输入触发信号(低电平有效)尚未加入时,u_I 为高电平,即 $u_{\overline{TR}} = u_I > \frac{1}{3}U_{CC}$,而 u_{TH} 的大小由 u_C 来决定,若 $u_C = 0$ V(即电容器未充电),则 $u_{TH} = u_C < \frac{2}{3}U_{CC}$,则电路处于保持状态。若 $u_C \neq 0$ V(假设 $u_C > \frac{2}{3}U_{CC}$),则电路输出 u_O 为低电平,放电管处于导通状态,电容 C 通过放电管放电,直到 $u_C = 0$ V,故 $u_C > \frac{2}{3}U_{CC}$,不能维持而降至 0,电路也处于保持状态,电路输出 u_O 仍然为低电平。因为该状态只要输入触发信号未加入,输出为 0 的状态一直可保持,故称为稳定状态。

当输入触发脉冲(窄脉冲)加入后,$u_{\overline{TR}} = u_I < \frac{1}{3}U_{CC}$,因为此时 $u_{TH} = u_C = 0$ V $< \frac{2}{3}U_{CC}$,输出 u_O 为高电平,此时,5G555 定时器的内部放电管截止,电容器 C 充电,其充电回路为 $U_{CC} \rightarrow R \rightarrow C \rightarrow$ 地,充电时间常数为 $\tau = RC$。电路的该状态称为暂稳态。当 u_C 上升至 $> \frac{2}{3}U_{CC}$ 时,此时 u_I 已回到高电平,故 $u_{\overline{TR}} = u_I > \frac{1}{3}U_{CC}$,则输出 u_O 回到低电平,放电管导通,电容器 C 经放电管放电,由于放电回路等效电阻很小,放电极快,故电路经短暂的恢复过程后,暂稳态结束,电路自动进入稳态。工作波形如图 7-32(b)所示。

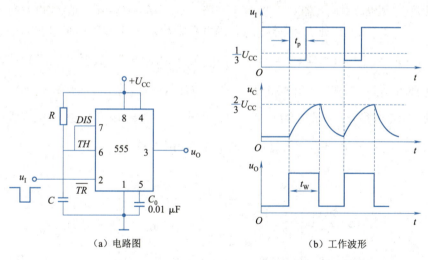

(a)电路图　　　　　　(b)工作波形

图 7-32　用 555 定时器构成的单稳态触发器

暂稳状态持续的时间又称输出脉冲宽度,用 t_W 表示,经可分析得

$$t_W \approx 1.1RC \tag{7-6}$$

R 的取值范围为数百欧到数千欧,电容的取值范围为数百皮法到数百微法,t_W 对应范围为数百微秒到数分钟。

由此可见,单稳态触发器的输出脉冲宽度即暂稳态时间与电源电压大小、输入脉冲宽度(不得大于输出脉宽)无关,调节 R 和 C 可改变输出脉冲宽度。

(3)单稳态触发器的应用：

①脉冲波形的整形。利用单稳态触发器可产生一定宽度的脉冲,可把过窄或过宽的脉冲整形为固定宽度的脉冲。

②脉冲延迟。脉冲延迟电路一般要用两个单稳态触发器完成,假设第一个、第二个单稳态触发器的输出脉冲宽度分别为 t_{W1}、t_{W2},则输入 u_1 经第一个单稳态触发器延迟了 t_{W1},输出脉冲宽度为 t_{W2},即输出脉冲宽度是由第二个单稳态触发器的脉冲宽度 t_{W2} 决定的。

③定时。由于单稳态触发器能产生一定宽度 t_W 的矩形脉冲,若利用此脉冲去控制其他电路,可使其在 t_W 时间内动作(或不动作),因此,单稳态触发器有定时作用,可用于定时电路。

3. 用 555 定时器构成多谐振荡器

多谐振荡器的功能是产生一定频率和一定幅度的矩形波信号。其输出状态不断在"1"和"0"之间变换,所以又称无稳态电路。

(1)电路组成。用 555 定时器构成的多谐振荡器如图 7-33(a)所示,图中 R_1、R_2 和 C 为外接的定时元件。

(2)工作原理。假设接通电源之前,电容器的电压为零(即 $u_C = 0$)。接通电源后,因电容器两端电压不能突变,则有 $u_{TH} = \overline{u_{TR}} = 0 \text{ V} < \frac{1}{3}U_{CC}$, u_O 为高电平,内部放电管截止,则电源对电容器 C 充电,充电回路为 $U_{CC} \rightarrow R_1 \rightarrow R_2 \rightarrow C \rightarrow$ 地,充电时间常数 $\tau_1 = (R_1 + R_2)C$,电路处于第一暂稳态。随电容器 C 充电,电容器 C 两端电压 u_C 逐渐升高,当 $u_C > \frac{2}{3}U_{CC}$ 时,即 $u_{TH} = \overline{u_{TR}} > \frac{2}{3}U_{CC}$ 时,u_O 为低电平。此时,放电管由截止转为导通,电容器 C 放电,放电回路为 $C \rightarrow R_2 \rightarrow$ 放电管 $\rightarrow$ 地,放电时间常数 $\tau_2 = R_2 C$,电路处于第二暂稳态。C 放电至 $u_C < \frac{1}{3}U_{CC}$ 后,电路又翻转到第一暂稳态,电容器 C 放电结束,再进行充电,重复以上过程。工作波形如图 7-33(b)所示。

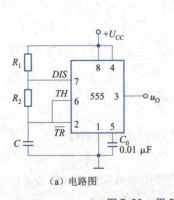
(a)电路图

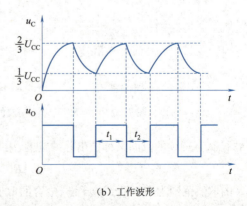
(b)工作波形

图 7-33 用 555 定时器构成的多谐振荡器

振荡周期 $T = t_1 + t_2$。其中,t_1 为充电时间(电容器两端电压从 $\frac{1}{3}U_{CC}$ 上升到

$\frac{2}{3}U_{CC}$ 所需时间),$t_1 \approx 0.7(R_1+R_2)C$,$t_2$ 为放电时间(即电容器两端电压从 $\frac{2}{3}U_{CC}$ 下降到 $\frac{1}{3}U_{CC}$ 所需时间),$t_2 \approx 0.7R_2C$,则振荡周期为

$$T = t_1 + t_2 \approx 0.7(R_1+2R_2)C \tag{7-7}$$

实验与技能训练——集成 555 定时器功能及应用电路的测试

1. 集成 555 定时器 5G555 功能的测试

(1)按图 7-34 接线,将 $\overline{R_d}$ 端接逻辑电平开关,输出端 u_O 接 LED 逻辑电平显示器。

(2)按表 7-12 测试 5G555 定时器的功能;用万用表测出 TH 和 $\overline{TR}$ 端的转换电压,与理论值 $\frac{2}{3}U_{CC}$ 和 $\frac{1}{3}U_{CC}$ 比较,是否一致?

2. 集成 555 定时器应用电路的功能测试

(1)用集成 555 定时器构成施密特触发器的功能测试。按图 7-35 连接线路,输入信号由信号发生器提供,预先调好 u_I 的频率为 1 kHz,接通电源,逐渐加大 u_I 的幅度,观测输出波形,测绘电压传输特性,计算回差电压 ΔU_T。

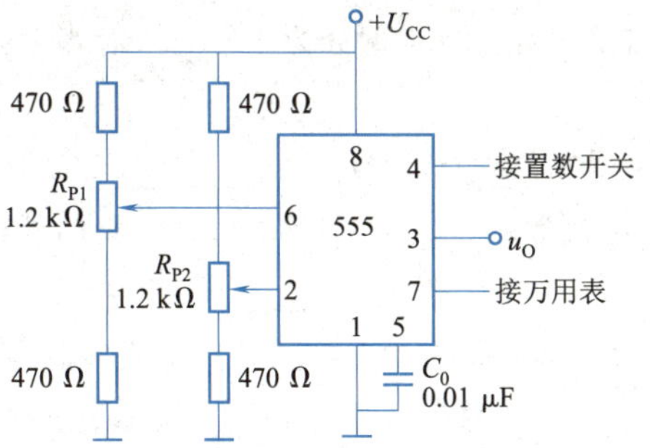

图 7-34 集成 555 定时器功能测试电路

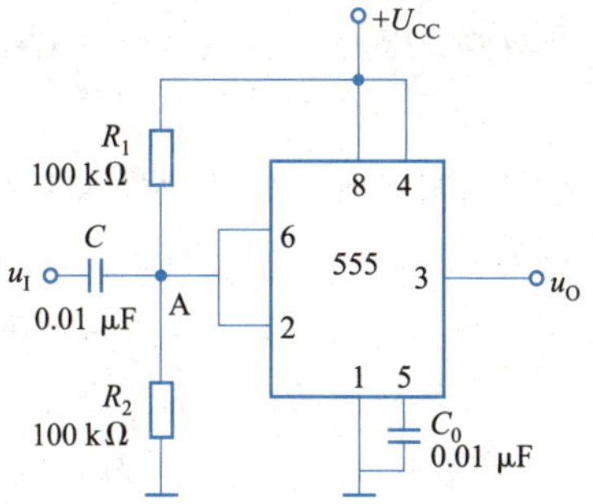

图 7-35 集成 555 定时器构成施密特触发器电路

(2)用集成 555 定时器构成单稳态触发器的功能测试。按图 7-32(a)连接线路,取 $R=100$ kΩ,$C=47$ μF,输入信号 u_I 由单次脉冲源提供,用示波器分别观测 u_I、u_C、u_O 波形,测量 u_O 的幅度与暂稳态时间 t_W。将 R 改为 1 kΩ,C 改为 0.1 μF,输入端加 1 kHz 的连续脉冲,观测 u_I、u_C、u_O 波形,测量 u_O 的幅度与暂稳态时间 t_W。

(3)用集成 555 定时器构成多谐振荡器的功能测试。按图 7-33(a)连接线路,取 $R_1=R_2=10$ kΩ,$C=C_1=0.01$ μF。用双踪示波器观测 u_C 与 u_O 的波形,测量 u_O 的周期。

注意:在集成 555 定时器 5G555 的功能测试时,放电管导通时输出状态是低电平,放电管截止时是高阻状态。所以,不能用电平显示放电端的状态,而要用万用表的电压挡来判断其状态。

思考题

(1) 如何用集成 555 定时器构成施密特触发器、单稳态触发器和多谐振荡器？

(2) 什么是施密特触发器的回差特性？如何计算回差电压？

(3) 施密特触发器和单稳态触发器有哪些应用？

习　题

一、填空题

1. 触发器的基本性质有：_____、_____、_____。

2. 触发器的触发方式有：_____、_____、_____。

3. 触发器的状态端是指_____端；0 态是指_____，1 态是指_____。

4. 触发器按功能分为：_____、_____、_____、_____、_____。

5. TTL 集成 JK 触发器正常工作时，它的 $\overline{R_d}$ 和 $\overline{S_d}$ 端应接_____电平。

6. 触发器逻辑功能描述方法有_____、_____、_____、_____、_____。

7. 时序逻辑电路按照其触发器是否有统一的时钟控制分为_____时序电路和_____时序电路。

8. 计数器按计数脉冲的输入方式可分为_____计数器和_____计数器；按计数规律分为_____计数器、_____计数器和_____计数器；按计数的进位制分为_____计数器和_____计数器。

9. 寄存器按照功能不同可分为两类：_____寄存器和_____寄存器。

10. 单稳态触发器受到外触发时进入_____态。

11. 施密特触发器具有_____现象，又称_____特性；单稳态触发器最重要的参数为_____。

12. 施密特触发器有两个_____状态；单稳态触发器有一个_____状态和_____态；多谐振荡器只有两个_____态。

13. 用由 555 定时器构成的施密特触发器的电源电压 U_{CC} 为 15 V。在未外接控制电压 U_{CO} 的情况下，它的回差电压 $\Delta U_T =$ _____ V；在外接控制电压 $U_{CO} = 8$ V 时，它的回差电压 $\Delta U_T =$ _____ V。

二、选择题

1. 触发器是由门电路构成的，但不同于门电路，它具有(　　)的特点。
   A. 状态不变　　　　　　　　　　　B. 记忆功能
   C. 只有 0 状态　　　　　　　　　　D. 只有 1 状态

2. 对于 D 触发器，欲使 $Q^{n+1} = Q^n$，应使输入 $D = ($　　$)$。
   A. 0　　　　　　B. 1　　　　　　C. Q　　　　　　D. $\overline{Q}$

3. 对于 JK 触发器,若 $J=K$,则可实现( )触发器的逻辑功能。
   A. RS B. D C. T D. T′

4. 欲使 JK 触发器按 $Q^{n+1}=Q^n$ 工作,应使 JK 触发器的输入端( )。
   A. $J=K=0$ B. $J=Q,K=\bar{Q}$ C. $J=\bar{Q},K=Q$ D. $J=Q,K=0$

5. 欲使 JK 触发器按 $Q^{n+1}=\bar{Q^n}$ 工作,应使 JK 触发器的输入端( )。
   A. $J=\bar{Q},K=Q$ B. $J=Q,K=\bar{Q}$ C. $J=K=1$ D. $J=Q,K=1$

6. 对于 T 触发器,若原态 $Q^n=0$,欲使新态 $Q^{n+1}=1$,应使输入 $T=$( )。
   A. 0 B. 1 C. Q D. $\bar{Q}$

7. 欲使 D 触发器按 $Q^{n+1}=\bar{Q^n}$ 工作,应使输入 $D=$( )。
   A. 0 B. 1 C. Q D. $\bar{Q}$

8. 为实现将 JK 触发器转换为 D 触发器,应使( )。
   A. $J=D,K=\bar{D}$ B. $K=D,J=\bar{D}$ C. $J=K=D$ D. $J=K=\bar{D}$

9. 同步计数器和异步计数器比较,同步计数器的显著优点是( )。
   A. 工作速度高 B. 触发器利用率高
   C. 电路简单 D. 不受时钟 CP 控制

10. 把一个五进制计数器与一个四进制计数器串联可得到( )进制计数器。
    A. 四 B. 五 C. 九 D. 二十

11. 下列逻辑电路中,为时序逻辑电路的是( )。
    A. 变量译码器 B. 加法器 C. 数码寄存器 D. 数据选择器

12. n 个触发器可以构成最大计数长度(进制)为( )的计数器。
    A. n B. $2n$ C. n^2 D. 2^n

13. n 个触发器可以构成能寄存( )位二进制数码的寄存器。
    A. $n-1$ B. n C. $n+1$ D. $2n$

14. 同步时序电路和异步时序电路比较,其差异在于后者( )。
    A. 没有触发器 B. 没有统一的时钟脉冲控制
    C. 没有稳定状态 D. 输出只与内部状态有关

15. 一个 8 位移位寄存器,串行输入时经( )个脉冲后,8 位数码全部移入寄存器中。
    A. 1 B. 2 C. 4 D. 8

16. 脉冲整形电路有( )。
    A. 多谐振荡器 B. 单稳态触发器 C. 施密特触发器 D. 555 定时器

17. 多谐振荡器可产生( )。
    A. 正弦波 B. 矩形脉冲 C. 三角波 D. 锯齿波

18. 用 555 定时器组成施密特触发器,当控制端 CO 外接 10 V 电压时,回差电压为( )。
    A. 3.33 V B. 5 V C. 6.66 V D. 10 V

三、判断题

1. D 触发器的特性方程为 $Q^{n+1}=D$，与 Q^n 无关，所以它没有记忆功能。（   ）
2. 基本 RS 触发器的约束条件为 $RS=0$，表示不允许出现 $R=S=1$ 的输入。（   ）
3. 同步触发器存在空翻现象，而边沿触发器克服了空翻。（   ）
4. 同步时序电路由组合逻辑电路和存储电路两部分组成。（   ）
5. 时序逻辑电路不含有记忆功能的器件。（   ）
6. 异步时序逻辑电路的各级触发器类型不同。（   ）
7. 计数器的模是指构成计数器的触发器的个数。（   ）
8. 计数器的模是指输入的计数脉冲的个数。（   ）
9. 把一个五进制计数器与一个十进制计数器串联可得到十五进制计数器。（   ）
10. 施密特触发器能将三角波变换成正弦波。（   ）
11. 施密特触发器有两个稳态。（   ）
12. 多谐振荡器输出信号的周期与阻容元件的参数成正比。（   ）
13. 单稳态触发器的暂稳态时间 t_W 与输入触发脉冲宽度成正比。（   ）
14. 单稳态触发器的暂稳态时间 t_W 与电路中 RC 成正比。（   ）
15. 施密特触发器的正向阈值电压一定大于负向阈值电压。（   ）

四、问答题

1. 基本 RS 触发器有几种功能？$\overline{R}_d$，$\overline{S}_d$ 各在什么情况下有效？基本 RS 触发器的不定状态有几种情况？
2. 集成 JK 触发器、D 触发器各有几种功能？分别在什么情况下触发？
3. 如何利用 JK 触发器构成单向移位寄存器？
4. 采用直接清零法实现任意进制计数器，用 74LS161 芯片和 74LS290 芯片有什么异同之处？
5. 如何用集成 555 定时器构成施密特触发器？什么是施密特触发器的回差特性？如何计算回差？

五、分析与计算题

1. 分析图 7-36 所示 RS 触发器的功能，并根据输入端 R、S 的波形画出 Q 和 $\overline{Q}$ 的波形。

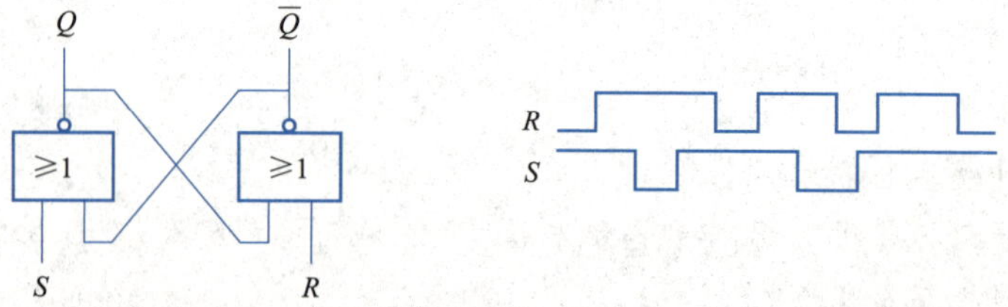

图 7-36

2. 已知下降沿触发的边沿 JK 触发器的输入 CP、J 和 K 的波形如图 7-37 所示。试画出 Q 端的波形。设触发器初态 $Q=0$。

3. 已知上升沿触发的 D 触发器的输入 CP 和 D 的波形如图 7-38 所示。试画出 Q 端的波形。设触发器初态 $Q = 1$。

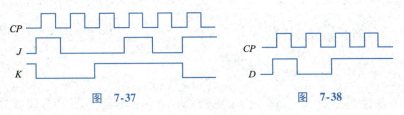

图 7-37　　　　　　　　　图 7-38

4. 试用集成计数器 74LS161, 采用反馈清零法, 构成 $N = 7$ 的加法计数器。

5. 试用集成计数器 74LS161, 采用置全 0 法, 构成十二进制计数器。

6. 试用集成计数器 74LS161, 采用级联法, 构成一个二百五十六进制(即 8 位二进制)计数器。

7. 试用两片 74LS290 构成一个六十进制计数电路。

8. 已知施密特触发器的输入波形如图 7-39 所示。其中 $U_{\text{Imax}} = 20$ V, 电源电压 $U_{\text{CC}} = 18$ V。(1) 电压控制端 CO 通过电容接地, 试画出施密特触发器对应的输出波形。(2) 如果电压控制端 CO 外接控制电压 $U_s = 16$ V, 试画出施密特触发器对应的输出波形。

9. 在由集成 555 定时器构成的单稳态触发器电路中, 已知 $R = 20$ kΩ, $C = 0.5$ μF。试计算此触发器的暂稳态持续时间。

10. 在图 7-40 所示电路中, 已知 $R_1 = 1$ kΩ, $R_2 = 8.2$ kΩ, $C = 0.4$ μF, 试求: 振荡周期 T。

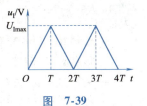

图 7-39

11. 图 7-41 所示电路是用 555 定时器构成的门铃电路, 试分析其工作原理。

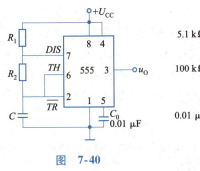

图 7-40

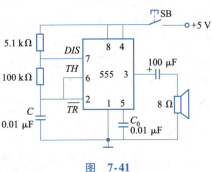

图 7-41

第8章

数/模转换和模/数转换电路

学习内容

- 数/模转换和模/数转换的基本原理。
- 倒 T 型电阻网络数/模转换、逐次逼近型模/数转换的工作过程。
- 集成数/模转换器和模/数转换器的主要技术指标及使用。

学习目标

- 理解数/模和模/数转换的基本概念和工作原理。
- 熟悉数/模和模/数转换的特点。
- 熟悉常用数/模和模/数转换器的主要技术指标的意义。
- 能测试数/模转换器、模/数转换器的功能。
- 会查阅资料理解各类数/模转换器、模/数转换器的使用。

随着数字电子技术的迅速发展,数字电路已广泛应用到计算机、通信和自动控制等领域。用数字电路来处理模拟信号的情况更加普及,这就涉及模拟信号与数字信号间的相互转换。从模拟信号到数字信号的转换称为模/数转换,又称 A/D 转换,能实现模/数转换的电路称为模/数转换器,简称 ADC。从数字信号到模拟信号的转换称为数/模转换,又称 D/A 转换,能实现数/模转换的电路称为数/模转换器,简称 DAC。ADC 和 DAC 是数字系统和模拟系统相互联系的桥梁,也称之为两者之间的接口,是数字系统的重要组成部分。

8.1 数/模转换电路

数/模转换电路

8.1.1 数/模转换的基本知识

1. 数/模转换的基本工作原理

数/模转换的基本原理就是将输入的每一位二进制代码按其权的大小转换成相

应的模拟量,然后将代表各位的模拟量相加,这样所得的总模拟量与数字量成正比,于是便实现了从数字量到模拟量的转换。数/模转换器的组成框图如图 8-1 所示,由数据锁存器、模拟电子开关、电阻译码网络及求和运算放大器组成。数/模转换是需要时间的,数据锁存器用来把要转换的输入数字暂时保存起来以完成数/模转换。模拟电子开关有两挡位置,一挡接基准电压 U_{REF},另一挡接地(0 电平)。模拟电子开关由数据锁存器中的数字控制,当数字为 1 时开关接 U_{REF};当数字为 0 时接地。电阻译码网络由不同阻值的电阻构成,电阻的一端跟随开关的位置分别接 U_{REF} 或地。当接 U_{REF} 时,电阻上有电流,接地时无电流,利用求和运算放大器将电阻网络中各电阻上的电流汇合起来,并以电压形式输出,即可实现数字量到模拟量的转换。

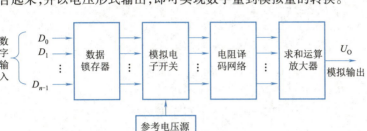

图 8-1　数/模转换器的组成框图

2. D/A 转换器的类型

根据电阻网络结构的不同,D/A 转换器有不同的类型,如权电阻 D/A 转换器、R-$2R$ T 型电阻网络 D/A 转换器、R-$2R$ 倒 T 型电阻网络 D/A 转换器等。倒 T 型电阻网络 D/A 转换器结构简单、速度高、精度高,且无 T 型电阻网络 D/A 转换器在动态过程中出现尖峰脉冲。因此,倒 T 型电阻网络 D/A 转换器是目前转换速度较高且使用较多的一种 D/A 转换器。本节仅对 R-$2R$ 倒 T 型电阻网络 D/A 转换器进行分析。

3. 倒 T 型电阻网络 D/A 转换器

(1) 电路组成。4 位倒 T 型电阻网络 D/A 转换器的电路如图 8-2 所示,它主要由 R-$2R$ 倒 T 型电阻网络、求和运算放大器、模拟电子开关(S)、基准电压 U_{REF} 构成,其中 R-$2R$ 倒 T 型电阻网络是 D/A 转换电路的核心。求和运算放大器构成一个电流与电压转换器,它将与输入数字量成正比的输入电流转换成模拟电压输出。

模拟电子开关 S_3、S_2、S_1、S_0 分别受数据锁存器输出的数字信号 D_3、D_2、D_1、D_0 控制。当某位数字信号为 1 时,相应的模拟电子开关接至运算放大器的反相输入端(虚地);为 0 时,则接同相输入端(接地)。开关 $S_3 \sim S_0$ 在运算放大器求和点(虚地)与地之间转换,因此不管数字信号如何变化,流过每条支路的电流始终不变,从参考电压 U_{REF} 端输入的总电流也是固定不变的。

(2) 工作原理。对图 8-2 所示电路,从 U_{REF} 向左看,其等效电路如图 8-3 所示,等效电阻为 R,因此总电流为 $I = U_{REF}/R$。

流入每个 $2R$ 电阻的电流从高位到低位依次为 $\dfrac{I}{2}$、$\dfrac{I}{4}$、$\dfrac{I}{8}$ 和 $\dfrac{I}{16}$,流入运算放大

器反相输入端的电流为

$$I_\Sigma = D_3\frac{I}{2} + D_2\frac{I}{4} + D_1\frac{I}{8} + D_0\frac{I}{16} \qquad (8\text{-}1)$$
$$= \frac{U_{REF}}{2^4 R}(D_3 \times 2^3 + D_2 \times 2^2 + D_1 \times 2^1 + D_0 \times 2^0)$$

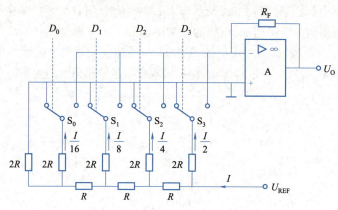

图 8-2 4 位倒 T 型电阻网络 D/A 转换器

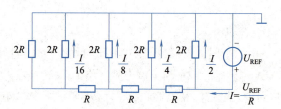

图 8-3 倒 T 型电阻网络简化等效电路

运算放大器的输出电压为

$$U_O = -I_\Sigma R_F = -\frac{U_{REF} R_F}{2^4 R}(D_3 \times 2^3 + D_2 \times 2^2 + D_1 \times 2^1 + D_0 \times 2^0) \qquad (8\text{-}2)$$

若 $R_F = R$,则

$$U_O = -\frac{U_{REF}}{2^4}(D_3 \times 2^3 + D_2 \times 2^2 + D_1 \times 2^1 + D_0 \times 2^0) \qquad (8\text{-}3)$$

在 $R_F = R$ 时,n 位 DAC 的模拟输出电压为

$$U_O = -\frac{U_{REF}}{2^n}(D_{n-1} \times 2^{n-1} + D_{n-2} \times 2^{n-2} + \cdots + D_1 \times 2^1 + D_0 \times 2^0) \qquad (8\text{-}4)$$

例 8-1 在图 8-2 所示电路中,若 $U_{REF} = -4\ \text{V}$,$R = R_F$,求当 $D_3 D_2 D_1 D_0$ 分别为 0110 和 1100 时,输出电压 U_O 的值。

解 根据式(8-3),当 $D_3 D_2 D_1 D_0 = 0110$ 时,模拟输出电压为

$$U_O = -\frac{-4}{2^4}(0 \times 2^3 + 1 \times 2^2 + 1 \times 2^1 + 0 \times 2^0)\text{V} = 1.5\ \text{V}$$

当 $D_3 D_2 D_1 D_0 = 1100$ 时,模拟输出电压为

$$U_0 = -\frac{-4}{2^4}(1\times 2^3 + 1\times 2^2 + 0\times 2^1 + 0\times 2^0)\text{V} = 3\text{ V}$$

4. DAC 主要技术指标

(1) 分辨率。表明 DAC 分辨最小电压的能力。是用最小输出电压[对应输入数字只有最低有效位(LSB)为1]与最大输出电压(对应输入数字全为1)之比。对 n 位 DAC,其分辨率为

$$\text{分辨率} = \frac{1}{2^n - 1} \quad (8\text{-}5)$$

由式(8-5)可知,输入数字量的位数越多,分辨率数值越小,分辨能力越强。例如,一个 10 位的 DAC,其分辨率为 $\frac{1}{2^{10}-1} \approx 0.000\,978$;如果输出模拟电压满量程为 10 V,那么其能分辨的最小电压为 $U_{\text{LSB}} = U_\text{m}\frac{1}{2^n-1} = 10\times\frac{1}{2^{10}-1}\text{V} \approx 0.009\,8\text{ V}$。

(2) 转换精度。转换精度是指实际输出模拟电压与理论值之间的偏移程度,通常是指全码输入时模拟输出电压的实际值与理论值之差,即最大转换绝对误差,常用最大相对百分误差表示。例如,一个 DAC 的输出模拟电压最大值为 10 V,转换精度为 ±2%,其输出电压的最大转换绝对误差为 ±2%×10 V = ±20 mV。转换精度与分辨率有关,但转换精度和分辨率的含义是不同的。最大转换绝对误差一般应小于 $\frac{1}{2}U_{\text{LSB}}$。显然,位数越多,DAC 的精度也就越高。

(3) 建立时间。是指 DAC 从输入数字信号开始到输出模拟电压或电流达到稳定值时所用的时间,又称转换时间。建立时间与输入数码变化的大小有关。通常以输入数码由全 0 变化为全 1 时,DAC 输出达到稳定的时间作为建立时间。DAC 的转换时间一般为几纳秒到几微秒。

8.1.2 集成 DAC 举例

集成 DAC 芯片的产品型号很多,性能各异。集成 DAC 芯片内部一般含有电阻译码(解码)网络、电子转换开关和数据锁存器(缓冲器寄存器)。运算放大器和精密基准电压源一般需要外接。以 DAC0832 为例,讨论集成 DAC 的电路结构和在应用方面的一些问题。

1. 集成 DAC0832 的电路结构和引脚功能

DAC0832 是常用的集成 DAC,它是用 CMOS 工艺制成的双列直插式单片 8 位 DAC。DAC0832 的内部结构框图和引脚排列图,如图 8-4 所示。

DAC0832 由 8 位输入寄存器、8 位 DAC 寄存器和 8 位 D/A 转换器三大部分组成。它有两个分别控制的数据寄存器,可以实现两次缓冲,所以使用时有较大的灵活性,可根据需要接成不同的工作方式。DAC0832 中采用的是倒 T 型 R-$2R$ 电阻网络,无运算放大器,是电流输出,使用时需外接运算放大器。芯片中已经设置了 R_fb,只要 9 引脚接到运算放大器输出端即可。但若运算放大器增益不够,还需外接反馈电阻。

D/A 转换器

学习笔记

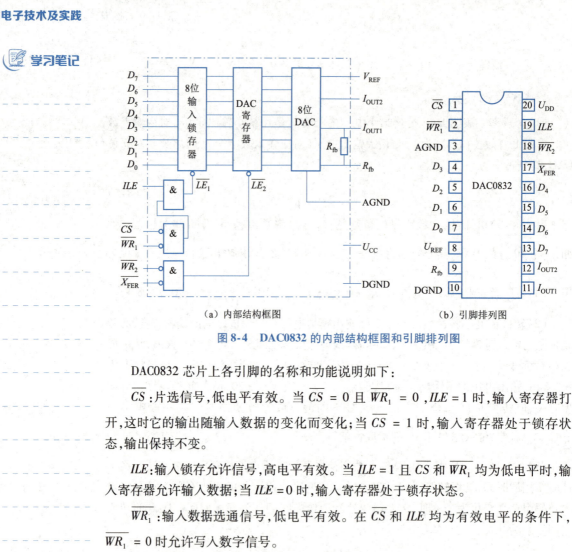

(a) 内部结构框图　　　　(b) 引脚排列图

图 8-4　DAC0832 的内部结构框图和引脚排列图

DAC0832 芯片上各引脚的名称和功能说明如下：

$\overline{CS}$：片选信号，低电平有效。当 $\overline{CS} = 0$ 且 $\overline{WR_1} = 0$，$ILE = 1$ 时，输入寄存器打开，这时它的输出随输入数据的变化而变化；当 $\overline{CS} = 1$ 时，输入寄存器处于锁存状态，输出保持不变。

ILE：输入锁存允许信号，高电平有效。当 $ILE = 1$ 且 $\overline{CS}$ 和 $\overline{WR_1}$ 均为低电平时，输入寄存器允许输入数据；当 $ILE = 0$ 时，输入寄存器处于锁存状态。

$\overline{WR_1}$：输入数据选通信号，低电平有效。在 $\overline{CS}$ 和 ILE 均为有效电平的条件下，$\overline{WR_1} = 0$ 时允许写入数字信号。

$\overline{WR_2}$：数据传送选通信号，低电平有效。在 $\overline{WR_2} = 0$ 且 $\overline{X_{FER}}$ 也为有效电平的条件下，DAC 寄存器传送信号给 DAC 转换器；$\overline{WR_2} = 1$ 时，DAC 寄存器锁存数据。

$\overline{X_{FER}}$：数据传送控制信号，低电平有效，用来控制 DAC 寄存器。当 $\overline{X_{FER}} = 0$，$\overline{WR_2} = 0$ 时，DAC 寄存器才处于接收信号，准备锁存状态，这时 DAC 寄存器的输出随输入而变。

$D_0 \sim D_7$：8 位输入数据信号，D_0 为最低位（LSB），D_7 为最高位（MSB）。

I_{OUT1}：模拟电流输出端 1，此输出信号一般作为运算放大器的一个差分输入信号（一般接反相端）。当 DAC 寄存器中的数字码为全 1 时，I_{OUT1} 最大；为全 0 时，I_{OUT1} 为零。

I_{OUT2}：模拟电流输出端 2，它为运算放大器的另一个差分输入信号（一般接地）。$I_{OUT1} + I_{OUT2} =$ 常数。

U_{REF}：参考电压输入端。U_{REF} 可在 -10 V 到 $+10$ V 范围内选取。

R_{fb}：反馈电阻输入端，反馈电阻在芯片内部，可与运算放大器的输出直接相连。

AGND:模拟电路接地端。
DGND:数字电路接地端,通常与模电路接地端在基准电源处相连。
U_{DD}:电源接线端,其范围为 5～15 V。

2. 主要技术指标

DAC0832 的主要技术指标:分辨率为 8 位,线性度为 0.2%,建立时间为 1 μs,功耗为 200 mW。

3. 使用方法

由于 DAC0832 中不包含求和运算放大器,所以需要外接运算放大器才能构成完整的 DAC,其接线图如图 8-5 所示。

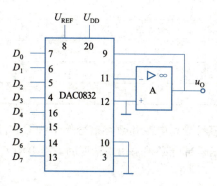

图 8-5　DAC0832 的使用方法

实验与技能训练——集成 DAC0832 的功能测试

(1)连接图 8-6 所示电路,图中的集成运算放大器选用 μA741,其他元器件的参数如图 8-6 所示。

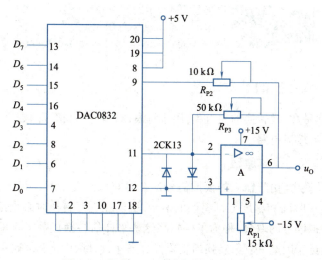

图 8-6　集成 DAC0832 逻辑功能测试图

(2) 令 $D_7 \sim D_0$ 全为 0，调节放大器的电位器，使得输出为 0。

(3) 按表 8-1 中所列数字信号，测量放大器的输出电压，将测量结果填入表 8-1 中。

表 8-1 集成 DAC0832 的功能测试

输入数字量								输出模拟量
D_7	D_6	D_5	D_4	D_3	D_2	D_1	D_0	u_O

注意： 模拟信号很容易受到电源和数字信号等干扰引起波动。为提高输出的稳定性和减少误差，模拟信号部分必须采用高精度的基准电源 U_{REF} 和独立的地线，一般数字地和模拟地分开。

思 考 题

(1) 什么是 D/A 转换？简述 D/A 转换的基本原理。

(2) 集成 DAC0832 各引脚的含义及功能分别是什么？

8.2 模/数转换电路

模/数转换电路

8.2.1 模/数转换的基本知识

模/数转换是数/模转换的逆过程，用于将模拟量转换为相应的数字量，是模拟系统到数字系统的接口电路。

1. 模/数转换的基本原理

在模/数转换中，由于输入的模拟信号是在时间和幅度上都连续的信号，而输出的数字信号是在时间和幅度上都离散的信号，所以在进行转换时必须按照一定的时间间隔读取模拟信号的取值（称为采样），将这些采样值转换成数字量输出来表示对应的输入模拟量。因此，模/数转换通常要经过采样、保持、量化和编码 4 个过程。

(1) 采样和保持。采样（又称抽样或取样）是将时间上连续变化的模拟信号转换为时间上离散的数字信号，即转换为一系列等间隔的脉冲。采样过程示意图如图 8-7

所示,它是受采样脉冲 CP 控制的开关,工作波形如图 8-7(b)所示。在采样脉冲 CP 有效期 t_W 内,CP 为高电平时,采样开关闭合,输出电压 $u_O = u_I$;在其他时间($T_S - t_W$)内,CP 为低电平时,采样开关断开,输出电压 $u_O = 0$。所以在输出端得到一种脉冲式的采样信号。显然采样频率 f_s 越高,所取得的信号与输入信号越接近,误差就越小。为了不失真地用采样后的输出信号 u_O 来表示输入模拟信号 u_I,采样频率 f_s 必须满足采样定理,即

$$f_s \geq 2f_{\text{imax}} \tag{8-6}$$

式中,f_{imax} 是输入信号 u_I 中的最高次谐波分量的频率。

理论上,只要采样频率满足式(8-6),就能将 u_O 不失真地还原成 u_I。由于电路元器件不可能达到理想要求,通常选取 $f_s > 5f_{\text{imax}}$,才能保证还原后信号不失真。

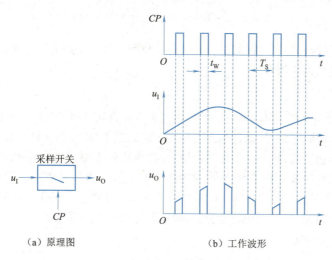

图 8-7 采样过程示意图

模拟信号经采样后输出一系列的断续脉冲。采样脉冲宽度一般是很短暂的,而 ADC 把采样信号转换成数字信号需要一定的时间,需要将这个断续的脉冲信号保持一定时间以便进行转换。如图 8-8(a)所示是一种常见的采样-保持电路,它由采样开关、保持电容和缓冲放大器组成。

在图 8-8(a)中,利用场效应管作模拟开关。在采样脉冲 CP 为高电平的时间 t_W 内,开关接通,输入模拟信号 u_I 向电容 C 充电,当电容 C 的充电时间常数 $\tau_C \ll t_W$ 时,电容 C 上的电压在时间 t 内跟随 u_I 变化。采样脉冲结束后,开关断开,因电容的漏电很小且运算放大器的输入阻抗又很高,所以电容 C 上电压可保持到下一个采样脉冲到来为止。运算放大器构成电压跟随器,具有缓冲作用,以减小负载对保持电容的影响。在输入一连串采样脉冲后,输出电压 u_O 波形如图 8-8(b)所示。

(2)量化和编码。数字信号不仅在时间上是离散的,而且在数值上的变化也是不连续的。也就是说,任何一个数字量的大小,都是某个规定的最小数量单位的整数倍。而输入的模拟信号经过上述的采样-保持后,得到的是阶梯形模拟信号,并不是数字信号,因此,还需要进行量化才能得到数字信号。将采样-保持后的电压转换为

某个规定的最小单位电压整数倍的过程称为量化。在量化的过程中不可能正好整数倍,所以量化前后不可避免地存在误差,把这个误差称为量化误差。量化的方法一般有两种:只舍不入法和有舍有入法(或称四舍五入法)。

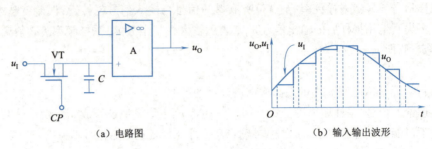

图 8-8　采样-保持电路和输入输出波形

将量化后的数值用二进制代码表示,称为编码。经编码后的二进制代码就是模/数转换器的输出数字信号。

2. 模/数转换器的分类

ADC 可分为直接 ADC 和间接 ADC 两大类。在直接 ADC 中,输入模拟信号直接被转换成相应的数字信号,如计数型 ADC、逐次逼近型 ADC 和并联比较型 ADC 等,其特点是工作速度高,转换精度容易保证,校准也比较方便。而在间接 ADC 中,输入模拟信号先被转换成某种中间变量(如时间、频率等),然后再将中间变量转换为最后的数字量,如单次积分型 ADC、双积分型 ADC 等,其特点是工作速度较低,但转换精度可以做得较高,且抗干扰能力强,一般在测量仪表中用得较多。

3. 模/数转换器主要技术指标

(1) 分辨率。指模/数转换器输出数字量的最低位变化一个数码时,对应输入模拟量的变化量。对于 n 位的 ADC,其分辨率为

$$\text{分辨率} = \frac{1}{2}U_{\text{IM}} \tag{8-7}$$

式中,U_{IM} 是输入的满量程模拟电压。

显然 ADC 的位数越多,量化误差越小,转换精度越高,能分辨的最小模拟电压值越小。例如,一个 8 位 ADC 的输入模拟电压满量程为 5 V,则能分辨的最小输入模拟电压为 $\frac{5}{2^8}$V ≈ 19.5 mV;对同样的 5 V 输入模拟电压满量程,12 位 ADC 能分辨的最小输入模拟电压为 $\frac{5}{2^{12}}$ V ≈ 1.22 mV。

(2) 转换误差。表示 ADC 实际输出的数字量与理论上输出的数字量之间的差别,常用最低有效位的倍数表示。通常以输出误差的最大值形式给出。

(3) 转换时间。是指完成一次转换所需的时间,是指从接到转换控制信号开始,到输出端得到稳定的数字输出信号所经过的这段时间。转换时间越短,说明转换速度越高。双积分型 ADC 的转换速度最慢,需几百毫秒左右;逐次逼近型 ADC 的转换速度较快,需几十微秒。

8.2.2 集成 ADC 举例

集成 ADC 芯片的产品型号很多,下面以 ADC0809 为例进行简单介绍。

1. 集成 ADC0809 的引脚功能

ADC0809 是采用 CMOS 工艺制成的 8 位逐次逼近型 ADC,是一种普遍使用且成本较低的集成 ADC。它适用于分辨率较高而转换速度适中的场合。集成 ADC0809 的引脚排列图如图 8-9 所示。

ADC0809 芯片上各引脚的名称和功能说明如下:

$IN_0 \sim IN_7$:8 路模拟输入电压的输入端。

$U_{REF(+)}$、$U_{REF(-)}$:基准电压的正、负极输入端。单极性输入时,$U_{REF(+)} = 5\ \text{V}$,$U_{REF(-)} = 0\ \text{V}$;双极性输入时,$U_{REF(+)}$、$U_{REF(-)}$ 分别接正、负极性的参考电压。

START:启动脉冲信号输入端。当需启动 A/D 转换过程时,在此端加一个正脉冲,脉冲的上升沿将所有的内部寄存器清零,下降沿时开始 A/D 转换过程。

ADD_A、ADD_B、ADD_C:模拟输入通道的地址选择线。在 ADD_C、ADD_B、ADD_A 为 000 时,选中 IN_0;为 001 时,选中 IN_1;……;为 111 时,选中 IN_7。

ALE:地址锁存允许信号输入端,高电平有效。当 $ALE = 1$ 时,将地址信号有效锁存,并经译码器选中其中一个通道。

CLK:时钟脉冲输入端。

$D_0 \sim D_7$:8 位数字量输出端,D_7 为高位,D_0 为低位。

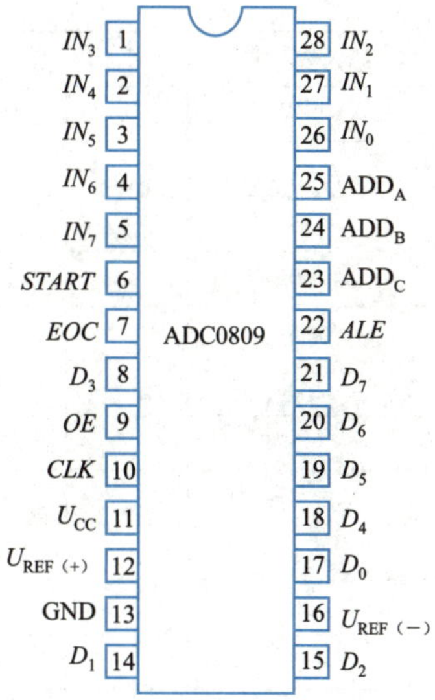

图 8-9 集成 ADC0809 的引脚排列图

OE:输出允许信号,高电平有效。当 $OE = 1$ 时,打开输出锁存器的三态门,将数据送出。

EOC:转换结束信号,高电平有效。在 START 输入启动脉冲上升沿,EOC 信号输出变为低电平,标志转换器正在进行转换;当转换结束,所得数据可以读出时,EOC 变为高电平,作为通知接受数据的设备读取该数据的信号。

2. 主要技术指标

ADC0809 的主要技术指标:分辨率为 8 位,线性误差为 ± 1LSB,转换时间为 100 μs,模拟电压输入为 0 ~ 5 V,电源电压为 5 V,时钟脉冲 CP 的频率为 640 kHz。

实验与技能训练——集成 DAC0809 的功能测试

(1)连接图 8-10 所示电路。

(2)模拟信号由 IN_0 通道输入,$D_0 \sim D_7$ 接逻辑电平显示器,调节 R_P,并合上开关 S,将转换结果填入表 8-2 中。

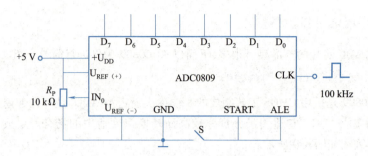

图 8-10　集成 ADC0809 逻辑功能测试

表 8-2　集成 ADC0809 的功能测试

输入模拟量	输出数字量							
U_1/V	D_7	D_6	D_5	D_4	D_3	D_2	D_1	D_0
0								
0.5								
1.0								
1.5								
2.0								
2.5								
3.0								
3.5								
4.0								
4.5								
5.0								

注意：将 ADC0809 集成块插入实验板进行功能测试时，要注意 1 引脚的位置不能插错，插集成块时，用力要均匀，实验结束，要用镊子起出集成块，注意端正起拔，力度要均匀。

思考题

(1) 什么是 A/D 转换？常见的 ADC 有几种？各自的特点是什么？

(2) A/D 转换的过程是什么？为什么 ADC 需要采样-保持电路？

习　题

一、填空题

1. D/A 转换是将_____进制数字量转换成_____信号输出。
2. DAC 通常由_____、_____、_____和_____等组成。

3. DAC 中最小输出电压是指当输入数字量_____时的输出电压。

4. A/D 转换是将_____信号转换成_____进制数字量输出。

5. 模拟信号转换为数字信号,需要经过_____、_____、_____、_____ 4 个过程。

6. 按 A/D 转换器的工作原理可分为_____和_____。

7. n 位 DAC 的分辨率为_____;DAC 的位数越多,其分辨能力越_____。

8. 一个 10 位 ADC 的输入模拟电压满量程为 5 V,则能分辨的最小输入模拟电压为_____。

二、选择题

1. 4 位倒 T 型电阻网络 DAC 的电阻取值有( )种。
   A. 1   B. 2   C. 4   D. 8

2. DAC 的分辨率,可用( )表示。
   A. $\dfrac{1}{2^{n-1}}$ B. $\dfrac{1}{2^n - 1}$ C. $\dfrac{1}{2^{n-1} - 1}$

3. 为使采样输出信号不失真地代表输入模拟信号,在理论上,采样频率 f_s 和输入模拟信号的最高频率 f_{max} 的关系是( )。
   A. $f_s \geqslant f_{max}$ B. $f_s \leqslant f_{max}$
   C. $f_s \geqslant 2f_{max}$ D. $f_s \leqslant 2f_{max}$

4. 将一个时间上连续变化的模拟量转换为时间上断续(离散)的数字量的过程称为( )。
   A. 采样   B. 量化   C. 保持   D. 编码

5. 用二进制码表示指定离散电平的过程称为( )。
   A. 采样   B. 量化   C. 保持   D. 编码

三、判断题

1. 采样定理的规定,是为了能不失真地恢复原模拟信号,而又不使电路过于复杂。( )

2. D/A 转换器的最大输出电压的绝对值可达到基准电压 U_{REF}。( )

3. D/A 转换器的位数越多,能够分辨的最小输出电压变化量就越小。( )

4. D/A 转换器的位数越多,转换精度越高。( )

5. A/D 转换过程中,必然会出现量化误差。( )

6. A/D 转换器的二进制数的位数越多,量化级分得越多,量化误差就越小。( )

7. 双积分型 A/D 转换器的转换精度高、抗干扰能力强,因此常用于数字式仪表中。( )

四、综合题

1. 在 8 位倒 T 型电阻网络 DAC 中,已知 $U_{REF} = 10$ V,$R = R_F$,试分别求出输入数字为 10011000 和 01111101 时的输出模拟电压 U_o 为多少?

2. 有一个 8 位 DAC 电路,已知 $U_{REF} = 10$ V,$R = R_F$,试求在以下输入时的输出电压值:(1)各位全为 1;(2)仅最高位为 1;(3)仅最低位为 1。

3. 已知某 DAC 电路最小分辨电压为 5 mV，最大满值输出电压为 10 V，试求该电路输入数字量的位数和基准电压。

4. 某 12 位 ADC 电路满值输入电压为 16 V，试计算其分辨率。

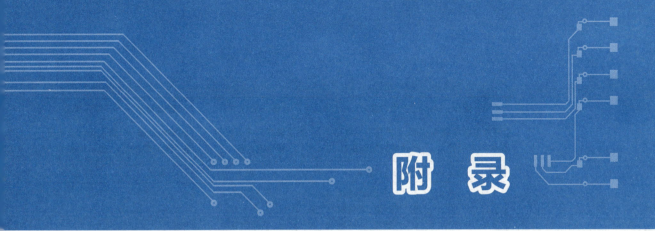

附 录

附录 A　半导体分立器件型号命名方法

（摘自 GB/T 249—2017）

1. 型号组成原则

半导体分立器件的型号五个组成部分的基本意义如下：

第一部分　第二部分　第三部分　第四部分　第五部分
- 用汉语拼音字母表示规格号
- 用阿拉伯数字表示登记顺序号
- 用汉语拼音字母表示器件的类别
- 用汉语拼音字母表示器件的材料和极性
- 用阿拉伯数字表示器件的电极数目

半导体分立器件的型号一般由第一部分到第五部分组成，也可以由第三部分到第五部分组成。

2. 型号组成部分的符号及其意义

（1）由第一部分到第五部分组成的器件型号的符号及其意义见表 A-1。

表 A-1　由第一部分到第五部分组成的器件型号的符号及其意义

第一部分		第二部分		第三部分		第四部分	第五部分
用阿拉伯数字表示器件的电极数目		用汉语拼音字母表示器件的材料和极性		用汉语拼音字母表示器件的类别		用阿拉伯数字表示登记顺序号	用汉语拼音字母表示规格号
符号	意义	符号	意义	符号	意义	意义	意义
2	二极管	A	N型,锗材料	P	小信号管		
		B	P型,锗材料	H	混频管		
		C	N型,硅材料	V	检波管		
		D	P型,硅材料	W	电压调整管和电压基准管		
		E	化合物或合金材料	C	变容管		
				Z	整流管		
				L	整流堆		

241

续上表

第一部分		第二部分		第三部分		第四部分	第五部分
用阿拉伯数字表示器件的电极数目		用汉语拼音字母表示器件的材料和极性		用汉语拼音字母表示器件的类别		用阿拉伯数字表示登记顺序号	用汉语拼音字母表示规格号
符号	意义	符号	意义	符号	意义	意义	意义
3	三极管	A	PNP,锗材料	S	隧道管		
		B	NPN,锗材料	K	开关管		
		C	PNP,硅材料	N	噪声管		
		D	NPN,硅材料	F	限幅管		
		E	化合物或合金材料	X	低频小功率晶体管 ($f_\alpha < 3$ MHz, $P_C < 1$ W)		
				G	高频小功率晶体管 ($f_\alpha \geq 3$ MHz, $P_C < 1$ W)		
				D	低频大功率晶体管 ($f_\alpha < 3$ MHz, $P_C \geq 1$ W)		
				A	高频大功率晶体管 ($f_\alpha \geq 3$ MHz, $P_C \geq 1$ W)		
				T	闸流管		
				Y	体效应管		
				B	雪崩管		
				J	阶跃恢复管		

示例 1：

硅 NPN 型高频小功率晶体管

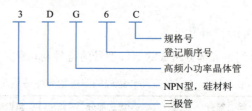

(2) 由第三部分到第五部分组成的器件型号的符号及其意义见表 A-2。

表 A-2 由第三部分到第五部分组成的器件型号的符号及其意义

第三部分		第四部分	第五部分
用汉语拼音字母表示器件的类别		用阿拉伯数字表示登记顺序号	用汉语拼音字母表示规格号
符号	意义	意义	意义
CS	场效应晶体管		
BT	特殊晶体管		
FH	复合管		
JL	晶体管阵列		
PIN	PIN 二极管		
ZL	二极管阵列		
QL	硅桥式整流器		
SX	双向三极管		

续上表

第三部分		第四部分	第五部分
用汉语拼音字母表示器件的类别		用阿拉伯数字表示登记顺序号	用汉语拼音字母表示规格号
符号	意义	意义	意义
XT	肖特基二极管		
CF	触发二极管		
DH	电流调整二极管		
SY	瞬态抑制二极管		
GS	光电子显器		
GF	发光二极管		
GR	红外发射二极管		
GJ	激光二极管		
GD	光电二极管		
GT	光电晶体管		
GH	光电耦合器		
GK	光电开关管		
GL	成像线阵器件		
GM	成像面阵器件		

示例2：

场效应晶体管

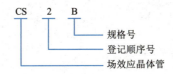

CS 2 B
— 规格号
— 登记顺序号
— 场效应晶体管

附录 B 常用数字集成电路一览表

常用数字集成电路一览表见表 B-1。

表 B-1 常用数字集成电路一览表

类型	功能	型号
与非门	四 2 输入与非门	74LS00,74HC00
	四 2 输入与非门(OC)(OD)	74LS03,74HC03
	四 2 输入与非门(带施密特触发器)	74LS132,74HC132
	三 3 输入与非门	74LS10,74HC10
	三 3 输入与非门(OC)	74LS12,74ALS12
	双 4 输入与非门	74LS20,74HC20
	双 4 输入与非门(OC)	74LS22,74ALS22
	8 输入与非门	74LS30,74HC30
或非门	四 2 输入或非门	74LS02,74HC02
	双 5 输入或非门	74LS260
	双 4 输入或非门(带选通端)	7425
非门	六反相器	74LS04,74HC04
	六反相器(OC)(OD)	74LS05,74HC05
与门	四 2 输入与门	74LS08,74HC08
	四 2 输入与门(OC)(OD)	74LS09,74HC09
	三 3 输入与门	74LS11,74HC11
	三 3 输入与门(OC)	74LS15,74ALS15
	双 4 输入与门	74LS21,74HC21
或门	四 2 输入或门	74LS32,74HC32
与或非门	双 2 路 2-2 输入与或非门	74LS51,74HC51
	4 路 2-3-3-2 输入与或非门	74LS54
	2 路 4-4 输入与或非门	74LS55
异或门	四 2 输入异或门	74LS86,74HC86
	四 2 输入异或门(OC)	74LS136,74ALS136
缓冲器	六反相缓冲器/驱动器(OC)	74LS06
	六缓冲器/驱动器(OC)(OD)	74LS07,74HC07
	四 2 输入或非缓冲器	74LS28,74ALS28
	四 2 输入或非缓冲器(OC)	74LS33,74ALS33
	四 2 输入与非缓冲器	74LS37,74ALS37
	双 2 输入与非缓冲器(OC)	74LS38,74ALS38
	双 4 输入与非缓冲器	74LS40,74ALS40
驱动器	四总线缓冲器(三态输出,低电平有效)	74LS125,74HC125
	四总线缓冲器(三态输出,高电平有效)	74LS126,74HC126
	六总线缓冲器/驱动器(三态、反相)	74LS366,74HC366
	六总线缓冲器/驱动器(三态、同相)	74LS367,74HC367
	八缓冲器/线驱动器/线接收器(反相,三态,两组控制)	74LS240,74HC240
	八缓冲器/线驱动器/线接收器(三态,两组控制)	74LS244,74HC244
	八双向总线发送器/接收器(三态)	74LS245,74HC245

续上表

类型	功能	型号
编码器	8-3 线优先编码器	74LS148,74HC148
	10-4 线优先编码器(BCD 码输出)	74LS147,74HC147
	8-3 线优先编码器(三态输出)	74LS348
	8-8 线优先编码器	74LS149
译码器	4-10 线译码器(BCD 码输出)	74LS42,74HC42
	4-10 线译码器(余 3 码输入)	7443,74L43
	4-10 线译码器(余 3 格雷码输入)	7444,74L44
	4-10 线译码器/多路转换器	74LS154,74HC154
	双 2-4 线译码器/多路分配器	74LS139,74HC139
	双 2-4 线译码器/多路分配器(三态输出)	74ALS539
	BCD-十进制译码器/驱动器	74LS145
	4 线-七段译码器/高压驱动器(BCD 输入,OC)	74LS247
	4 线-七段译码器/高压驱动器(BCD 输入,上拉电阻)	74LS48,74LS248
	4 线-七段译码器/高压驱动器(BCD 输入,开路输出)	74LS47
	4 线-七段译码器/高压驱动器(BCD 输入,OC 输出)	74LS49
	3-8 线译码器/多路转换器(带地址锁存)	74LS137,74ALS137
	3-8 线译码器/多路转换器	74LS138,74HC138
数据选择器	16 选 1 数据选择器/多路转换器(反码输出)	74LS150
	8 选 1 数据选择器/多路转换器(原、反码输出)	74LS151,74HC151
	8 选 1 数据选择器/多路转换器(反码输出)	74LS152,74HC152
	双 4 选 1 数据选择器/多路转换器	74LS153,74HC153
	双 2 选 1 数据选择器/多路转换器(原码输出)	74LS157,74HC157
	双 2 选 1 数据选择器/多路转换器(反码输出)	74LS158,74HC158
	8 选 1 数据选择器/多路转换器(三态,原、反码输出)	74LS251,74HC251
触发器	双上升沿 D 触发器(带预置、清除)	74LS74,74HC74
	四 D 触发器(带清除)	74LS171
	四上升 D 触发器(互补输出,公共清除)	74LS175,74HC175
	八 D 触发器	74LS273,74HC273
	双上升沿 JK 触发器	4027
	双 JK 触发器(带预置、清除)	74LS76,74HC76
	与门输入上升沿 JK 触发器(带预置、清除)	7470
	四 JK 触发器	74276
施密特触发器	双施密特触发器	4583
	六施密特触发器	4584
	九施密特触发器	9014
计数器	十进制计数器	74LS90,74LS290
	4 位二进制同步计数器(异步清除)	74LS161,74HC161
	4 位十进制同步计数器(同步清除)	74LS162,74HC162
	4 位二进制同步计数器(同步清除)	74LS163,74HC163
	4 位二进制同步加/减计数器	74LS190,74HC190
	4 位十进制同步加/减计数器(双时钟、带清除)	74LS192,74HC192
寄存器	4 位通移位寄存器(并入、并出、双向)	74LS194,74HC194
	8 位移寄存器(串入、串出)	74LS91
	5 位移寄存器(并入、并出)	74LS96
	16 位移寄存器(串入、串/并出、三态)	74LS673,74HC673
	8 位移寄存器(输入锁存、并行三态输入/输出)	74LS598,74HC598
	4D 寄存器(三态输出)	4076
	4 位双向移位寄存器(三态输出)	40104,74HC40104

续上表

类　型	功　能	型　号
锁存器	8D 型锁存器(三态输出、公共控制) 4 位双稳态锁存器 RS 锁存器	74LS373,74HC373 74LS75,74HC75 74LS279,74HC279
单稳态触发器	可重触发单稳态触发器(清除) 双重触发单稳态触发器(清除) 双单稳态触发器(带施密特触发器)	74LS122 74HC123 74HC221
D/A 及 A/D 转换器	8 位 D/A 转换器 8 位八通道 A/D 转换器 $3\frac{1}{2}$ 位双积分 A/D 转换器	DAC0832 AD/0809 CC1433

参 考 文 献

[1] 庄丽娟. 电子技术基础[M]. 2版. 北京:机械工业出版社,2022.
[2] 宁慧英. 数字电子技术与应用项目教程[M]. 北京:机械工业出版社,2015.
[3] 王苹. 数字电子技术及应用[M]. 北京:电子工业出版社,2011.
[4] 王海光. 数字电子技术基础[M]. 西安:西安电子科技大学出版社,2015.
[5] 江晓安. 数字电子技术[M]. 4版. 西安:西安电子科技大学出版社,2015.
[6] 蔡惟铮. 模拟与数字电子技术基础[M]. 2版. 北京:高等教育出版社,2022.
[7] 仲伟杨,林红. 电子技术与技能[M]. 北京:高等教育出版社,2021.
[8] 张志良. 电子技术基础[M]. 2版. 北京:机械工业出版社,2022.